21世纪高等教育计算机规划教材

Web程序设计——ASP. NET（第2版）

Web Development——ASP.NET

■ 陈冠军 马翠翠 主编

■ 赵越 陈静 副主编

人民邮电出版社

北京

图书在版编目（CIP）数据

Web程序设计 : ASP.NET / 陈冠军，马翠翠主编. --
2版. -- 北京 : 人民邮电出版社，2013.4（2024.2重印）
21世纪高等教育计算机规划教材
ISBN 978-7-115-31127-6

Ⅰ. ①W… Ⅱ. ①陈… ②马… Ⅲ. ①网页制作工具－程序设计－高等学校－教材 Ⅳ. ①TP393.092

中国版本图书馆CIP数据核字(2013)第040427号

内容提要

全书共 12 章，内容分为两部分。第一部分为第 1 章和第 2 章，主要介绍 Web 基础知识和 ASP.NET 相关知识。第二部分为第 3 章～第 12 章，从网络涉及的实用模块出发，结合流行的技术和组件，详细介绍每个模块的设计原理及实现过程，进而讲解 ASP.NET 在网络开发中的应用，内容主要包括 ASP.NET 控件、ADO.NET、数据绑定、LINQ 查询、网站主题、数据验证和网络优化等。

本书实践知识与理论知识并重，力求使读者通过亲自动手来掌握 ASP.NET 新技术，从而学习尽可能多的知识，了解尽可能多的应用。本书可作为普通高等院校相关专业 Web 程序设计、网络程序设计、ASP.NET 程序设计等课程的教材，同时也适用于初、中级 ASP.NET 用户学习参考。

◆ 主　　编　陈冠军　马翠翠
副 主 编　赵　越　陈　静
责任编辑　李海涛

◆ 人民邮电出版社出版发行　　北京市丰台区成寿寺路 11 号
邮编　100164　　电子邮件　315@ptpress.com.cn
网址　https://www.ptpress.com.cn
涿州市般润文化传播有限公司印刷

◆ 开本：787×1092　1/16
印张：16.75　　2013 年 4 月第 2 版
字数：455 千字　　2024 年 2 月河北第 13 次印刷

ISBN 978-7-115-31127-6

定价：35.00 元

读者服务热线：(010)81055256　印装质量热线：(010)81055316
反盗版热线：(010)81055315

前言

随着各种平板电脑和新兴网站的发展，目前 Web 开发成为世界上很流行的职业，Web 网站成为非常赚钱的网站，微软公司推出的 ASP.NET，是很具竞争力的 Web 开发技术。因为它提高了界面和代码的可定制性，封装了复杂的运算和抽象的类，使得网络开发入门人员可以更轻松地掌握开发技术。

因此，越来越多的高等院校开始在计算机科学与技术、网络工程、软件工程等相关专业开设“Web 程序设计”、“网络程序设计”、“ASP.NET 程序设计”等课程。课程的授课内容和授课方式随着技术的发展也在不断更新和完善，相应的教材也层出不穷。

然而，编者在实际的教学过程中发现，传统的“Web 程序设计”、“网络程序设计”、“ASP.NET 程序设计”等课程教材在内容组织上与原有的程序设计类课程教材相类似，主要以一个一个的知识点理论讲解为主，间或插入一些小的演示性或验证性实例。学生通过这种方式完成这些课程的学习后，他们会觉得自己学习了大量的语言知识和编程知识，但是当真正坐在计算机前开始进行网络应用开发时，却往往会感到无从下手。

为了改变目前 Web 程序设计类课程的现状，在介绍理论知识的同时真正培养学生实际的动手开发能力，编者在总结多年教学经验的基础上精心编写了本书。

全书共 12 章，分为两部分。第一部分为第 1 章和第 2 章，主要介绍了 Web 基础知识和 ASP.NET 相关知识，内容讲解符合学生的学习和认知规律，帮助学生为深入学习本课程做好准备。第二部分为第 3 章～第 12 章，从网络涉及的实用模块出发，结合流行的技术和组件，详细介绍每个模块的设计原理及实现过程，进而讲解 ASP.NET 4.0 在网络开发中的应用。在讲解具体知识的时候，本书语言简单易懂，通过告诉读者如何实现特定功能，进而让读者在实际操作中熟悉软件的开发技术。

与其他相关教材相比，本书具有下列特点。

1. 版本最新，与时俱进

采用最新的 ASP.NET 4.0 技术，使用 Visual Studio 2010 开发环境，在讲解各个实例的时候，结合了它的新功能。

2. 采用最流行的网络应用模块

本书涉及了网站中常见的应用模块，并详细介绍了模块的应用方向。

3. 步骤清晰，说明详细

在具体介绍模块功能的时候，为了让读者从开始就能知道这个模块的实现方法，本书还提供了详细的图例，说明模块是如何设计、如何实现以及如何应用到项目中的，并且在图例中稍显复杂的地方提供了详细的标注，让读者一看就明白整个模块的设计原理和实现手段。

4. 讲解通俗，步骤详细

每个实例的制作步骤都以通俗易懂的语言阐述，并穿插讲解有关技巧性内容，在阅读时就像听课一样详细而贴切。读者只需要按照步骤操作，就可以轻松地完成一个模块的制作，这样不但掌握了开发的步骤，还掌握了开发的技巧。

本书由陈冠军、马翠翠任主编，赵越、陈静任副主编。

编 者

2013 年 1 月

目 录

第 4 章　ASP.NET 对象编程……54

第 5 章　ASP.NET 常用验证控件……78

第 6 章　ASP.NET 常用主题控件……100

第1章 Web基础知识

随着Internet技术的普及，Web应用变得非常广泛。因而，Web开发现在也成为一个热门行业。学习Web开发首先需要掌握Internet基础、Web结构、HTML等基础知识，本章将依次讲解这些内容。

1.1 Internet基础

随着新闻媒体对“信息高速公路”的宣传和介绍的增多，相信大多数人都曾接触过一些有关Internet的报道，对Internet这一词不会陌生。但如果要解释清楚它到底是什么，就必须从它的起源和发展说起。

1.1.1 Internet的起源

Internet是在美国较早的军用计算机网ARPAnet的基础上经过不断发展变化而形成的。Internet的发展主要分为以下几个阶段。

1. Internet的雏形形成阶段

1969年，美国国防部高级研究计划局（Advanced Research Projects Agency，ARPA）开始建立一个命名为ARPAnet的网络。当时建立这个网络的目的只是为了将美国的几个军事及研究机构的联系用计算机主机连接起来。人们普遍认为这就是Internet的雏形。

发展Internet时，沿用了ARPAnet的技术和协议，而且在Internet正式形成之前，已经建立了以ARPAnet为主的国际网。这种网络之间的连接模式，也是随后Internet所用的模式。

2. Internet的发展阶段

美国国家科学基金会（NSF）在1985年开始建立NSFNET。NSF规划建立了15个超级计算中心及国家教育科研网，用于支持科研和教育的全国性规模的计算机网络NSFNET，并以此作为基础实现同其他网络的连接。NSFNET成为Internet中主要用于科研和教育的主干部分，代替了ARPAnet的骨干地位。

1989年，MILNET（由ARPAnet分离出来）实现和NSFNET连接后，就开始采用Internet这个名称。自此以后，其他部门的计算机网相继并入Internet，ARPAnet就宣告解散。

3. Internet的商业化阶段

20世纪90年代初，商业机构开始进入Internet，这使Internet开始了商业化的新进程，也成为Internet大发展的强大推动力。1995年，NSFNET停止运作，Internet已彻底商业化了。

这种把不同网络连接在一起的技术的出现，使计算机网络的发展进入一个新的时期，形成由网络实体相互连接而构成的超级计算机网络，人们把这种网络形态称为 Internet（因特网）。

1.1.2 现在 Internet 的发展

随着大量商业公司网络进入 Internet，网上商业应用取得高速的发展，同时也使 Internet 能为用户提供更多的服务，使 Internet 迅速普及和发展起来。

现在 Internet 已发展得更为多元化，不仅仅单纯为科研服务，正逐步进入人们日常生活的各个领域。近几年来，Internet 在规模和结构上都有了很大的发展，已经发展成为一个名副其实的“全球网”。

网络的出现，改变了人们使用计算机的方式，而 Internet 的出现，又改变了人们使用网络的方式。Internet 使计算机用户不再被局限于分散的计算机上，同时，也使他们脱离了特定网络的约束。任何人只要进入了 Internet，就可以利用网络中和各种计算机上的丰富资源。

1.2 Web 结构

Web 结构也称为浏览器/服务器（B/S）结构，使用超文本传输协议（Hypertext Transport Procotocol，HTTP）传输数据，相比较客户端/服务器（C/S）结构有很多不同。本节将详细剖析一下 Web 应用程序的内部结构。

1.2.1 HTTP 简介

在我们访问网站的时候，通常都会在浏览器的地址栏里输入网站地址，这个地址就是 URL（Uniform Resource Locator，统一资源定位系统）。当确定要访问这个网址的时候，浏览器就会通过 HTTP 从 Web 服务器上获取提取的网页代码，最终翻译成用户易读的页面文字、图片和多媒体等信息。

例如，Microsoft 官方的网址为 http://www.Microsoft.com/，其各个组成部分的含义如下。

http://：代表超文本传输协议，通知 Microsoft.com 服务器显示 Web 页，通常不用输入。

www：代表一个 Web（万维网）服务器。

Microsoft.com：这是装有网页的服务器的域名或站点服务器的名称。

Internet 的基本协议是 TCP/IP，然而在 TCP/IP 模型最上层的是应用层（Application Layer），它包含所有高层的协议。高层协议有文件传输协议（FTP）、电子邮件传输协议（SMTP）、域名系统服务（DNS）、网络新闻传输协议（NNTP）和超文本传输协议（HTTP）等。

HTTP 是用于从 WWW 服务器传输超文本到本地浏览器的传输协议。它可以使浏览器更加高效，使网络传输减少。它不仅保证计算机正确快速地传输超文本文档，还确定传输文档中的哪一部分，以及哪部分内容首先显示（如文本先于图形）等。这就是在浏览器中看到的网页地址都是以“http://”开头的原因。

1.2.2 B/S 结构简介

B/S 结构（Browser/Server 结构）即浏览器/服务器结构。它是随着 Internet 技术的兴起对 C/S 结构的一种变化或者改进的结构。在这种结构下，用户工作界面通过 WWW 浏览器来实现，极少部分事务逻辑在前端（Browser）实现，但是主要事务逻辑在服务器端（Server）实现，形成所谓三层结构。这样就大大简化了客户端计算机载荷，减轻了系统维护与升级的成本和工作量，降低了用户的总体成本。

以目前的技术看，局域网建立 B/S 结构的网络应用，并通过 Internet/Intranet 模式下数据库应用，相对来说易于把握，成本也是较低的。它是一次性到位的开发，能实现不同的人员，从不同的地点，以不同的接入方式（如 LAN、WAN、Internet/Intranet 等）访问和操作共同的数据库；它能有效地保护数据平台和管理访问权限，服务器数据库也很安全。

B/S 结构最大的优点就是可以在任何地方进行操作而不用安装任何专门的软件。只要有一台能上网的计算机就能使用，客户端零维护。系统的扩展非常容易，只要能上网，再由系统管理员分配一个用户名和密码，就可以使用了。它甚至可以在线申请，通过公司内部的安全认证（如 CA 证书）后，不需要人的参与，系统可以自动分配给用户一个账号进入系统。

1.2.3　C/S 结构简介

C/S 结构（Client/Server 结构）即客户/服务器结构。其中，服务器通常采用高性能的 PC、工作站或小型机，并采用大型数据库系统（如 Oracle、Sybase、Informix 或 SQL Server），客户端需要安装专用的客户端软件。

C/S 结构的优点是能充分发挥客户端 PC 的处理能力，很多工作可以在客户端处理后再提交给服务器。对应的优点就是客户端响应速度快，其缺点主要有以下几个。

（1）只适用于局域网。随着互联网的飞速发展，移动办公和分布式办公越来越普及，这需要我们的系统具有扩展性。这种远程访问方式需要专门的技术，同时要对系统进行专门的设计来处理分布式的数据。

（2）客户端需要安装专用的客户端软件。首先是涉及安装的工作量，其次是任何一台计算机出问题（如病毒、硬件损坏）都需要进行安装或维护。特别是有很多分部或专卖店的情况，不是工作量的问题，而是路程的问题。还有系统软件升级时，每一台客户机需要重新安装，其维护和升级成本非常高。

（3）对客户端的操作系统一般也会有限制。可能适应于 Windows XP，但不能用于 Windows 8/Vista，或者不适用于 Microsoft 公司新的操作系统等，更不用说 Linux、UNIX 等。

1.2.4　B/S 结构与 C/S 结构比较

B/S 结构与 C/S 结构可以从以下几方面进行比较。

1. 数据安全性比较

由于 C/S 结构软件的数据分布特性，客户端所发生的火灾、盗抢、地震、病毒、黑客等都成了可怕的数据杀手。另外，对于集团级的异地软件应用，C/S 结构的软件必须在各地安装多个服务器，并在多个服务器之间进行数据同步。如此一来，每个数据点上的数据安全都影响了整个应用的数据安全。所以，对于集团级的大型应用来讲，C/S 结构软件的安全性是令人无法接受的。对于 B/S 结构的软件来讲，由于其数据集中存放于总部的数据库服务器，客户端不保存任何业务数据和数据库连接信息，也无须进行数据同步，所以这些安全问题也就自然不存在了。

2. 数据一致性比较

在 C/S 结构软件的解决方案里，对于异地经营的大型集团都采用各地安装区域级服务器，然后再进行数据同步的模式。每天必须在这些服务器同步完毕之后，总部才可得到最终的数据。由于局部网络故障造成个别数据库不能同步不说，即使同步上来，各服务器也不是一个时点上的数据，数据永远无法一致，不能用于决策。对于 B/S 结构的软件来讲，其数据是集中存放的，客户端发生的每一笔业务单据都直接进入中央数据库，不存在数据一致性的问题。

3. 数据实时性比较

在集团级应用里，C/S 结构不可能随时随地看到当前业务的发生情况，看到的都是事后数据；而 B/S 结构则不同，它可以实时看到当前发生的所有业务，方便了快速决策，有效地避免了企业损失。

4. 数据溯源性比较

由于 B/S 结构的数据是集中存放的，所以总公司可以直接追溯到各级分支机构（分公司、门店）的原始业务单据，也就是说看到的结果可溯源。大部分 C/S 结构的软件则不同，为了减少数据通信量，仅仅上传中间报表数据，在总部不可能查到各分支机构（分公司、门店）的原始单据。

5. 服务响应及时性比较

企业的业务流程、业务模式不是一成不变的，随着企业不断发展，必然会不断调整。软件供应商提供的软件也不是完美无缺的，所以，对已经部署的软件产品进行维护、升级是正常的。C/S 结构软件由于其应用是分布的，需要对每一个使用结点进行程序安装，所以即使非常小的程序缺陷都需要很长的重新部署时间。重新部署时，为了保证各程序版本的一致性，必须暂停一切业务进行更新（即“休克更新”），其服务响应时间基本不可忍受。而 B/S 结构的软件不同，其应用都集中于总部服务器上，各应用结点并没有任何程序，一个地方更新则全部应用程序更新，可以做到快速服务响应。

6. 网络应用限制比较

C/S 结构软件仅适用于局域网内部用户或宽带用户（1Mbit/s 以上）。而 B/S 结构软件可以适用于任何网络结构（包括 33.6kbit/s 拨号入网方式），特别适于宽带不能到达的地方。

1.2.5 Web 系统的三层结构

B/S 系统常常采用如图 1-1 所示的多层结构，这种多层结构在层与层之间相互独立，任何一层的改变不会影响其他层的功能。在多层结构中，具有如下基本的三层结构。

（1）数据访问层：实现对数据的访问功能，如增加、删除、修改、查询数据。

（2）业务逻辑层：实现业务的具体逻辑功能，如学生入学、退学、成绩管理等。

（3）页面显示层：将业务功能在浏览器上显示出来，如分页显示学生信息等。

除此之外，还可能具有其他的层次。特别是在业务逻辑层，常常需要根据实际情况增加层次，但总的原则是：每一层次都完成相对独立的系统功能。

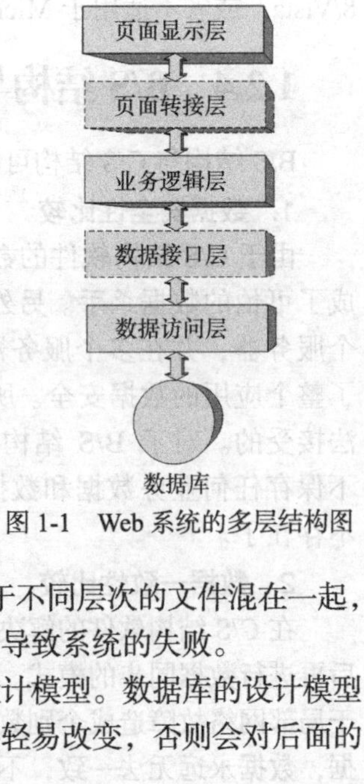

页面显示层
页面转接层
业务逻辑层
数据接口层
数据访问层
数据库

图 1-1　Web 系统的多层结构图

在开发过程中，需要在逻辑上清晰这三层分别实现的功能，并以此设计整个系统的实现以及管理整个系统的代码文件。不能把处于不同层次的文件混在一起，否则会造成系统逻辑上的混乱，使庞大的系统难于管理和维护，容易导致系统的失败。

另外，在这三层基础之下，还有更为基础的工作，即数据库的设计模型。数据库的设计模型是整个系统的基础，一旦确定了数据库的结构，在开发过程中就不要轻易改变，否则会对后面的工作造成巨大的负担。

1.3　网页构成技术——HTML

1.3.1　HTML 概述

超文本标记语言（Hyper Text Markup Language，HTML）是为网页创建和其他可在网页浏览器中看到的信息设计的一种标记语言。HTML 被用来结构化信息，如标题、段落、列表等，也可用来在一定程度上描述文档的外观和语义。由蒂姆·伯纳斯·李给出原始定义，由 IETF 用简化的 SGML（标准通用标记语言）语法进行进一步发展的 HTML 后来成为国际标准，由万维网联盟（W3C）维护。

包含 HTML 内容的文件最常用的扩展名是.html，但是像 DOS 这样的旧操作系统限制扩展名为最多 3 个字符，所以.htm 扩展名也被使用。虽然现在使用得比较少一些了，但是.htm 扩展名仍旧普遍被支持。编者可以用任何文本编辑器或所见即所得的 HTML 编辑器来编辑 HTML 文件。

早期的 HTML 语法被定义成较松散的规则，以有助于不熟悉网络出版的人采用。网页浏览器接受了这个现实，并且可以显示语法不严格的网页。随着时间的流逝，官方标准渐渐趋于严格的语法，但是浏览器继续显示一些远称不上合乎标准的 HTML。使用 XML 的严格规则的 XHTML（可扩展超文本标记语言）是 W3C 计划中的 HTML 的接替者。虽然很多人认为它已经成为当前的 HTML 标准，但是它实际上是一个独立的和 HTML 平行发展的标准。W3C 目前的建议是使用 XHTML 1.1、XHTML 1.0 或者 HTML 4.01 进行网络出版。

1.3.2　HTML 文件结构

一个 HTML 文档由一系列的元素和标签组成。元素名不区分大小写。HTML 用标签来规定元素的属性和它在文件中的位置。HTML 超文本文档分为文档头和文档体两部分，在文档头里对这个文档进行了一些必要的定义，文档体中才是要显示的各种文档信息。

下面是一个最基本的 HTML 文档的代码：

```
<HTML>

<HEAD>
<TITLE> 一个简单的 HTML 示例 </TITLE>
</HEAD>

<BODY>
<CENTER>
<H1>这是标题</H1>
<BR>
<HR>
<FONT SIZE= 7 COLOR= red>
这是主体内容
</FONT>
</CENTER>
</BODY>

</HTML>
```

<HTML></HTML>在文档的最外层，文档中的所有文本和 html 标签都包含在其中，它表示该文档是以 HTML 编写的。

<HEAD></HEAD>是 HTML 文档的头部标签，在浏览器窗口中，头部信息是不被显示在正文中的。在此标签中可以插入其他标记，用以说明文件的标题和整个文件的一些公共属性。

<TITLE></TITLE>是嵌套在<HEAD>头部标签中的，标签之间的文本是文档标题，它被显示在浏览器窗口的标题栏。

<BODY></BODY>标记一般不省略，标签之间的文本是正文，是在浏览器窗口中要显示的页面内容。

以上的元素是 HTML 文件结构中必须具备的，剩下的则可有可无。常见的 HTML 元素及其描述说明如表 1-1 所示。

表 1-1　常用的 HTML 元素及其描述

元　素	描　述
a	表示超链接的起始或目的位置
b	指定文本应以粗体显示
body	指明文档主体的开始和结束
br	插入一个换行符
div	表示一块可显示 HTML 的区域
embed	允许嵌入任何类型的文档
font	用于说明所包含文本的新字体、大小和颜色
form	说明所包含的控件是某个表单的组成部分
frame	在 FRAMESET 元素内表示单个框架
frameset	表示一个框架集，用于组织多个框架和嵌套框架集
head	提供了关于文档的无序信息集合
hr	画一条横线
html	表明文档包含 HTML 元素
i	指定文本应以斜体显示
iframe	创建内嵌漂浮框架
img	在文档中嵌入图像或视频片断
input	创建各种表单输入控件
li	表示列表中的一个项目
select	表示一个列表框或者一个下拉框
script	指定由脚本引擎解释的页面中的脚本
span	指定内嵌文本容器
strike	带删除线显示文本
strong	以粗体显示文本
style	指定页面的样式表
table	说明所含内容组织成含有行和列的表格形式
td	指定表格中的单元格
textarea	多行文本输入控件
tr	指定表格中的一行
u	带下画线显示文本

小　　结

本章从整体上介绍了 Web 开发的基础知识，包括了 Internet 基础、Web 结构概述和 HTML 基础知识。其中，读者需要重点理解 B/S 结构的原理以及 HTML 的文件结构，并可以熟练地读写 HTML 代码，这些都是 Web 开发中最基本的知识。

习　　题

1. B/S 结构即________和________结构。
2. 在多层体系结构中，基本的三层结构是________、________和________。
3. B/S 结构最大的优点是什么？C/S 结构的缺点是什么？
4. 使用 HTML 代码，编写一个 HTML 文档，使之在页面中输出一个“Hello World”字符串。

上机指导

HTML 是为网页创建和其他可在网页浏览器中看到的信息设计的一种置标语言。一个 HTML 文档是由一系列的元素和标签组成的。本次上机实验主要内容就是对 HTML 文档的进一步熟悉。

实验：输出一个字符串

实验目的

巩固知识点——HTML 文件结构。HTML 用标签来规定元素的属性和它在文件中的位置。

实现思路

在 1.3.2 小节中讲述了如何创建一个最基本的 HTML 文档页面。在 HTML 代码中，使用多个标签规定节显示位置，如“
”、“<CENTER>”等。

少量改动该例子，在页面的中心，输出一个颜色为浅蓝色，字号为 14 的字符串“Hello World”，其运行结果如图 1-2 所示。

图 1-2　输出一个简单的字符串

第2章 ASP.NET概述

.NET 是 Microsoft 公司提出的新一代程序开发框架，而 ASP.NET 属于.NET 框架中的一部分，可以使用多种语言开发，主要用于创建 Web 应用程序、网站及 Web 服务。本章将讲解 ASP.NET 中的各种基础知识。

2.1 .NET 开发

ASP.NET 技术属于.NET 框架的组成部分之一。在学习 ASP.NET 之前，应该先了解一下.NET 框架以及.NET 框架和 ASP.NET 之间的关系。

2.1.1 .NET 框架简介

互联网的出现已经彻底改变了人类的生活方式。从静态页面到能够与用户交互的动态页面，互联网已经能够实现很强大的功能。Web 应用系统能够根据用户的要求，动态处理数据，向用户提供个性化的服务。

但是，现在的浏览器页面各自独立，互不相干。在互联网中，信息被存储在 Web 服务器内，用户的所有操作都依靠它。这样无法让不同的网页互相合作，传递有意义的信息，提供更深层次的服务。

于是，Microsoft 公司梦想把整个互联网变成一个操作系统，用户在互联网上开发应用程序，使用互联网上的所有应用，就好像在自己办公室里的 PC 上一样，感觉不到互联网的存在。Microsoft 公司希望“Code Once，Run Anywhere”，即写好一个程序，然后能够将其用之于四海，这就是.NET 的目标。整体上，.NET Framework 框架如图 2-1 所示。

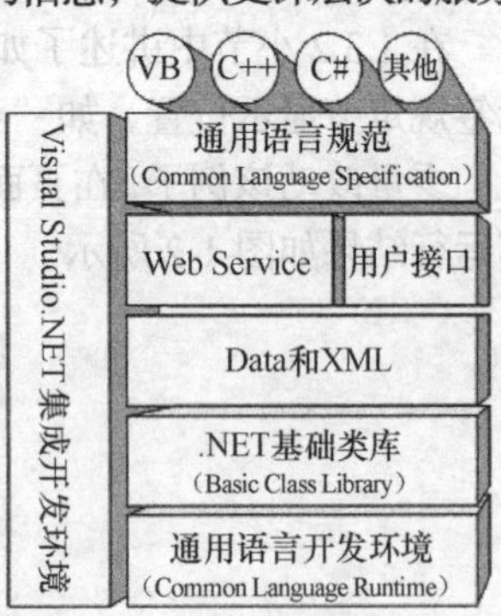

VB C++ C# 其他
通用语言规范（Common Language Specification）
Web Service 用户接口
Data和XML
.NET基础类库（Basic Class Library）
通用语言开发环境（Common Language Runtime）
Visual Studio.NET集成开发环境

图 2-1 .NET Framework 框架

在图 2-1 中，.NET Framework 主要分为 4 部分：通用语言开发环境、.NET 基础类库、.NET 开发语言和 Visual Studio.NET 集成开发环境。

1. 通用语言开发环境

开发程序时，如果使用符合通用语言规范（Common Language Specification）的开发语言，那么所开发的程序将可以在任何有通用语言开发环境（Common Language Runtime）的操作系统下执行，包括 Windows 7、Windows CE、Windows NT/XP 等。

2. .NET 基础类库

简单来说，.NET 基础类库（Basic Class Library）是一套函数库，以结构严密的树状层次组织，并由命名空间（Namespace）和类（Class）组成，功能强大，使用简单，并具有高度的可扩展性。

3. .NET 开发语言

.NET 是多语言开发平台，所谓的.NET 开发语言指的是符合通用语言规范（Common Language Specification）的程序语言。目前，Microsoft 公司提供 Visual Basic.NET、C#、C++以及 Java Script.NET，其他厂商提供了很多对.NET 的语言支持，包括 APL、COBOL、Pascal、Eiffel、Haskell、ML、Oberon、Perl、Python、Scheme、Smalltalk 等。

4. Visual Studio.NET 集成开发环境

.NET 集成开发环境 Visual Studio.NET 是开发.NET 应用的利器，它秉承了 Microsoft IDE 一贯的易用性，功能非常强大。

2.1.2　ASP.NET 与.NET 框架的关系

ASP.NET 是.NET 框架中的一个应用模型，运行于具有.NET 框架环境的服务器中。ASP.NET 可以使用多种语言编写，然后被编译成字节码文件，运行于.NET 框架中。

2.1.3　ASP、ASP.NET、PHP、JSP 比较

目前在 Web 开发中，除了 ASP.NET 技术外，常用的技术还有 ASP（Active Server Pages）、PHP（Hypertext Preprocessor）和 JSP（Java Server Pages）。

1. ASP

ASP 是一个 Web 服务器端的开发环境。开发人员利用它开发动态的、交互的和高性能的 Web 服务应用程序。ASP 采用脚本语言 VB Script（Java Script）作为自己的开发语言。

2. PHP

PHP 是一种跨平台的服务器端的嵌入式脚本语言。它大量地借用 C、Java 和 Perl 语言的语法，并结合 PHP 自己的特性，使 Web 开发者能够快速地写出动态生成页面。PHP 支持目前绝大多数数据库，并且它是完全免费与开源的。

3. JSP

JSP 是 Sun 公司推出的新一代站点开发语言，它完全解决了目前 ASP、PHP 的一个通病——脚本级执行。JSP 可以在 Servlet 和 JavaBean 的支持下，完成功能强大的站点程序。

ASP、ASP.NET、PHP、JSP 都提供在 HTML 代码中混合某种程序代码，由语言引擎解释执行程序代码的能力。但 JSP 代码被编译成 Servlet 并由 Java 虚拟机解释执行。这种编译操作仅在对 JSP 页面的第一次请求时发生。

在 ASP、ASP.NET、PHP、JSP 环境下，HTML 代码主要负责描述信息的显示样式，而程序代码则用来描述处理逻辑。普通的 HTML 页面只依赖于 Web 服务器，而 ASP、ASP.NET、PHP、JSP 页面需要附加的语言引擎分析和执行程序代码。程序代码的执行结果被重新嵌入到 HTML 代码中，然后一起发送给浏览器。ASP、ASP.NET、PHP、JSP 都是面向 Web 服务器的技术，客户端浏览器不需要任何附加的软件支持。

2.2　开发工具 Visual Studio 2010 概述

Visual Studio 2010 是 Microsoft 公司发布的一个集成开发工具，主要用来开发.NET 平台的各种应用。本节将详细讲述 Visual Studio 2010 的安装配置。

2.2.1 Visual Studio 2010 简介

Visual Studio 2010 是一套完整的开发工具集，用于生成 ASP.NET Web 应用程序、XML Web Services、桌面应用程序和移动应用程序。Visual Basic、Visual C++、Visual C#和 Visual J#全都使用相同的集成开发环境（IDE），利用此 IDE 可以共享工具且有助于创建混合语言解决方案。另外，这些语言利用了.NET Framework 的功能，通过此框架可使用简化 ASP Web 应用程序和 XML Web Services 开发的关键技术。

2.2.2 使用 Visual Studio 2010

安装完 Visual Studio 2010 后，可以在“开始”菜单中找到其快捷方式。单击 Visual Studio 2010 的快捷方式，打开 Visual Studio 2010 的开发界面，如图 2-2 所示。图中中间的主体部分是代码编辑器，同时还可以切换到设计视图；左侧是“工具箱”面板，其中列出了常用的控件，可以直接拖曳到主界面中使用；右上方是“解决方案资源管理器”面板，显示的是当前活动的解决方案以及下面的工程文件。

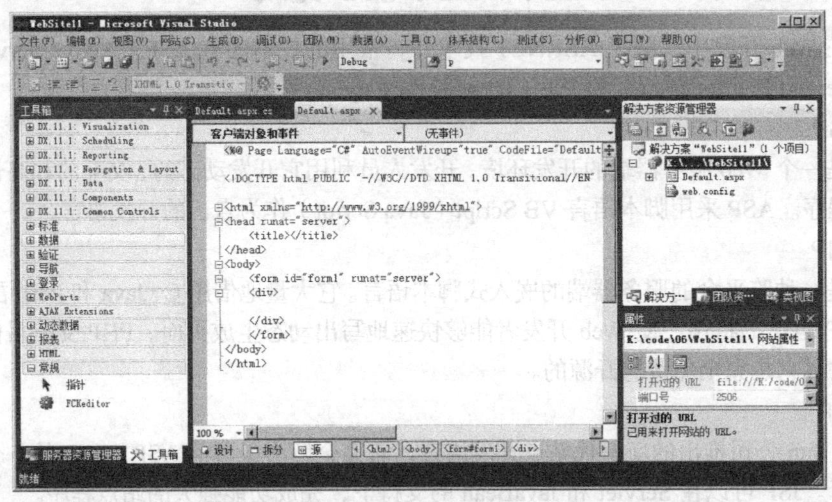

图 2-2　Visual Studio 2010 开发界面

在“解决方案资源管理器”面板的下面是“属性”面板，在这里可以更改选中控件的属性值。

单击菜单“工具”|“选项”命令，出现“选项”对话框，如图 2-3 所示。在对话框中，可以对诸多编辑器的属性进行编辑，如环境、项目和解决方案、源代码管理、文本编辑器、调试、数据库工具等。

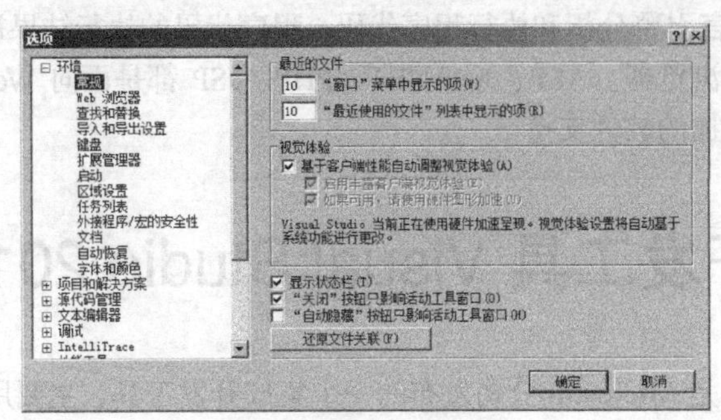

图 2-3　“选项”对话框

2.2.3　配置 IIS

如果是开发简单的 ASP.NET 程序，用 Visual Studio 2010 已经足够。如果开发 HTTP 程序，则需要先配置好 Windows 系统中的 IIS 服务器（设置好虚拟目录）。Windows 系统默认没有安装 Internet 信息服务（IIS），其组件包含在系统光盘中。其安装步骤如下。

（1）将 Windows 系统光盘插入到光驱中。

（2）单击"开始"|"控制面板"|"程序和功能"|"打开或关闭 Windows 功能"命令，弹出"Windows 功能"对话框，如图 2-4 所示。勾选"Internet 信息服务"选项，单击"确定"按钮。

完成安装之后，系统会创建一个默认的站点。打开浏览器，在地址栏中输入"http://localhost"，会打开一个"IIS 7 文档"，如图 2-5 所示。

我们还可以自己创建一个虚拟目录，其创建步骤如下。

（1）在硬盘中的某个路径下创建一个目录，如"Z:\TestWeb\"，可以在此目录下编写网站的代码文件。

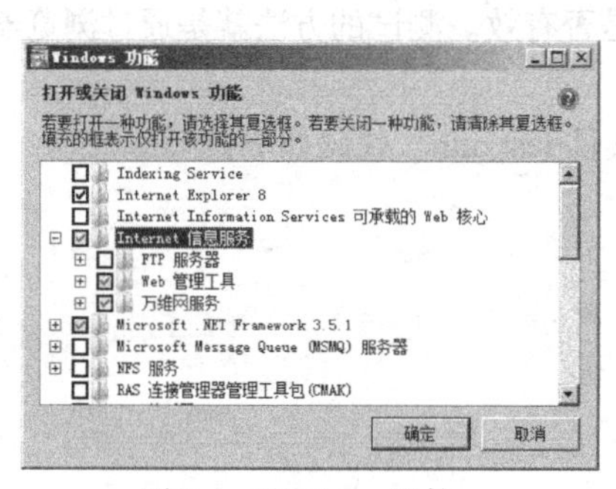

图 2-4　Windows 组件

图 2-5　Microsoft Internet 信息服务 7 文档

（2）右键单击"我的计算机"图标，在上下文菜单中选择"管理"命令，以此展开左边树结构的结点"服务和应用程序"|"Internet 信息服务（IIS）管理器"。或者单击"控制面板"|"管理工具"|"Internet 信息服务"命令，进入 IIS 管理页面，如图 2-6 所示。

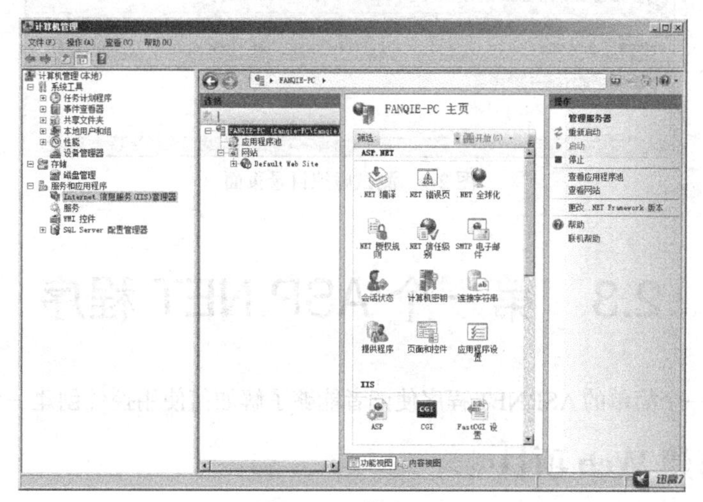

图 2-6　IIS 管理页面

（3）右键单击“Default Web Site”，在上下文菜单中选择“添加虚拟目录”命令，出现“添加虚拟目录”对话框，如图 2-7 所示。

（4）在“别名”文本框中输入要创建的虚拟目录的名字，如“TestWeb”。单击“...”按钮，选择刚才创建的目录“Z:\TestWeb\”。这时，虚拟目录的实际路径已经指向了“Z:\TestWeb\”，如图 2-8 所示。

（5）单击“确定”按钮，完成虚拟目录的创建。

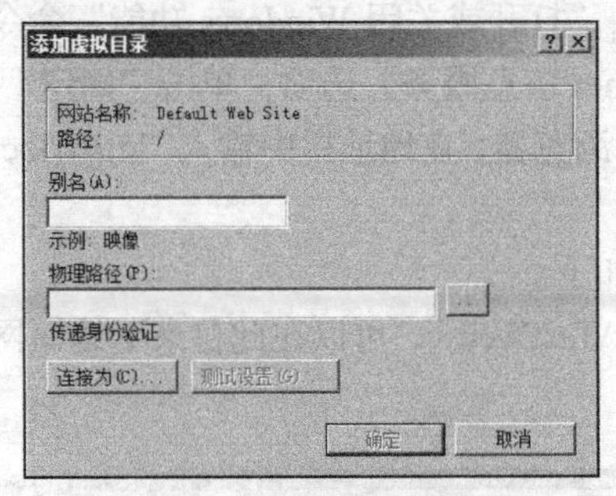

图 2-7　添加虚拟目录

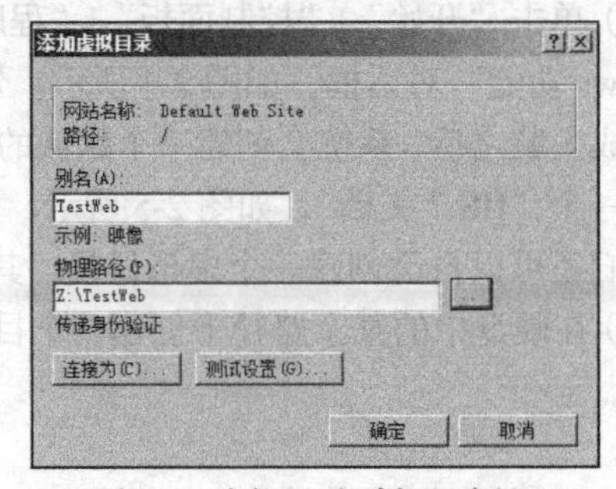

图 2-8　虚拟目录别名和路径

创建完虚拟目录之后，需要测试一下刚才创建的是否有效。测试的方法就是通过浏览器试图访问一个目录下的静态页面，具体步骤如下。

（1）在目录“Z:\TestWeb\”下创建一个静态页面文件 test.htm。代码如下：

```
<html>
    <head>
        <title>测试页面</title>
    </head>
    <body>
        这是一个测试 IIS 服务器的页面。
    </body>
</html>
```

（2）打开浏览器，在地址栏中输入地址“http://localhost/TestWeb/test.htm”。访问结果如图 2-9 所示。

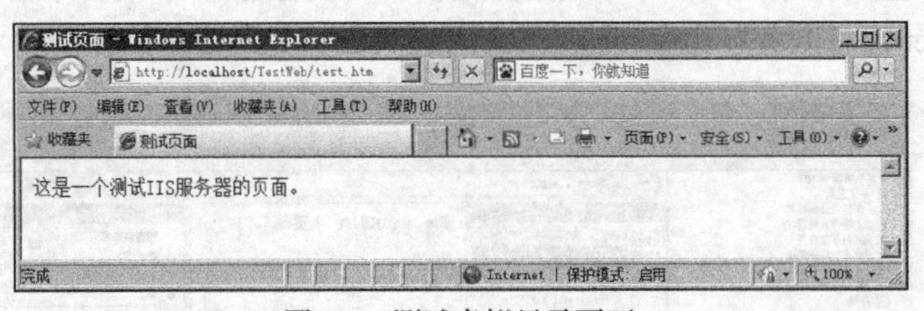

图 2-9　测试虚拟目录页面

2.3　第一个 ASP.NET 程序

本节将通过一个简单的 ASP.NET 程序使读者能够了解如何使用控件创建一个 ASP.NET 程序。

2.3.1　搭建 Web 项目

创建 Web 项目或者网站通常有两种方式：HTTP 和文件系统。使用 HTTP 方式创建网站需要安装 IIS 服务；使用文件系统创建网站不必安装 IIS 服务，因为 Visual Studio.NET 2010 本身自带了一个可以运行 ASP.NET 程序的服务，当程序执行或者调试的时候，这个服务就会自动启动。

1. 使用 HTTP 方式创建 Web 网站

使用 HTTP 方式创建 Web 网站的具体步骤如下。

（1）进入 IIS 服务管理页面，添加一个虚拟目录，命名为“TestWeb”（如果前面已经存在此虚拟目录，这里无须重复添加）。

（2）启动 Visual Studio.NET 2010。

（3）单击主窗口上的“文件”|“新建”|“网站”菜单，弹出“新建网站”对话框。

（4）选择“ASP.NET 空网站”项，在下侧“Web 位置”下拉框中选择“HTTP”，然后输入“http://localhost/Test/HelloWorld_ASPNET”，如图 2-10 所示。

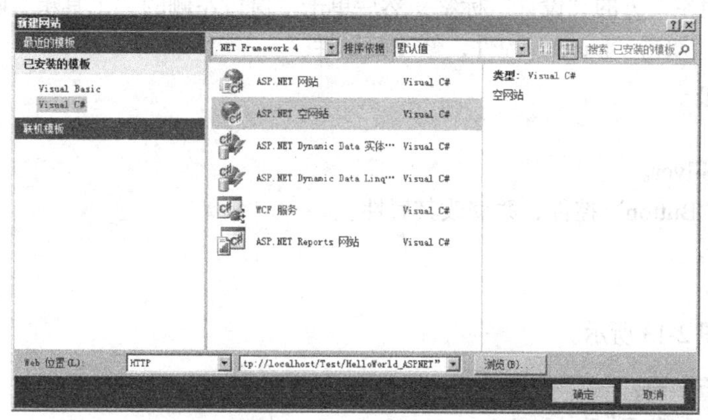

图 2-10　使用 HTTP 方式创建网站

（5）单击“确定”按钮，等待 Visual Studio.NET 创建新的工程成功。

2. 使用文件系统的方式创建 Web 网站

使用文件系统方式创建 Web 网站的具体步骤如下。

（1）启动 Visual Studio.NET 2010。

（2）单击主窗口上的“文件”|“新建”|“网站”菜单，弹出“新建网站”对话框。

（3）选择“ASP.NET 空网站”项，在下侧“Web 位置”下拉框中选择“文件系统”，然后输入“Z:\TestWeb\HelloWorld_ASPNET”，如图 2-11 所示。

（4）单击“确定”按钮，等待 Visual Studio.NET 创建新的工程成功。

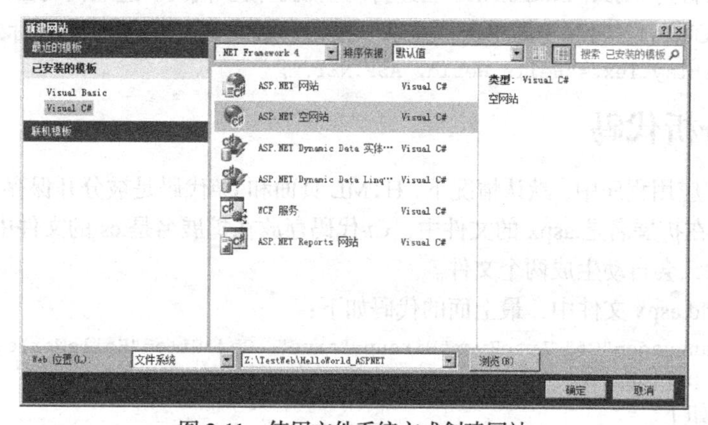

图 2-11　使用文件系统方式创建网站

2.3.2 添加代码

创建完网站之后就可以开始添加代码，其具体步骤如下。

（1）查看 IDE 中的“解决方案资源管理器”面板，如图 2-12 所示。右键单击项目名称，选择“添加新项”命令，在打开的对话框中选择“Web 窗体”，将其改名为“HelloWorld.aspx”。

（2）查看主窗口，此时自动生成一个 aspx 页面，单击页面左下方的“源”标签，然后将代码：

```
<title> </title>
```

改为以下代码：

```
<title> Hello World,ASPNET.</title>
```

（3）在页面显示时，页面的标题将为“Hello World,ASPNET.”。

（4）单击页面左下方的“设计”标签，然后单击主窗口左侧的“工具箱”隐藏面板，默认出现标准 Web 控件。双击“Label”控件，修改其属性。

ID：lblDisplay。

Text：空。

BackColor：Silver。

同样，双击“Button”控件，并修改其属性。

ID：btnShow。

Text：显示。

最后效果如图 2-13 所示。

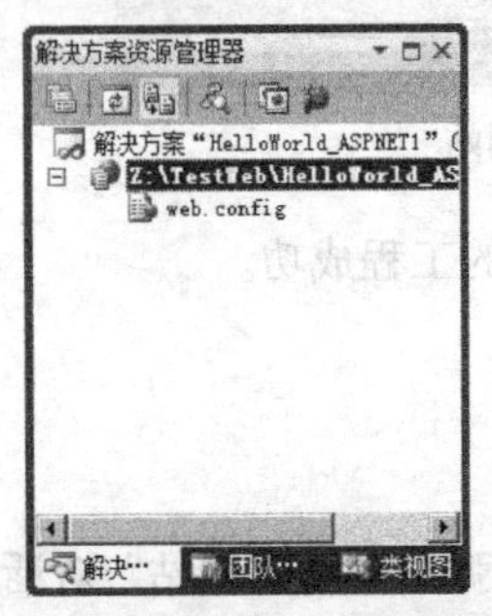

图 2-12 “解决方案资源管理器”面板

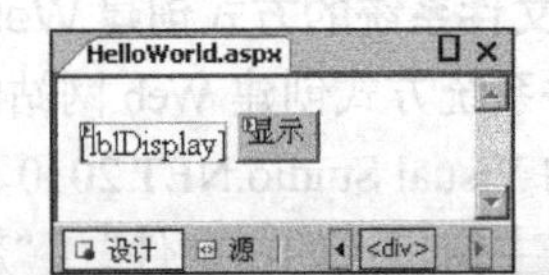

图 2-13 添加 Label 和 Button 控件后的 aspx 页面

（5）双击“显示”按钮，进入代码窗口（通过主窗口上侧的标签可以在代码窗口和窗体窗口间进行切换），可以看到 Visual Studio.NET 已经自动生成了很多代码。进入代码窗口后光标自动位于方法“btnShow_Click()”内部（即单击“显示”按钮会触发这个方法），在光标处添加如下代码：

```
this.lblDisplay.Text="Hello World, ASP.NET.";
```

2.3.3 分析代码

在 ASP.NET 应用程序中，默认情况下，HTML 页面和 C#代码是被分开保存于两个文件中的。HTML 页面存放在扩展名是.aspx 的文件中，C#代码存放在扩展名是.cs 的文件中。所以，在新建一个 Web 页面后，会自动生成两个文件。

在 HelloWorld.aspx 文件中，最上面的代码如下：

```
<%@ Page Language="C#" AutoEventWireup="true" CodeFile="HelloWorld.aspx.cs"
Inherits=" HelloWorld" %>
```

代码的说明如下。

Language：后台代码所使用的语言，这里使用的是 C#。

AutoEventWireup：是否自动启用页面事件，默认是启用。

CodeFile：与此 HTML 页面关联的后台代码页面的文件名。

Inherits：后台代码的类名，这里是 HelloWorld。

在后台的 HelloWorld.aspx.cs 文件中，自动生成的代码大体有两部分。一个是最上面的使用 using 关键字的如下几行代码：

```
using System;
using System.Collections.Generic;
using System.Linq;
using System.Web;
using System.Web.UI;
using System.Web.UI.WebControls;;
```

这些代码引用了相应的命名空间，其实有些可以不用，这些等读者有一定的基础后再学习。

另一个自动生成的代码就是方法 Page_Load()。这个方法是页面被加载的时候调用的，可以说是页面执行的入口。

2.3.4　测试代码

完成添加代码后，就要运行并测试代码的准确性。测试代码的具体步骤如下。

（1）在“资源管理器”中，右键单击“HelloWorld.aspx”文件，在快捷菜单中单击“设为起始页”命令。

（2）使用快捷键 Ctrl+F5 启动程序后，结果如图 2-14 所示，单击“显示”按钮，在标签中就会出现结果。

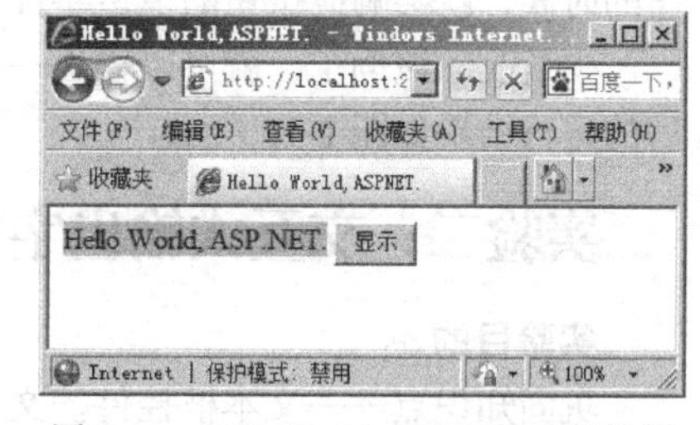

图 2-14　HelloWorld_ASPNET 运行结果

（3）查看在目录“E:\TestWeb\HelloWorld_ASPNET”下的工程文件，将会发现工程文件夹“HelloWorld_ASPNET”。其中，

.aspx：页面文件；

.cs：代码文件。

至此，第一个 ASP.NET 应用就完成了。

小　结

本章全面详细地介绍了 ASP.NET 以及它和.NET 框架的关系，还讲解了开发工具 Visual Studio 2010 的配置。最后，通过创建一个简单的 ASP.NET 应用程序，使读者更快速地掌握如何使用开发工具创建 ASP.NET Web 应用程序。

习　题

1. .NET Framework 主要分为 4 个部分：________、________、________和________。

2. 下面描述不正确的是________。

   A. .NET 是多语言开发平台

   B. .NET 类库由命名空间和类组成

   C. 在 Windows 系统中必须安装.net framework 才可以运行 ASP.NET 应用程序

D. ASP.NET 目前只能运行在 Windows 操作系统中

3. 列举最常用的 4 种动态网页语言。

4. 使用 Visual Studio.NET 2010 创建一个简单的 Web 网站。

上机指导

ASP.NET 是包含在.NET 框架中的一项技术，主要用于构建 Web 应用程序和以 XML 为基础的 Web 服务。

实验一：输出一个字符串

实验目的

巩固知识点——标签控件。标签控件用于显示文本。

实现思路

在 2.4 节中讲述了如何构建一个简单的 ASP.NET 应用程序。在本例中，使用了两个控件：一个是标签控件，用于显示文本；另一个是按钮控件，用于响应单击事件。当用户单击按钮的时候，就会响应按钮的单击事件，输出一个字符串。

少量改动该例子，就可以输出一个自定义的字符串，改动后的运行结果如图 2-15 所示。

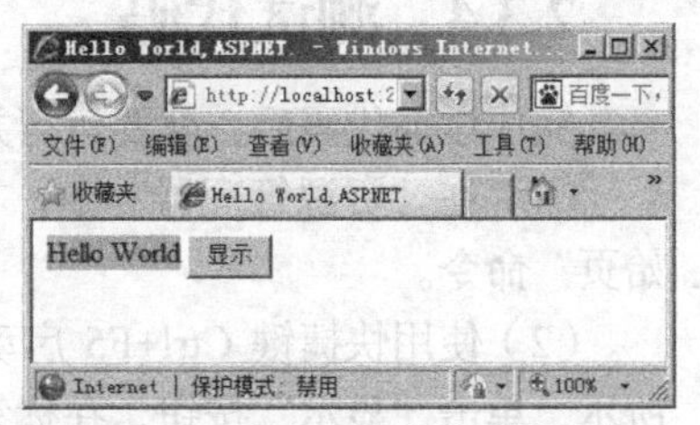

图 2-15 输出一个简单的字符串

实验二：交互式输出字符串

实验目的

巩固知识点——文本框控件。文本框控件用于输入文本。

实现思路

本实验在实验一的基础上，增加了一个文本框控件。当用户单击事件的时候，在标签中显示用户在文本框控件中输入的内容。其具体的实现步骤如下。

（1）创建一个 ASP.NET 网站。

（2）切换到“设计”视图，从工具箱面板的“标准”组中，分别拖放 3 个控件到页面中，3 个控件是：TextBox 控件、Label 控件、Button 控件。

（3）双击按钮控件，自动生成单击事件的代码。在后台页面中生成的单击事件的代码如下：

```
protected void Button1_Click(object sender, EventArgs e)
{

}
```

（4）在单击事件的方法中，添加代码，使标签控件显示用户在文本框中输入的内容。代码如下：

```
protected void Button1_Click(object sender, EventArgs e)
{
    Label1.Text = TextBox1.Text;
}
```

（5）按 Ctrl+F5 快捷键运行代码，运行结果如图 2-16 所示。

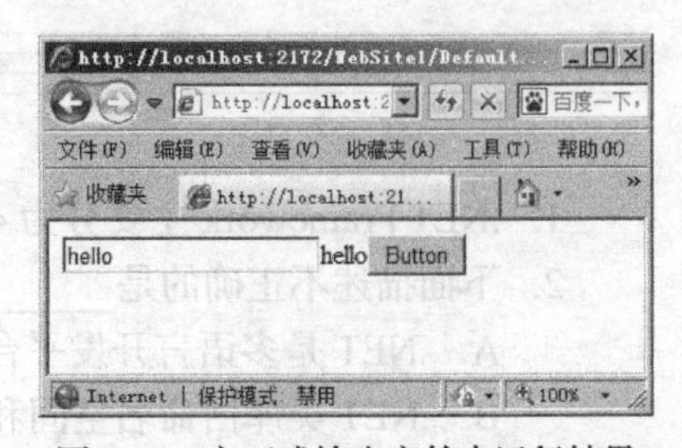

图 2-16 交互式输出字符串运行结果

第 3 章 ASP.NET 常用控件

本章重点介绍 ASP.NET 中一些常用的服务器控件，如文本控件、按钮控件、单选按钮、复选按钮等。本章的后续部分结合具体实例，主要讲解用户登录系列控件的使用。登录验证模块的流程如图 3-1 所示。

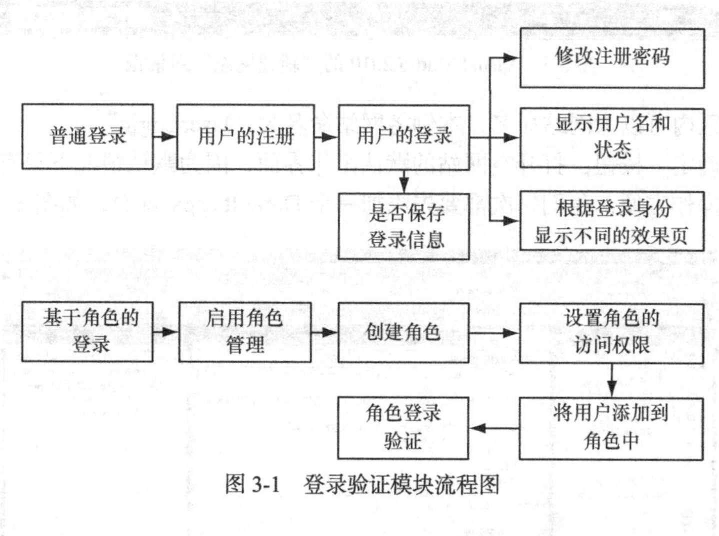

图 3-1 登录验证模块流程图

3.1 开发站点前的配置

在 ASP.NET 中新增加了一个工具：站点安全配置。通过此工具可以配置站点的一些公共属性，如验证类型等。本节将详细介绍此工具的使用，开发站点前的部署流程如图 3-2 所示。

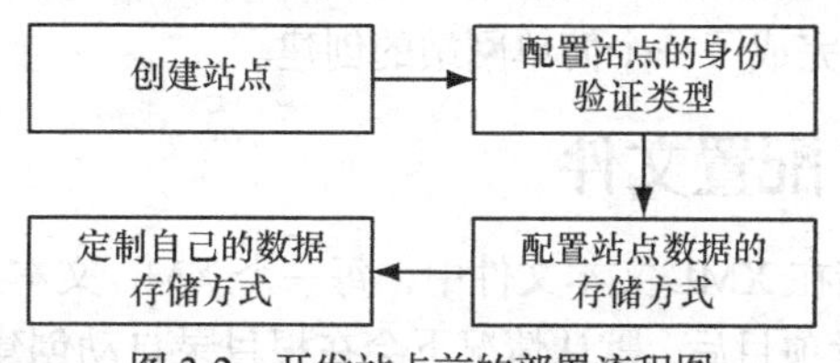

图 3-2 开发站点前的部署流程图

3.1.1 创建 Web 站点

在 Visual Studio 2010 中，项目不再以 Windows 应用和 Web 应用来称呼，而是被称为“项目”

和“网站”。现在重点介绍如何创建一个网站，具体步骤如下。

（1）打开 Visual Studio 2010，单击“文件”|“新建”|“网站”命令，打开 Visual Studio 2010 的“新建网站”对话框，如图 3-3 所示。它主要分为模板区和配置区。

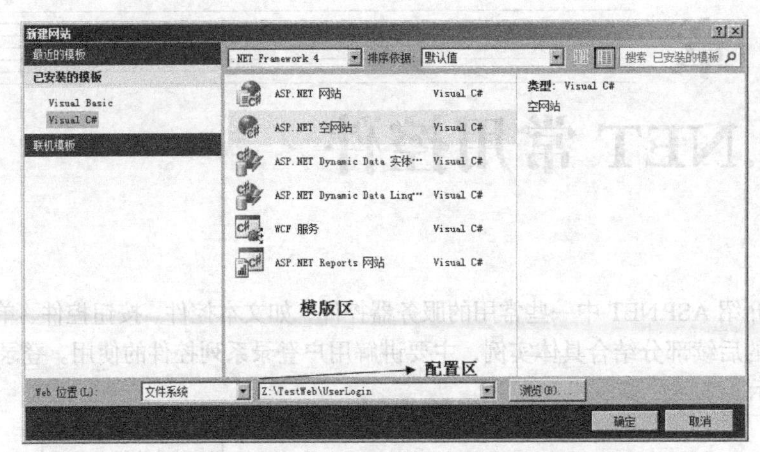

图 3-3　Visual Studio 2010 的“新建网站”对话框

（2）在配置区内可以为网站命名，本例将网站命名为“UserLogin”。

（3）单击“确定”按钮，打开空网站的默认工作界面，因为默认情况下只有一个 web.config 配置文件，为了操作方便，我们每次都要先添加一个 Default.aspx 页面，如图 3-4 所示。

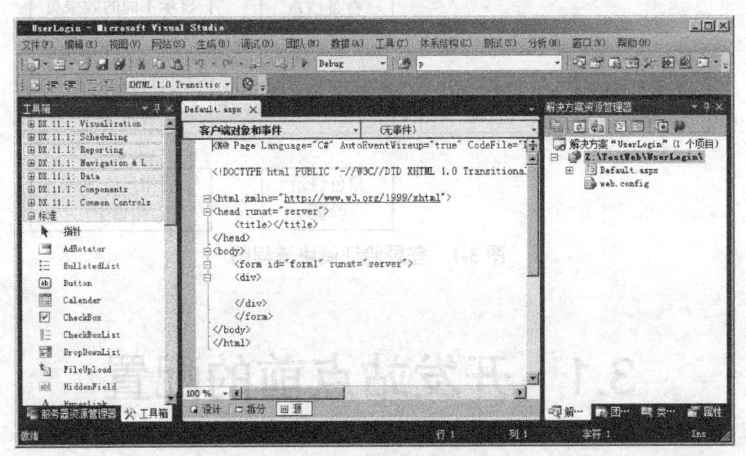

图 3-4　网站的默认工作界面

生成页面“Default.aspx”的同时，还会有一个代码文件“Default.aspx.cs”，这两个文件的地址在同一个目录下。至此就完成了一个简单网站的创建。

3.1.2　ASP.NET 配置文件

ASP.NET 配置数据存储在 XML 文本文件中，每一个 XML 文本文件都命名为 web.config。

新建一个 Web 站点或者项目后，默认情况下会在根目录自动创建一个 web.config 文件，包括默认的配置设置，所有的子目录都继承它的配置设置。如果要修改子目录的配置设置，可以在该子目录下新建一个 web.config 文件。它可以提供除了从父目录继承的配置信息以外的配置信息，也可以重写或修改父目录中定义的设置。

所有的 ASP.NET 配置信息都驻留在 web.config 文件中的 configuration 元素中。

3.1.3　使用站点安全工具配置身份验证模式

站点安全配置工具主要用于管理站点的安全，其功能主要有配置身份验证模式和设置数据库引擎等。身份验证模式主要是让系统了解该从哪里加载用户数据。ASP.NET 主要提供两种验证模式：Windows 验证和 Forms 验证。配置步骤如下。

（1）打开上节创建的网站“UserLogin”。

（2）单击“网站”|“ASP.NET 配置”命令，打开“ASP.NET Web 应用程序管理”窗口，如图 3-5 所示。

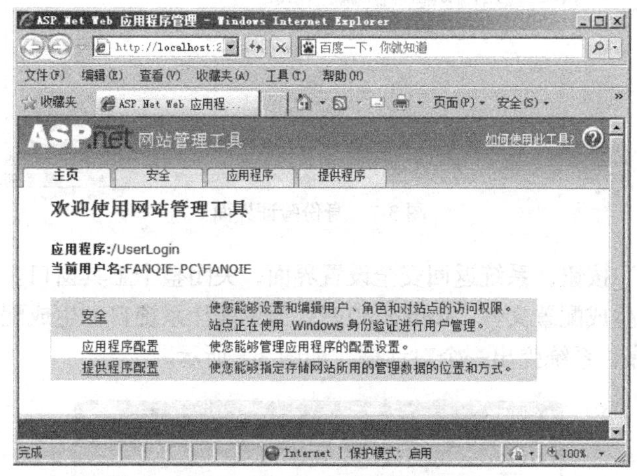

图 3-5　“ASP.NET Web 应用程序管理”窗口

（3）单击“安全”链接，打开应用程序的安全设置界面，如图 3-6 所示。此界面主要有 5 个主要功能：选择身份验证类型、依据向导配置安全性、用户管理、角色管理和访问规则管理。

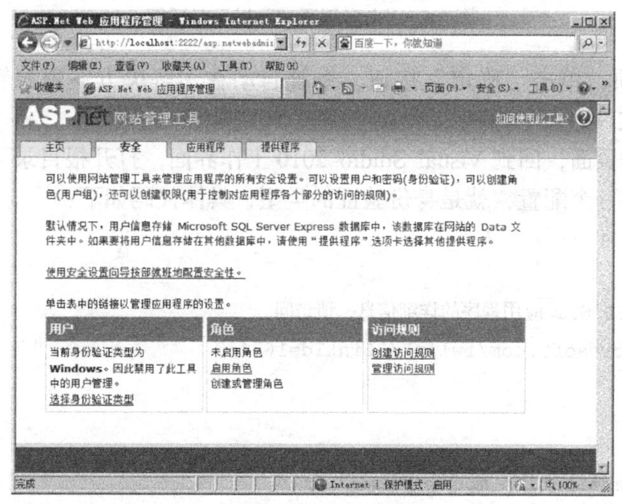

图 3-6　配置工具中安全设置界面

（4）单击“选择身份验证类型”链接，打开验证类型界面，如图 3-7 所示。根据两个验证类型的介绍可以看出，通常在局域网的应用中使用“Windows”验证，登录用户多为机器中的用户组。在 Internet 中使用“Forms”验证，登录用户为存储在数据库中的用户信息。本例以网站应用为目的，所以选择“通过 Internet”选项。

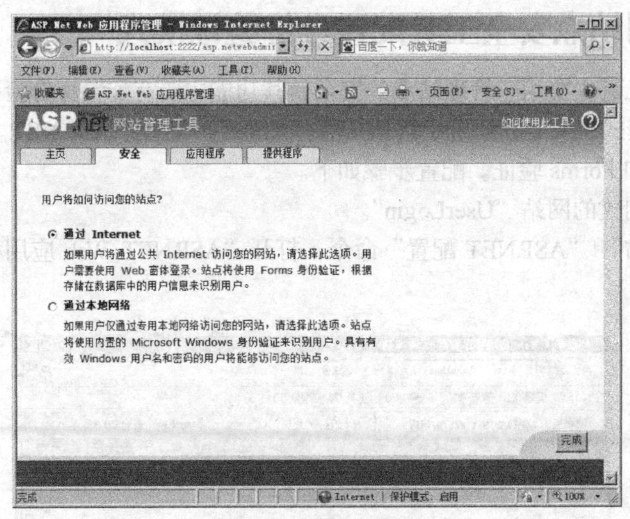

图 3-7　身份验证界面

（5）单击“完成”按钮，系统返回安全设置界面，关闭整个工具窗口。

（6）此时并没有生成配置文件“web.config”。为了能让系统自动生成配置文件并进行合理配置，按 F5 键运行程序，系统弹出一个对话框，如图 3-8 所示。

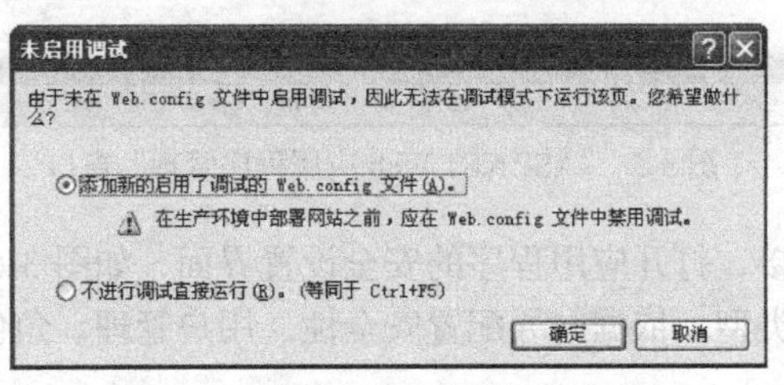

图 3-8　“未启用调试”提示对话框

（7）选择第一项，单击“确定”按钮，系统自动在“解决方案资源管理器”中生成一个“web.config”配置文件。

（8）关闭运行的页面，回到 Visual Studio 2010 工作界面，打开根目录下的“web.config”文件，会发现里面只有一个配置，就是身份验证的类型，具体代码如下：

```
<?xml version="1.0"?>
<!--
  有关如何配置 ASP.NET 应用程序的详细信息，请访问
  http://go.microsoft.com/fwlink/?LinkId=169433
  -->
<configuration>
     <system.web>
          <authentication mode="Forms" />
  <compilation debug="true" targetFramework="3.0"/>
     </system.web>
</configuration>
```

3.1.4　配置站点的数据存储方式

上一小节中使用了身份验证模式来确定用户数据的来源，本小节通过配置数据存储方式来确

定用户信息如何保存，配置步骤如下。

（1）在 Visual Studio 2010 的工作界面中，单击“网站”|“ASP.NET 配置”命令，打开“ASP.NET Web 应用程序管理”窗口。

（2）单击“提供程序”链接，转到提供程序界面，如图 3-9 所示。

（3）默认的提供程序是“AspNetSqlProvider”，此提供程序将数据保存在 ASP.NET 自带的数据库中，数据库名为“ASPNETDB”。所有的用户信息、个性化信息和基本配置等都保存在此数据库中。

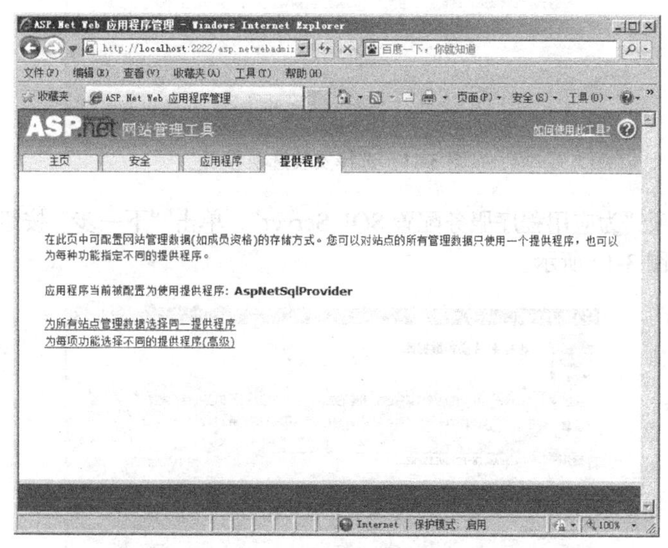

图 3-9　提供程序配置界面

3.1.5　定制自己的数据存储方式

默认情况下，.NET 提供了默认数据库的 SQL 提供程序，开发人员也可以根据站点的需要，用自己的数据库保存配置信息。具体操作步骤如下。

（1）首先在 SQL Server 2008 下创建一个自己的数据库，命名为“TestProvider”。

（2）数据库中没有任何表，ASP.NET 包括一个名为 aspnet_regsql.exe 的命令行实用工具，可以提供向导的方式自定义数据保存地址。

（3）单击 Windows 系统的“开始”|“所有程序”|“Visual Studio 2010”|“Visual Studio Tools”|“Visual Studio 2010 命令提示”命令。

（4）在打开的 DOS 窗口中输入“aspnet_regsql.exe”，用来配置自己的数据库。此时系统打开一个向导窗口，如图 3-10 所示。

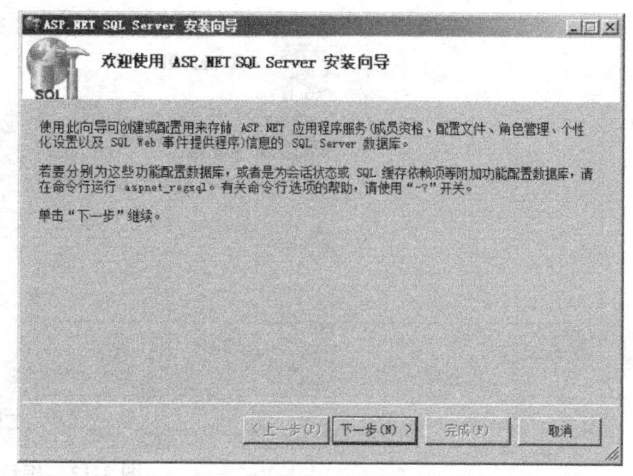

图 3-10　“ASP.NET 安装 SQL Server 安装向导”窗口

（5）单击“下一步”按钮，打开选择安装选项界面，如图 3-11 所示。

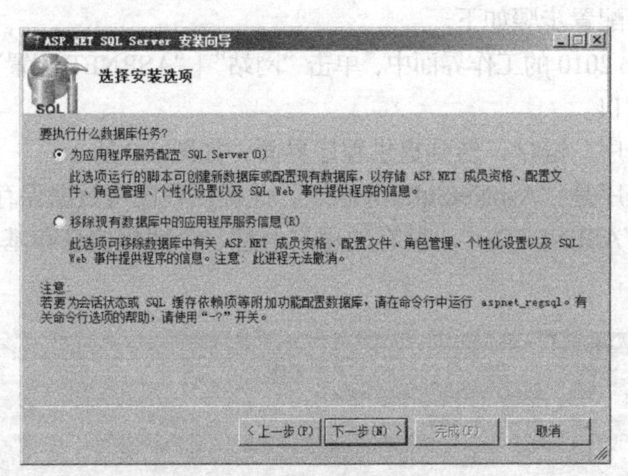

图 3-11　选择安装选项界面

（6）选择第一项“为应用程序服务配置 SQL Server”，单击“下一步”按钮，打开选择服务器和数据库界面，如图 3-12 所示。

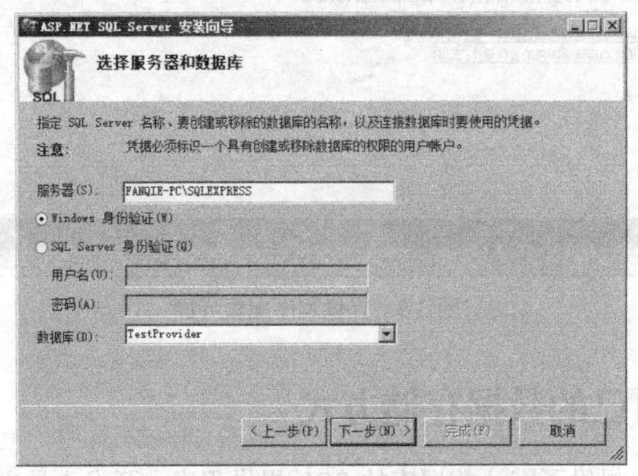

图 3-12　选择服务器和数据库界面

（7）在“服务器”文本框中输入自己机器的注册实例名，数据库选择自己创建的“TestProvider”。单击“下一步”按钮，出现确认界面，如图 3-13 所示。

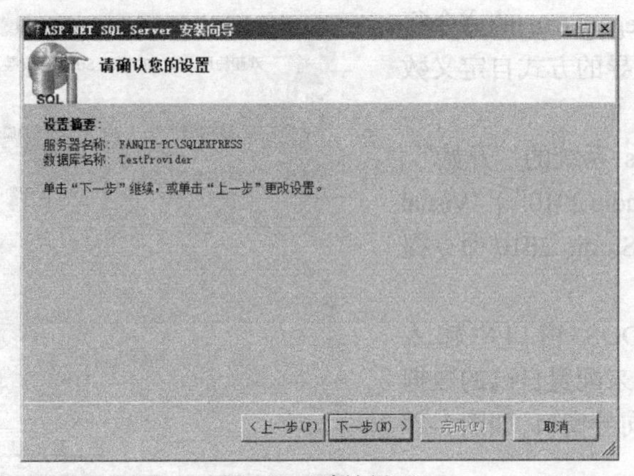

图 3-13　确认界面

（8）单击“下一步”按钮，出现完成界面，如图 3-14 所示。

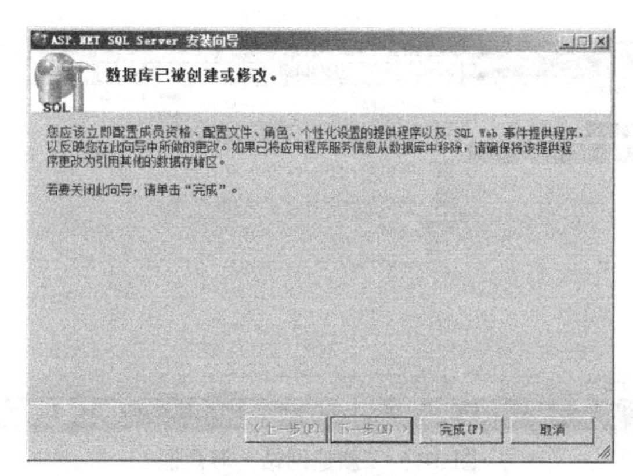

图 3-14 完成界面

（9）单击“完成”按钮，返回到 SQL Server 数据库中。打开“TestProvider”数据库中的表，会发现所有的表全都是以“aspnet_”开头的，这些表用来存储用户的一些个性信息。

（10）创建完成后还需要修改配置文件 web.config，让系统知道数据库的提供者发生了变化。在“configuration”节点下添加代码如下：

```
<connectionStrings>
    <remove name="LocalSqlServer"/>
    <!-- 数据库连接信息 -->
    <add name="LocalSqlServer"
        connectionString="Data Source=localhost;
        Initial Catalog=TestProvider;
        Integrated Security=True"
        providerName="System.Data.SqlClient"/>
</connectionStrings>
```

这样就可以使用自己的数据库来保存站点内所有的数据资料了，无论是使用系统工具创建用户还是角色，都会保存在自己的数据库中。

3.2 ASP.NET 控件概述

之所以现在 ASP.NET 的开发方便和快捷，关键是它有一组强大的控件库，包括 HTML 控件、HTML 服务器控件、Web 服务器控件、Web 用户控件、Web 自定义控件等。

3.2.1 HTML 控件

HTML 控件就是我们通常的说的 HTML 语言，它不能在服务器端控制，只能在客户端通过 JavaScript 和 VBScript 等程序语言来控制。

下面的示例代码就是一个 HTML 的按钮控件，代码如下：

```
< input type="button" id="btn" value="button"/>
```

下面使用 HTML 客户端控件创建一个简单的示例，该示例使用 HTML 的按钮控件。当单击按钮的时候，会弹出一个提示框。具体步骤如下。

（1）打开 Visual Studio 2010 集成开发环境，单击“新建”|“网站”命令，弹出“新建网站”对话框，如图 3-15 所示。

（2）在“Web 位置”选项中，选择“文件系统”和网站创建的本地系统目录“Z：\TestWeb\WebSite2”。

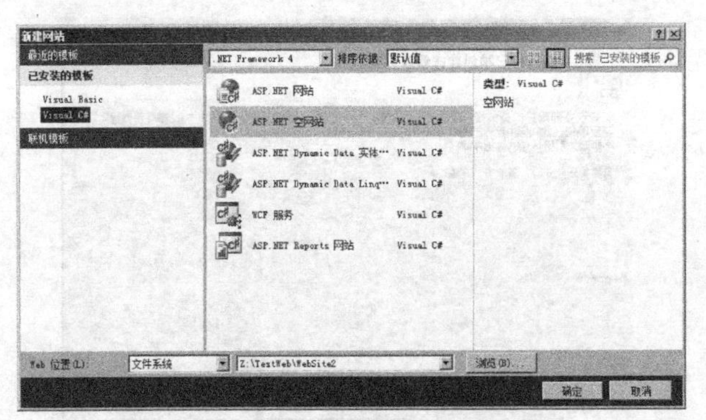

图 3-15 “新建网站”对话框

（3）单击“确定”按钮，进入编写代码的主窗口，同时添加一个 Default.aspx 页面文件，并自动生成 Default.aspx.cs 后台代码文件。在 Default.aspx 文件中，自动生成了一个页面框架代码，其代码如下：

```
<%@ Page Language="C#" AutoEventWireup="true"  CodeFile="Default.aspx.cs"
    Inherits="_Default" %>

<!DOCTYPE html PUBLIC "-//W3C//DTD XHTML 1.0 Transitional//EN"
    "http://www.w3.org/TR/xhtml1/DTD/xhtml1-transitional.dtd">

<html xmlns="http://www.w3.org/1999/xhtml" >
<head runat="server">
    <title> </title>
</head>
<body>
    <form id="form1" runat="server">
    <div>

    </div>
    </form>
</body>
</html>
```

（4）打开“工具箱”面板（默认布局的位置在左侧）的“HTML”标签，把“Input (Button)”按钮控件拖放到主窗口中。选中按钮控件，打开“属性”面板，如图 3-16 所示。修改“Value”项的值为“单击”。修改后的“属性”面板如图 3-17 所示。

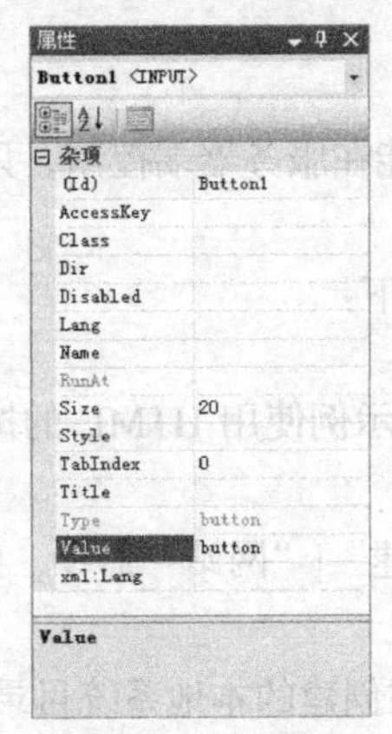

图 3-16 修改前的“属性”面板

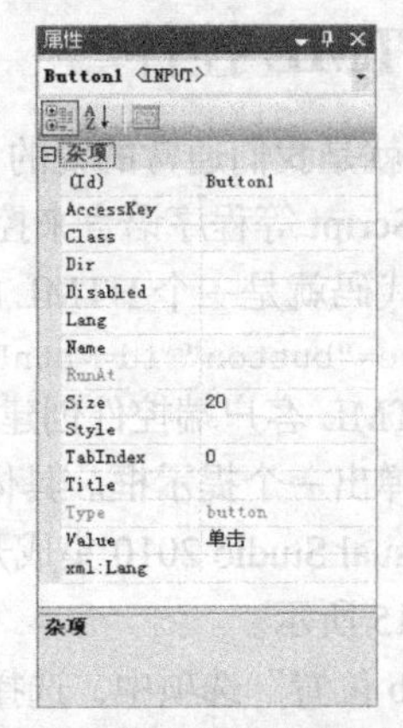

图 3-17 修改后的“属性”面板

（5）切换到主窗口的“源”视图，在<div>标签中已经自动生成了一行代码，代码如下：

```
<body>
    <form id="form1" runat="server">
    <div>
        <input id="Button1" type="button" value="单击" />
    </div>
    </form>
</body>
```

（6）在按钮控件中增加单击事件 onclick，代码如下：

```
<input id="Button1" type="button" value="单击" onclick="btn_Click()" />
```

（7）在<head>标签中，增加 JavaScript 事件函数 btn_Click()。代码如下：

```
<head runat="server">
    <title>无标题页</title>
    <script language="javascript" type="text/javascript">
    function btn_Click()
    {
        // 弹出提示框
        alert('测试 HTML 控件！');
    }
    </script>
</head>
```

（8）按 Ctrl+F5 快捷键执行代码，执行的结果如图 3-18 所示。

图 3-18　HTML 控件示例运行结果

3.2.2　HTML 服务器控件

HTML 服务器控件其实就是在 HTML 控件的基础上加上 runat="server"所构成的控件。它们的主要区别是运行方式不同，HTML 控件运行在客户端，而 HTML 服务器控件运行在服务器端。

当 ASP.NET 网页执行时，会检查标注有无 runat 属性，如果标注没有设定，那么 HTML 标注就会被视为字符串，并被送到字符串流等待送到客户端，客户端的浏览器会对其进行解释；如果 HTML 标注有设定 runat="server"属性，Page 对象会将该控件放入控制器，服务器端的代码就能对其进行控制，等到控制执行完毕后再将 HTML 服务器控件的执行结果转换成 HTML 标注，然后当成字符串流发送到客户端进行解释。

下面的示例就是一个 HTML 服务器控件，代码如下：

```
< input id="Button" type="button" value="button" runat="server" />
```

下面使用 HTML 服务器控件创建一个简单的示例。该示例使用 HTML 的按钮控件，当单击按钮的时候，会弹出一个提示框。具体步骤如下。

（1）打开 Visual Studio 2010 集成开发环境，添加一个 Default2.aspx 页面文件。在 Default2.aspx 文件中，自动生成了一个页面框架代码，生成的代码如下：

```
<%@ Page Language="C#" AutoEventWireup="true"  CodeFile="Default2.aspx.cs"
    Inherits="_Default2" %>

<!DOCTYPE html PUBLIC "-//W3C//DTD XHTML 1.0 Transitional//EN"
    "http://www.w3.org/TR/xhtml1/DTD/xhtml1-transitional.dtd">

<html xmlns="http://www.w3.org/1999/xhtml" >
<head runat="server">
    <title>无标题页</title>
</head>
<body>
    <form id="form1" runat="server">
    <div>

    </div>
    </form>
</body>
</html>
```

（2）打开“工具箱”面板（默认布局的位置在左侧）的“HTML”标签，把“Input (Button)”按钮控件拖放到主窗口中。选中按钮控件，打开“属性”面板，如图 3-19 所示。修改“Value”项的值为“单击”。修改后的“属性”面板如图 3-20 所示。

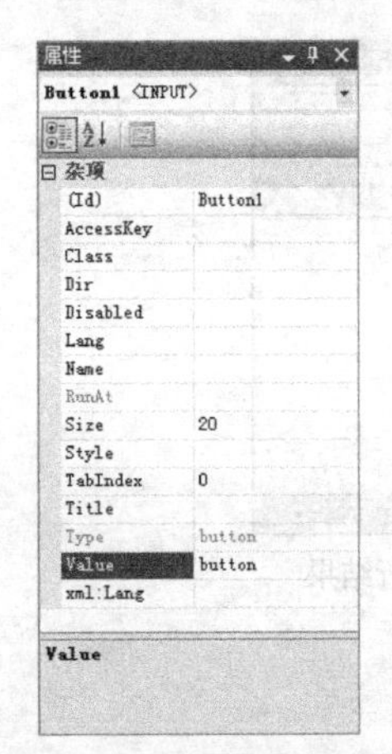

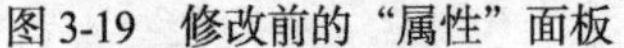

图 3-19　修改前的“属性”面板

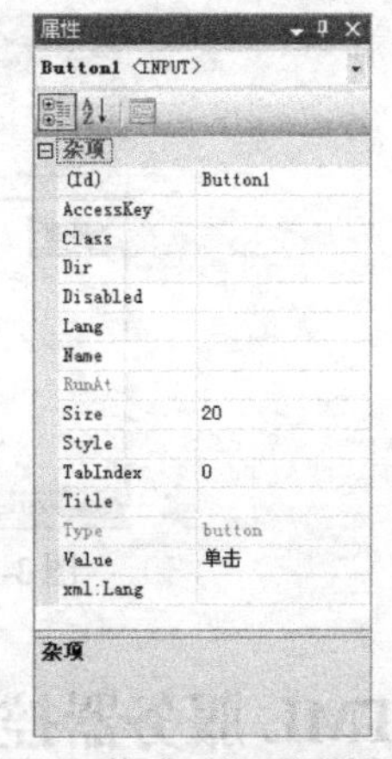

图 3-20　修改后的“属性”面板

（3）切换到主窗口的“源”视图，在<div>标签中已经自动生成了一行代码，代码如下：

```
<body>
    <form id="form1" runat="server">
    <div>
        <input id="Button1" type="button" value="单击" />
    </div>
    </form>
</body>
```

（4）在按钮控件代码中，设计属性“runat”的值为“server”。这样，客户端按钮控件就转换为服务器按钮控件了。代码如下：

```
<input id="Button1" type="button" value="单击" runat="server" />
```

（5）按 F7 键切换到“源代码”视图，添加代码如下所示。这里可以看到，Button1 添加了 runat

这个属性后，在后台代码可以直接访问它了。如果没有这个属性，则无法在后台访问 Button1。

```
protected void Page_Load(object sender, EventArgs e)
{
    Button1.Value = "我变了！";
}
```

（6）按 Ctrl+F5 快捷键执行代码，执行的结果如图 3-21 所示。

图 3-21　HTML 控件示例运行结果

3.2.3　Web 服务器控件

Web 服务器控件也称为 ASP.NET 服务器控件，是 Web Form 编程的基本元素，也是 ASP.NET 所特有的。它会按照 client 的情况产生一个或者多个 HTML 控件，而不是直接描述 HTML 元素。下面的示例就是一个 Web 服务器控件，代码如下：

```
< asp:Button ID="Button2" runat="server" Text="Button"/>
```

下面使用 HTML 服务器控件创建一个简单的示例，该示例使用 HTML 的按钮控件。当单击按钮的时候，会弹出一个提示框。具体步骤如下。

（1）打开 Visual Studio 2010 集成开发环境，添加一个新的 Web 窗体 Default3.aspx。

（2）打开“工具箱”面板（默认布局的位置在左侧）的“标准”标签，把“Button”按钮控件拖放到主窗口中。选中按钮控件，打开“属性”面板，如图 3-22 所示。修改“Text”项的值为“单击”。修改后的“属性”面板如图 3-23 所示。

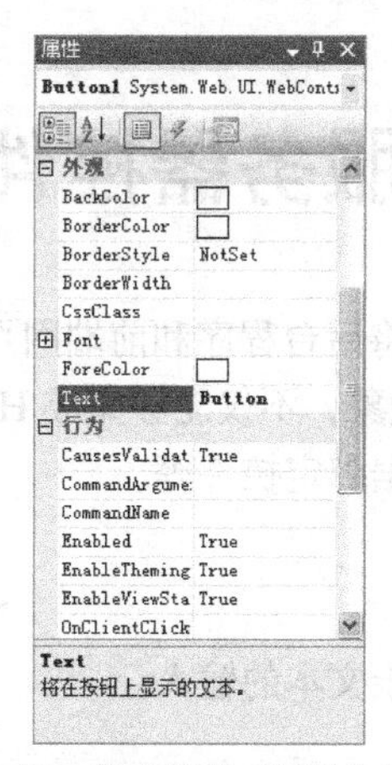

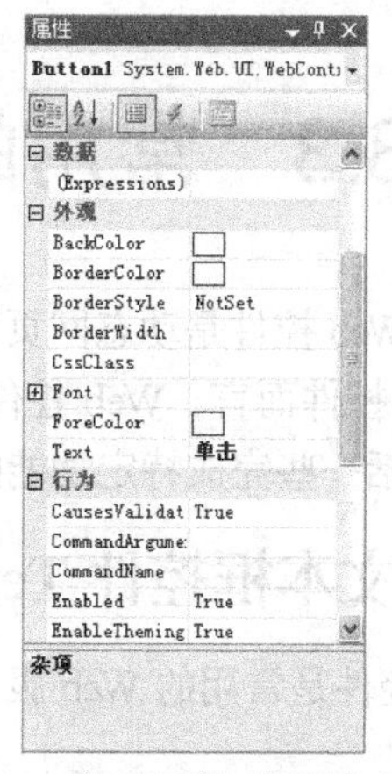

图 3-22　修改前的“属性”面板　　　　图 3-23　修改后的“属性”面板

（3）切换到主窗口的“源”视图，在<div>标签中已经自动生成了一行代码，代码如下：

```
<body>
    <form id="form1" runat="server">
    <div>
```

```
        <asp:Button ID="Button1" runat="server" Text="单击" />
    </div>
    </form>
</body>
```

（4）切换到“设计”视图，双击按钮将会自动生成按钮的单击事件。再切换到“源”视图，生成的代码如下：

```
<asp:Button ID="Button1" runat="server" Text="单击" OnClick="Button1_Click" />
```

（5）打开 Default3.aspx.cs 文件，已经生成了一个按钮的单击事件函数。生成的代码如下：

```
protected void Button1_Click(object sender, EventArgs e)
{

}
```

（6）在按钮的单击事件函数中添加代码，此代码的功能是输出一个简单的字符串。添加的代码如下：

```
protected void Button1_Click(object sender, EventArgs e)
{
    Response.Write("测试 Web 服务器控件。");
}
```

（7）按 Ctrl+F5 快捷键执行代码，执行的结果如图 3-24 所示。

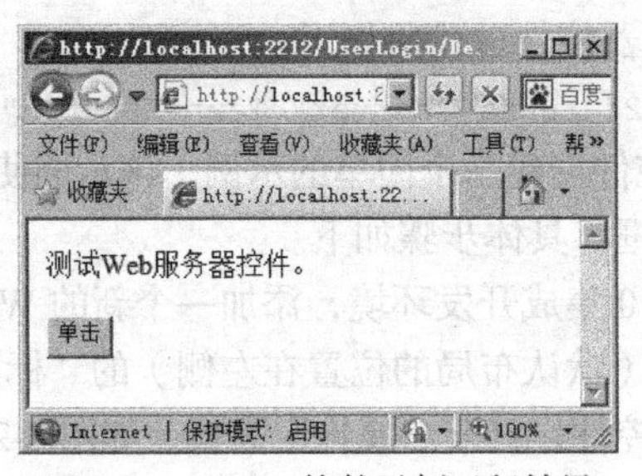

图 3-24　HTML 控件示例运行结果

3.3　常用的 ASP.NET 服务器控件

可以说，Web 控件是动态网页技术的一大进步，真正地将后台程序和前端网页融合在一起。相对于 HTML 控件而言，Web 控件功能更加强大，也更加抽象，不仅能够完成 HTML 控件的所有功能，还包括一些完成特定功能的控件，如日历控件、数据绑定控件等。

3.3.1　文本框控件 TextBox

TextBox 控件是常用的 Web 服务器端控件之一，主要用于文本的输入。

1．功能

同 HtmlInputText 类似，利用 TextBox 文本框控件，用户可以向 Web 窗体中键入信息（包括文本、数字和日期）。另外，通过配置其属性，TextBox 可以接收单行、多行或者密码形式的数据。有两种方式在页面上添加一个 TextBox 对象。

（1）在工具箱的“标准”标签中，通过鼠标拖放或双击操作，添加 abl TextBox 对象。

（2）在页面 HTML 视图中，通过添加代码实现。例如，想要添加一个 ID 为“TextBox1”的单行输入框控件，可以通过添加下面的代码实现：

```
<form id="Form1" method="post" runat= "server">
    <asp:TextBox id="TextBox1" runat= "server"></asp:TextBox>
</form>
```

2. 属性和事件

TextBox 控件的常用属性和事件如图 3-25 所示，其功能如表 3-1 所示。

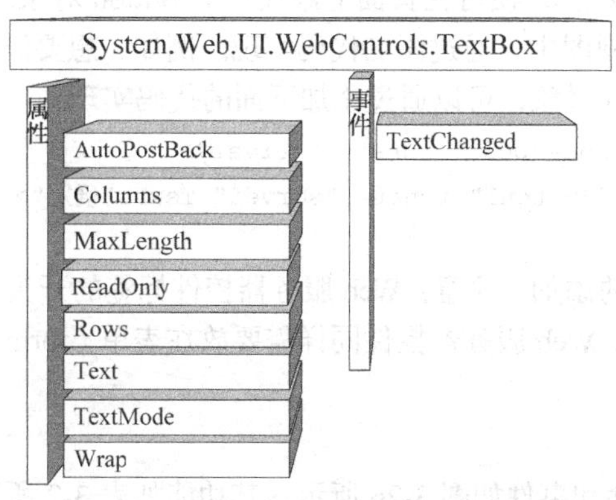

图 3-25　TextBox 控件的常用属性和事件

其中，TextMode 的取值和对应的模式如下：

（1）MultiLine 为多行输入模式；

（2）Password 为密码输入模式；

（3）SingleLine 为单行输入模式。

表 3-1　　TextBox 控件的常用成员功能描述

成　　员	功　　能
AutoPostBack	指示在输入信息时，数据是否实时自动回发到服务器
Columns	文本框的显示宽度（以字符为单位）
MaxLength	文本框中最多允许的字符数
ReadOnly	指示能否更改 TextBox 控件的内容
Rows	多行文本框中显示的行数
Text	TextBox 控件的文本内容
TextMode	TextBox 控件的行为模式（单行、多行或密码）
Wrap	指示多行文本框内的文本内容是否换行
TextChanged	当文本框的内容在向服务器的各次发送过程间更改时发生

3. 示例

文本框通常配合按钮来应用，在用户输入完成之后向服务器提交数据。在这种应用中，TextBox 和 HtmlInputText 非常相似，故在此不再给出示例。

3.3.2　按钮控件 Button

Button 控件是常用的 Web 服务器端控件之一，主要用于交互式命令操作。

1．功能

按钮是页面上最常用的控件之一，用户常常通过单击按钮来完成提交、确认等功能。同上一章介绍的 HtmlInputButton 相似，通过对单击事件编程可以完成特定的功能。有两种方式在页面上添加一个 Button 对象。

（1）使用 Visual Studio.NET 开发环境的图形化对象。在工具箱的“标准”标签中，将 Button 拖放到页面中（或者直接双击），便可在页面上添加一个 Button 对象。

（2）在页面的 HTML 视图中，通过添加代码实现。例如，想要添加一个 ID 为“Button1”显示文字为“确定”的 Button 对象，可以通过添加下面的代码实现：

```
<form id="Form1" method="post" runat= "server">
    <asp:Button id="Button1" runat= "server" Text="确定"></asp:Button>
</form>
```

第 2 行实现了 Button 的添加。注意：Web 服务器控件标签的开头都带有“asp:”前缀。另外，同 HTML 服务器控件类似，Web 服务器控件同样需要放在表单（form）内部才能完成提交数据的功能。

2．属性和事件

Button 控件的常用属性和事件如图 3-26 所示，其功能如表 3-2 所示。

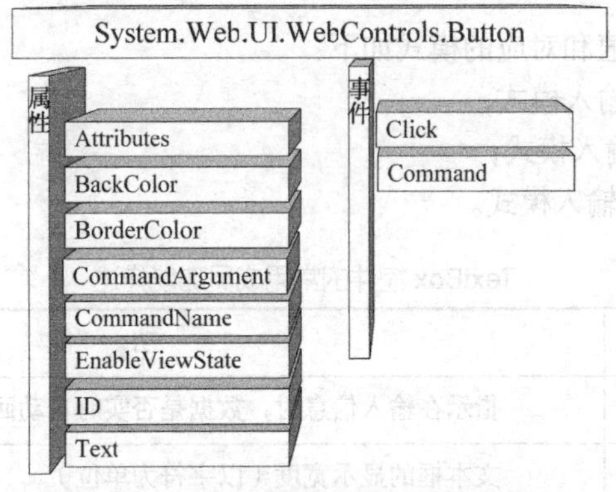

图 3-26　Button 控件的常用属性和事件

表 3-2　Button 控件的常用成员功能描述

成　员	功　能
BackColor	获取或设置背景色
BorderColor	获取或设置边框颜色
CommandArgument	获取或设置可选参数，该参数与 CommandName 一起传递到 Command 事件
CommandName	获取或设置命令名，该命令名与传递给 Command 事件的 Button 控件相关联
EnableViewState	获取或设置一个值，指示服务器控件是否保持自己以及所包含子控件的状态
ID	获取或设置分配给服务器控件的编程标识符
Text	获取或设置在 Button 控件中显示的文本标题
Click	在单击 Button 控件时发生
Command	在单击 Button 控件时发生

Click 事件和 Command 事件虽然都能够响应单击事件，但并不相同。两者之间的异同如下。

（1）Click 事件具有简单快捷的事件响应功能。

（2）Command 事件具有更为强大的功能，它通过关联按钮的 CommandName 属性使按钮可以自动寻找并调用特定的方法，还可以通过 CommandArgument 属性向该方法传递参数。

这样做的好处在于，当页面上需要放置多个 Button 按钮分别完成多个任务，而这些任务非常相似，容易用统一的方法实现时，不必为每一个 Button 按钮单独实现 Click 事件，可通过一个公共的处理方法结合各个按钮的 Command 事件来完成。

下面给出一个使用 Command 事件的示例。

3. 示例

本示例要实现的功能如图 3-27 所示，页面上有 4 个按钮，分别完成的任务如 Text 属性所示。容易看出，这 4 个按钮要实现的功能非常类似，这种情况下便可以使用 Command 事件。

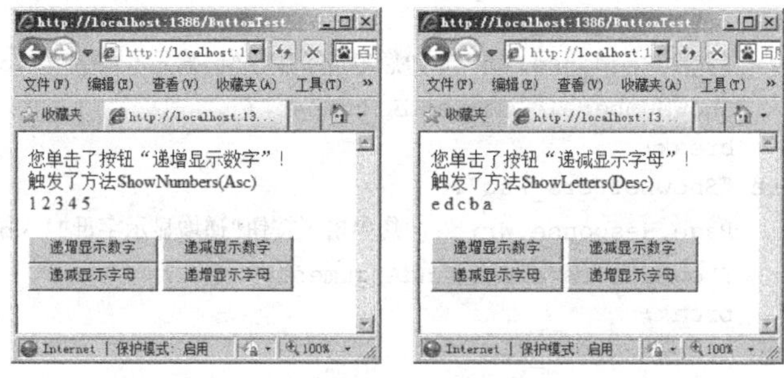

图 3-27　Button 按钮的 Command 事件示例效果

（1）新建 ASP.NET 网站 ButtonTest，添加一个 Default.aspx 页面，并在页面上添加 4 个 Button 对象，它们的 HTML 代码如下：

```
<form id="Form1" method="post" runat="server">
    <asp:Button id="Button1" runat="server" Text="递增显示数字"
        CommandName="ShowNumbers_Asc" CommandArgument="Asc"
OnCommand="Button_Command">
   </asp:Button>

    <asp:Button id="Button2" runat="server" Text="递减显示数字"
        CommandName="ShowNumbers_Desc" CommandArgument="Desc"
    OnCommand="Button_Command">
    </asp:Button>

    <asp:Button id="Button3" runat="server" Text="递减显示字母"
        CommandName="ShowLetters_Desc" CommandArgument="Desc"
OnCommand="Button_Command">
   </asp:Button>

    <asp:Button id="Button4" runat="server" Text="递增显示字母"
        CommandName="ShowLetters_Asc" CommandArgument="Asc"
OnCommand="Button_Command">
   </asp:Button>
</form>
```

代码定义了 4 个 Button 按钮，请注意对应的 CommandName 属性和 CommandArgument 属性，正是利用它们的 Command 事件才能自动寻找合适的执行方法。

（2）转向代码页，实现按钮 Command 事件所触发的方法示例如下：

```
/// 公共单击事件方法
private void Button_Command
```

```
(object sender, System.Web.UI.WebControls.CommandEventArgs e)
{
    //根据按钮的 CommandName 进行分支
    switch(e.CommandName)
    {
        case "ShowNumbers_Asc":
            //输出一行说明信息
            Page.Response.Write("您单击了按钮"递增显示数字"! <br>");
            //调用不同的方法，并传递 CommandArgument 参数
            ShowNumbers(e.CommandArgument);
            break;
        case "ShowNumbers_Desc":
            Page.Response.Write("您单击了按钮"递减显示数字"! <br>");
            ShowNumbers(e.CommandArgument);
            break;
        case "ShowLetters_Asc":
            Page.Response.Write("您单击了按钮"递增显示字母"! <br>");
            ShowLetters(e.CommandArgument);
            break;
        case "ShowLetters_Desc":
            Page.Response.Write("您单击了按钮"递减显示字母"! <br>");
            ShowLetters(e.CommandArgument);
            break;
        default:
            break;
    }
}
```

该方法是 4 个按钮单击时都要触发的方法，能够自动判断单击来自哪一个按钮，然后去做不同的事情。通过第 5 行的 switch 语句，分支按钮的 CommandName 属性值来实现。

第 7 行～第 27 行的 case 语句后的值分别是 4 个 Button 按钮的 CommandName 属性值，然后调用不同的方法 ShowNumbers()或者 ShowLetters()。在调用时，还将把按钮的 CommandArgument 属性值作为参数传递。

方法 ShowNumbers()和 ShowLetters()非常简单，功能是按照增序或降序输出数字或字母。以 ShowNumbers()为例，代码如下：

```
/// 输出数字
/// <param name="commandArgument">增序或者降序参数</param>
private void ShowNumbers(object commandArgument)
{
Page.Response.Write("触发了方法 ShowNumbers("+commandArgument.ToString()+") <br>");
    if(commandArgument.ToString()=="Asc")
        Page.Response.Write("1 2 3 4 5");
    else if((commandArgument.ToString()=="Desc"))
        Page.Response.Write("5 4 3 2 1");
}
```

代码非常简单，第 6 行～第 9 行对输入参数进行选择，输出不同的数字序列。ShowLetters()方法与此相似。

（3）下一步是关联 4 个按钮的 Command 事件到 Button_Command()方法。右键单击该按钮，选择“属性”命令，在“属性”窗口中单击⚡图标，查看该按钮的事件列表。在 Command 选项

中，输入方法名，或者通过左键单击后面的▼按钮选择页面中已有的方法，如图 3-28 所示。

使用同样的方法，将 4 个按钮的 Command 事件都关联到 Button_Command()方法。

（4）按 Ctrl+F5 快捷键运行程序。

图 3-28 关联按钮的 Command 方法

4. 与 HTML 控件比较

从该例可以看出，Button 相对于 HtmlInputButton 对象增加的功能包括：可以使用 Command 事件，结合 CommandName 属性和 CommandArgument 属性，使多个按钮可以共享同一个单击事件方法。

3.3.3 单选框控件 RadioButton

RadioButton 控件是常用的 Web 服务器端控件之一，主要用于数据列表选项。

1. 功能

RadioButton 控件允许用户选择 True 状态或 False 状态，但是只能选择其一，与 HtmlInput RadioButton 相似。有两种方式在页面上添加一个 RadioButton 对象。

（1）在工具箱的“标准”标签中，通过鼠标拖放或双击操作，添加⊙ RadioButton 对象。

（2）在页面 HTML 视图中，通过添加代码实现。例如，想要添加一个 ID 为“RadioButton1”的单选框控件，可以通过添加下面的代码实现：

```
<form id="Form1" method="post" runat="server">
    <asp: RadioButtonid="RadioButton1"runat="server"></asp: RadioButton>
</form>
```

2. 属性和事件

RadioButton 控件的常用属性和事件与 CheckBox 基本类似，不再给出。

需要特殊说明的是其 GroupName 属性，它相当于 HtmlInputRadioButton 的 Name 属性，具有同一个 Name 的多个单选框中只能选取一个，如果某个单选框的 Checked 属性被设置为 True，则组中所有其他单选按钮自动变为 False。

3. 示例

本例实现的功能如图 3-29 所示，用户选择自己的性别，但只能在二者之中选择其一，每次选择后，页面上都将即时显示用户的性别信息。

图 3-29 RadioButton 示例效果

（1）新建 ASP.NET 网站 RadioButtonTest，新建页面并添加两个 RadioButton 对象，其 HTML 代码如下：

```
<form id="Form1" method="post" runat="server">
    <asp:RadioButton id="RadioButton1" runat="server" GroupName="Group1"
Text="男" AutoPostBack="True"></asp:RadioButton>
    <asp:RadioButton id="RadioButton2" runat="server" GroupName="Group1"
Text="女" AutoPostBack="True"></asp:RadioButton>
</form>
```

注意，两个 RadioButton 的 GroupName 属性是相同的，这保证了二者选择时的互斥性。

（2）双击单选框“男”，在其 CheckedChanged 事件方法中添加如下显示信息的代码：

```
private void RadioButton1_CheckedChanged(object sender, System.EventArgs e)
{
    if(RadioButton1.Checked==true)
```

```
        Response.Write("你的性别是：男");
    else
        Response.Write("你的性别是：女");
}
```

代码非常简单。对 RadioButton2 采用相同的操作。

（3）按 Ctrl+F5 快捷键运行程序。

3.3.4 链接按钮控件 LinkButton

LinkButton 控件是常用的 Web 服务器端控件之一，主要用于交互式命令操作。

1. 功能

LinkButton 控件是 Button 和 HyperLink 控件的结合，实现具有超级链接样式的按钮。如果希望在单击控件时链接到另一个 Web 页而不用执行某些操作，使用 HyperLink 控件即可。有两种方式在页面上添加一个 LinkButton 对象。

（1）在工具箱的“标准”标签中，通过鼠标拖放或双击操作，添加 LinkButton 对象。

（2）在页面 HTML 视图中，通过添加代码实现。例如，想要添加一个 ID 为“LinkButton1”，显示标题为“购物>>”的链接按钮，可以通过添加下面的代码实现：

```
<form id="Form1" method="post" runat="server">
    <asp:LinkButton id="LinkButton1" runat="server">购物>></asp:LinkButton>
</form>
```

2. 属性和事件

LinkButton 对象的成员与 Button 对象非常相似，具有 CommandName、CommandArgument 属性以及 Click 和 Command 事件。请读者参考 3.3.2 小节的内容。

3. 示例

本例使用另一种方式实现 3.3.3 小节示例同样的功能，同样如图 3-29 所示。但在本例中，当用户通过单选框选择性别时，选择的信息并不立刻发送给服务器，即不触发单选框的 CheckedChanged 事件，而等到当用户试图通过“购物>>”链接（实际上为按钮）跳转页面时，才触发 LinkButton 的 Click 事件，进入相应的页面。

（1）新建 ASP.NET 网站 LinkButtonTest，添加 Default.aspx 页面，并添加两个 RadioButton 对象，其代码请参考 3.3.3 小节内容。不同之处在于，两个控件不具有“AutoPost Back="True"”属性，即用户作选择时，服务器并不实时作出响应。

另外，添加一个 LinkButton 控件，其 HTML 代码如下：

```
<form id="Form1" method="post" runat="server">
    <asp:LinkButton id="LinkButton1" runat="server">购物>></asp:LinkButton>
</form>
```

（2）向工程添加两个新的页面 WebForm2.aspx 和 WebForm3.aspx。在 WebForm2 上，添加内容为“欢迎来到男士商场！”的标签，以及一个 NavigateUrl 属性为“Default.aspx”的 HyperLink 控件。WebForm3 与 WebForm2 类似，标签的内容为“欢迎来到女士专柜！”。

（3）双击链接按钮“购物>>”，在其 Click 事件方法中，添加转向目标页面的代码：

```
private void LinkButton1_Click(object sender, System.EventArgs e)
{
    if(RadioButton1.Checked==true)
        Page.Response.Redirect("WebForm2.aspx");    //指向“男士商场”
    else
        Page.Response.Redirect("WebForm3.aspx");    //指向“女士专柜”
}
```

代码根据用户的选择，在第 4 行、第 6 行使用 Response 对象的 Redirect()方法，实现页面的跳转。

（4）按 Ctrl+F5 快捷键运行程序。

3.3.5　列表框控件 ListBox

ListBox 控件是常用的 Web 服务器端控件之一，主要用于显示数据列表。

1．功能

同下拉框控件 DropDownList 类似，列表框 ListBox 可以实现从预定义的多个选项中进行选择的功能。区别在于，ListBox 在用户选择操作前可以看到所有的选项，并可以实现多项选择。有两种方式在页面上添加一个 ListBox 对象。

（1）在工具箱的“标准”标签中，通过鼠标拖放或双击操作，添加 ListBox 对象。同 DropDownList 相似，初始添加的 ListBox 不包含选项，可以通过编辑其 Items 属性来添加。

（2）在页面 HTML 视图中通过添加代码实现。例如，想要添加一个 ID 为“ListBox1”，选项包括 6 项爱好的列表框控件，可以通过添加下面的代码实现。

```
<asp:ListBox id="ListBox1" runat="server" Width="88px" Height="88px">
      <asp:ListItem Value="篮球">篮球</asp:ListItem>
      <asp:ListItem Value="足球">足球</asp:ListItem>
      <asp:ListItem Value="游泳">游泳</asp:ListItem>
      <asp:ListItem Value="旅游">旅游</asp:ListItem>
      <asp:ListItem Value="阅读">阅读</asp:ListItem>
      <asp:ListItem Value="电影">电影</asp:ListItem>
</asp:ListBox>
```

2．属性和事件

ListBox 控件的常用属性和事件与 DropDownList 基本类似，不再给出。需要特殊说明的是其 Rows 属性，它获取或设置 ListBox 控件中所显示的行数。

另外，ListBox 控件还有一个属性：SelectMode。它用来控制是否支持多行选择，其取值为 ListSelectionMode 枚举值，包括以下两种：

（1）Multiple 为多项选择模式，默认选项；

（2）Single 为单项选择模式。

3．示例

本示例实现的功能如图 3-30 所示，用户通过列表框选择爱好信息，然后页面做出不同的响应。

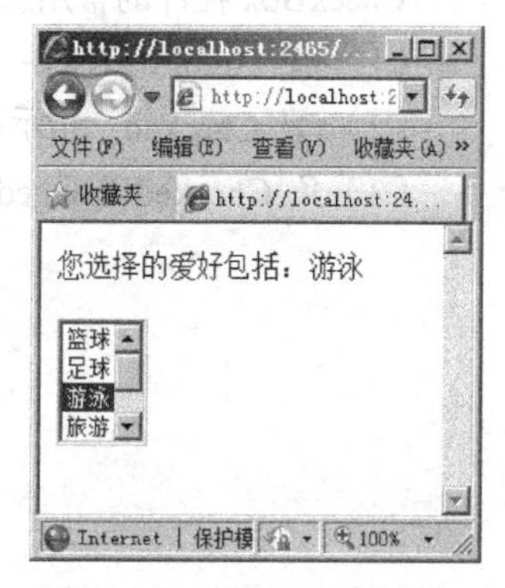

图 3-30　ListBox 示例效果

（1）新建 ASP.NET 网站 ListBoxTest，在 Default.aspx 页面上添加一个“爱好”列表框对象，其 HTML 代码如下：

```
    <asp:ListBox id="ListBox1" runat="server" AutoPostBack=
"True" SelectionMode= "Multiple">
        <asp:ListItem Value="篮球">篮球</asp:ListItem>
        <asp:ListItem Value="足球">足球</asp:ListItem>
        <asp:ListItem Value="游泳">游泳</asp:ListItem>
        <asp:ListItem Value="旅游">旅游</asp:ListItem>
        <asp:ListItem Value="阅读">阅读</asp:ListItem>
        <asp:ListItem Value="电影">电影</asp:ListItem>
    </asp:ListBox>
```

（2）双击列表框，在其 SelectedIndexChanged 事件的触发方法中输入如下代码：

```
private void ListBox1_SelectedIndexChanged(object sender, System.EventArgs e)
{
    Response.Write("您选择的爱好包括：");
    //循环检查是否选择了某项
    for(int i=0;i<ListBox1.Items.Count;i++)
    {
        if(ListBox1.Items[i].Selected) //如果选择了该项
            Response.Write(ListBox1.Items[i].Text+" ");
    }
}
```

代码在第 5 行～第 9 行使用 for 语句，循环检查是否选择了某项，需要使用其 Item 属性。其中的每一个选项都是一个 ListItem 对象，它的 Selected 值（True 或 False）表明该选项是否选中。

（3）按 Ctrl+F5 快捷键运行程序。在选择多项时，需要首先按住 Ctrl 键，然后用鼠标左键选择。

4. 与 HTML 控件比较

从这个示例可以看出，ListBox 和 HTML 控件 HtmlSelect 的区别同 DropDownList 相似，不再重述。

3.3.6 复选框控件 CheckBox

CheckBox 控件是常用的 Web 服务器端控件之一，主要用于交互式的数据选项。

1. 功能

CheckBox 控件允许用户选择 True 状态或 False 状态，这与 HtmlInputCheckBox 相似。有两种方式在页面上添加一个 CheckBox 对象。

（1）在工具箱的“标准”标签中，通过鼠标拖放或双击操作，添加 ☑ CheckBox 对象。

（2）在页面 HTML 视图中，通过添加代码实现。例如，想要添加一个 ID 为“CheckBox1”的 CheckBox 服务器控件对象，可以通过添加下面的代码实现：

```
<form id="Form1" method="post" runat="server">
    <asp:CheckBox id="CheckBox1"runat="server"></asp:CheckBox>
</form>
```

2. 属性和事件

CheckBox 控件的常用属性和事件如图 3-31 所示，其功能如下。

（1）AutoPostBack：指示在单击时 CheckBox 状态是否自动回发到服务器。

（2）Checked：指示是否已选中 CheckBox 控件。

（3）CheckedChanged：当 Checked 属性值更改时触发。

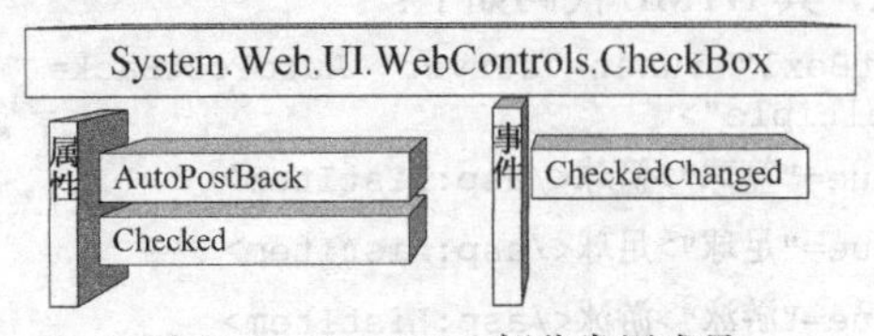

图 3-31 CheckBox 部分常用成员

3. 示例

本示例实现的功能如图 3-32 所示。用户可以在多个爱好中进行选择，每次进行选择时，页面上都将随时显示用户所选择的内容。

（1）新建 ASP.NET 网站 CheckBoxTest，在页面上添加 6 个 CheckBox 对象，其 HTML 代码如下：

```
<form id="Form1" method="post" runat="server">
  <asp:CheckBox id="CheckBox1" runat="server" Text="游泳"
AutoPostBack="True"> </asp:CheckBox>
  <asp:CheckBox id="CheckBox2" runat="server" Text="篮球"
AutoPostBack="True"> </asp:CheckBox>
  <asp:CheckBox id="CheckBox3" runat="server" Text="旅游"
AutoPostBack="True"> </asp:CheckBox>
  <asp:CheckBox id="CheckBox4" runat="server" Text="足球" AutoPostBack="True">
</asp:CheckBox>
  <asp:CheckBox id="CheckBox5" runat="server" Text="阅读" AutoPostBack="True">
</asp:CheckBox>
  <asp:CheckBox id="CheckBox6" runat="server" Text="电影" AutoPostBack="True">
</asp:CheckBox>
</form>
```

图 3-32 CheckBox 示例效果

需要注意的是，每一个 CheckBox 的 AutoPostBack 属性都为 True，这保证在用户选择时，服务器将立刻自动做出响应。

（2）实现一个显示用户选择的方法 Show()，代码如下：

```
/// 显示用户选择的内容
private void Show()
{
    string result="您选择的爱好有：";
    if(CheckBox1.Checked==true)    result+="游泳 ";
    if(CheckBox2.Checked==true)    result+="篮球 ";
    if(CheckBox3.Checked==true)    result+="旅游 ";
    if(CheckBox3.Checked==true)    result+="足球 ";
    if(CheckBox5.Checked==true)    result+="阅读 ";
    if(CheckBox6.Checked==true)    result+="电影 ";
    Response.Write(result);
}
```

（3）双击每一个复选框控件，在自动生成的 CheckedChanged 事件中调用 Show()方法。以 CheckBox1 为例，代码如下：

```
private void CheckBox1_CheckedChanged(object sender, System.EventArgs e)
{
    Show();
}
```

其余复选框均与此相同，不再给出。

（4）按 Ctrl+F5 快捷键运行程序。

4. 与 HTML 控件比较

从这个实例可以看出，Web 控件 CheckBox 相对于 HTML 控件 HtmlInputCheckBox 增加的功能包括：

（1）可以使用 Text 属性，直接在复选框的后面添加文字；

（2）可以利用 CheckedChanged 事件，自动触发用户选择时的动作。

3.3.7 图像控件 Image

Image 控件是常用的 Web 服务器端控件之一，主要用于显示图像。

1. 功能

Image 控件可以在 Web 窗体页上显示图像，并用服务器端的代码管理这些图像。有两种方式在页面上添加一个 Image 对象。

（1）在工具箱的“标准”标签中，通过鼠标拖放或双击操作，添加 Image 对象。

（2）在页面 HTML 视图中，通过添加代码实现。例如，想要添加一个 ID 为“HyperLink1”，显示的标题为“购物>>”的超级链接服务器控件，可以通过添加下面的代码实现：

```
<form id="Form1" method="post" runat="server">
    <asp: Image id=" Image1" runat= "server" ImageUrl=…> </asp: Image >
</form>
```

2. 属性

Image 控件的常用属性如图 3-33 所示，其功能如下。

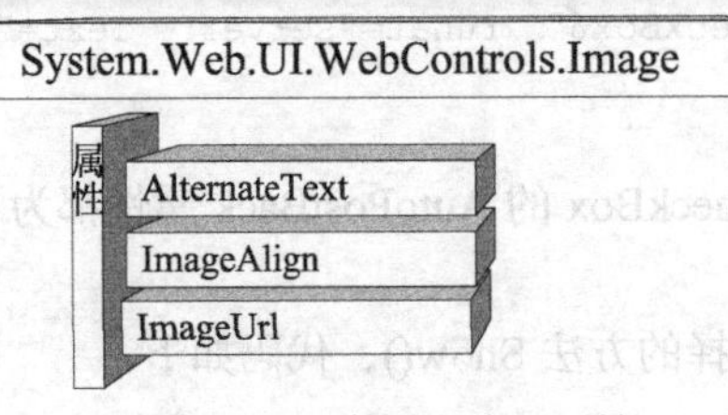

图 3-33　Image 控件的常用属性

（1）AlternateText：当图像不可用时，Image 控件中显示的是替换文本。

（2）ImageAlign：Image 控件相对于 Web 页上其他元素的对齐方式。

（3）ImageUrl：图像的位置。

3. 示例

本示例实现的功能如图 3-34 所示。刚进入页面时，由于未指定图片源，图片显示提示信息。当作出选择后，根据用户选择的性别页面将出现不同的图片。

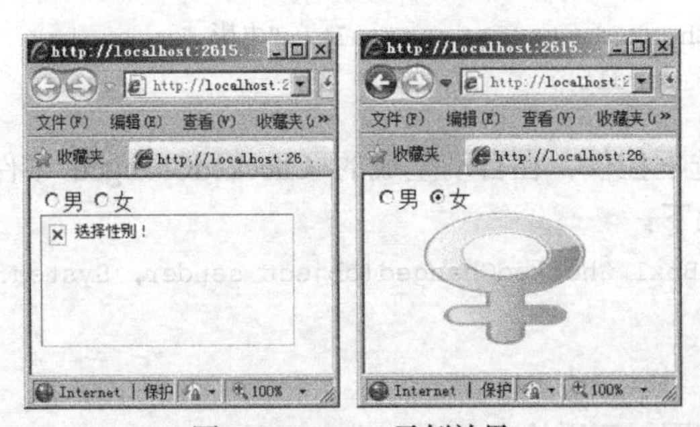

图 3-34　Image 示例效果

（1）新建网站 ImageTest，在程序所在的目录下建立一个文件夹“Pics”，并在里面放置两幅图片：男.JPG、女.JPG。在 Default.aspx 页面上添加以下控件：

① 两个 RadioButton 对象；

② 一个 Image 对象。

其 HTML 代码如下：

```
<asp:Image id="Image1" runat="server" Width=200px Height=100px AlternateText="选择性别! ">
</asp:Image>
```

（2）双击单选框按钮，在其 CheckedChanged 事件触发方法中输入如下代码：

```
private void RadioButton1_CheckedChanged(object sender, System.EventArgs e)
```

```
{
    if(RadioButton1.Checked==true)
        Image1.ImageUrl="./pics/男.png";    //利用 ImageUrl 属性改变图片源
    else
        Image1.ImageUrl="./pics/女.png ";
}
```

代码很简单，第 4 行、第 6 行利用 Image 的 ImageUrl 属性来改变图像源。

（3）按 Ctrl+F5 快捷键运行程序。

4. 与 HTML 控件比较

从这个实例可以看出，Web 控件 Image 和 HTML 控件 HtmlImage 的区别在于：Image 使用 ImageUrl 控制图像来源，而 HtmlImage 使用 Src 属性。

3.4 登录控件

ASP.NET 提供了一组登录控件，通过这些控件，开发者可以提高工作效率。

3.4.1 登录控件简介

ASP.NET 登录控件为 ASP.NET Web 应用程序提供了一种可靠的、无须编程的登录解决方案。默认情况下，登录控件与 ASP.NET 成员资格和 Forms 身份验证集成，以帮助实现网站的用户身份验证过程的自动化。

默认情况下，ASP.NET 登录控件以纯文本形式工作于 HTTP 上。如果用户对安全性十分关注，那么可以使用带 SSL 加密的 HTTPS。

3.4.2 使用登录控件

登录控件包括 Login 控件、LoginView 控件、LoginStatus 控件、LoginName 控件、Password Recovery 控件、CreateUserWizard 控件和 ChangePassword 控件。

1. Login 控件

Login 控件显示用于执行用户身份验证的用户界面。Login 控件包含用于用户名和密码的文本框和一个复选框，该复选框让用户指示是否需要服务器使用 ASP.NET 成员资格存储他们的标识并且当他们下次访问该站点时自动进行身份验证。

Login 控件有用于自定义显示、自定义消息的属性和指向其他页的链接，在那些页面中用户可以更改密码或找回忘记的密码。Login 控件可用作主页上的独立控件，或者用户还可以在专门的登录页上使用它。

如果用户一同使用 Login 控件和 ASP.NET 成员资格，将不需要编写执行身份验证的代码。然而，如果用户想创建自己的身份验证逻辑，则用户可以处理 Login 控件的 Authenticate 事件并添加自定义身份验证代码。

使用 Login 控件比较简单，只要把“工具箱”面板中“登录”标签的 Login 控件拖放到主窗口即可。拖放后的效果如图 3-35 所示。

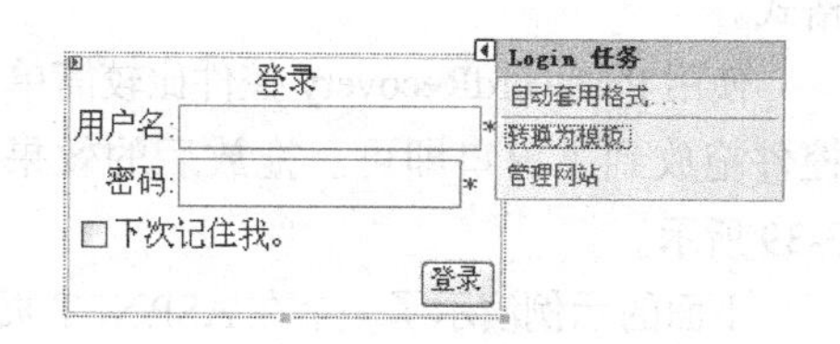

图 3-35　Login 控件

2. LoginView 控件

使用 LoginView 控件可以向匿名用户和登录用户显示不同的信息。该控件显示以下两个模板之一：AnonymousTemplate 或 LoggedInTemplate。在这些模板中，用户可以分别添加为匿名用户和经过身份验证的用户显示适当信息的标记和控件。

LoginView 控件还包括 ViewChanging 和 ViewChanged 的事件，用户可以为这些事件编写当用户登录和更改状态时的处理程序。

使用 LoginView 控件比较简单，只要把“工具箱”面板中“登录”标签的 Login 控件拖放到主窗口即可。拖放后的效果如图 3-36 所示。

3. LoginStatus 控件

LoginStatus 控件为没有通过身份验证的用户显示登录链接，为通过身份验证的用户显示注销链接。登录链接将用户带到登录页，注销链接将当前用户的身份重置为匿名用户。

使用 LoginStatus 控件比较简单，只要把“工具箱”面板中“登录”标签的 LoginStatus 控件拖放到主窗口即可。拖放后的效果如图 3-37 所示。

可以通过设置 LoginText 和 LoginImageUrl 属性自定义 LoginStatus 控件的外观。

图 3-36　Login 控件

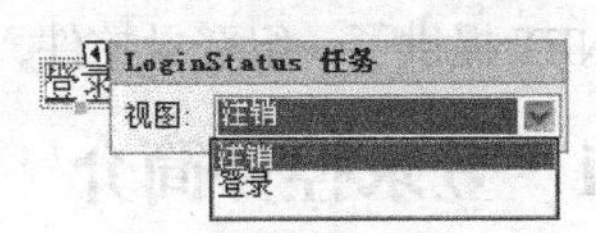

图 3-37　LoginStatus 控件

4. LoginName 控件

如果用户已使用 ASP.NET 成员资格登录，LoginName 控件将显示该用户的登录名。或者，如果站点使用集成 Windows 身份验证，该控件将显示用户的 Windows 账户名。

使用 LoginName 控件比较简单，只要把“工具箱”面板中“登录”标签的 LoginName 控件拖放到主窗口即可。拖放后的效果如图 3-38 所示。

[用户名]

图 3-38　LoginName 控件

5. PasswordRecovery 控件

PasswordRecovery 控件允许根据创建账户时所使用的电子邮件地址来找回用户密码。PasswordRecovery 控件会向用户发送包含密码的电子邮件。

用户可以配置 ASP.NET 成员资格，以使用不可逆的加密来存储密码。在这种情况下，PasswordRecovery 控件将生成一个新密码，而不是将原始密码发送给用户。

用户还可以配置成员资格，以包括一个用户为了找回密码必须回答的安全提示问题。如果这样做，PasswordRecovery 控件将在找回密码前提问该问题并核对答案。

PasswordRecovery 控件要求用户的应用程序能够将电子邮件转发给简单邮件传输协议（SMTP）服务器。用户可以通过设置 MailDefinition 属性自定义发送给用户的电子邮件的文本和格式。

使用 PasswordRecovery 控件比较简单，只要把“工具箱”面板中“登录”标签的 PasswordRecovery 控件拖放到主窗口即可。拖放后的效果如图 3-39 所示。

下面的示例演示了一个在 ASP.NET 页中声明的 PasswordRecovery 控件，其 MailDefinition 属性设置用来自定义电子邮件。

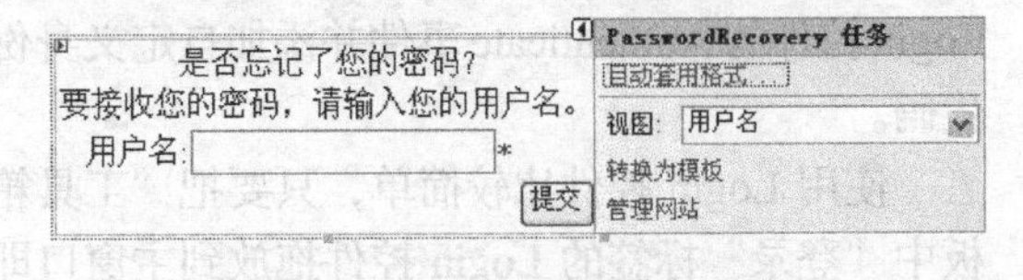

图 3-39　PasswordRecovery 控件

```
<asp:PasswordRecovery ID="PasswordRecovery1" Runat="server"
    SubmitButtonText="Get Password" SubmitButtonType="Link">
  <MailDefinition From="administrator@Contoso.com"
    Subject="Your new password"
    BodyFileName="PasswordMail.txt" />
</asp:PasswordRecovery>
```

6. CreateUserWizard 控件

CreateUserWizard 控件收集潜在用户提供的信息。默认情况下，CreateUserWizard 控件将新用户添加到 ASP.NET 成员资格系统中。

CreateUserWizard 控件收集下列用户信息：

（1）用户名；

（2）密码；

（3）密码确认；

（4）电子邮件地址；

（5）安全提示问题；

（6）安全答案（此信息用来对用户进行身份验证并找回用户密码，如果需要的话）。

使用 CreateUserWizard 控件比较简单，只要把“工具箱”面板中“登录”标签的 CreateUser Wizard 控件拖放到主窗口即可。拖放后的效果如图 3-40 所示。

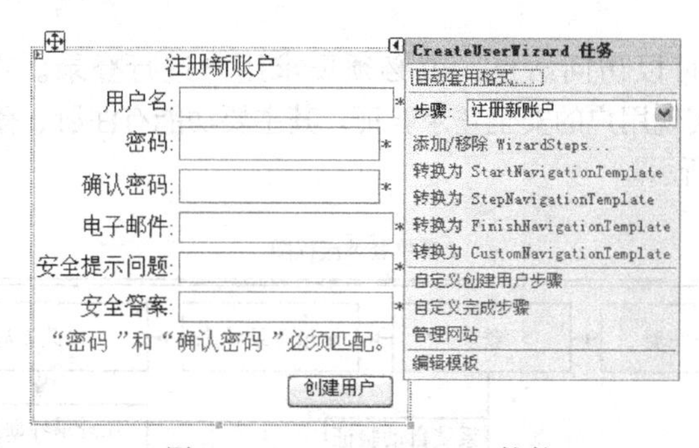

图 3-40 CreateUserWizard 控件

下面的示例演示了 CreateUserWizard 控件的一个典型的 ASP.NET 声明，代码如下：

```
<asp:CreateUserWizard ID="CreateUserWizard1" Runat="server"
    ContinueDestinationPageUrl="~/Default.aspx">
  <WizardSteps>
    <asp:CreateUserWizardStep Runat="server"
      Title="Sign Up for Your New Account">
    </asp:CreateUserWizardStep>
    <asp:CompleteWizardStep Runat="server"
      Title="Complete">
    </asp:CompleteWizardStep>
  </WizardSteps>
</asp:CreateUserWizard>
```

7. ChangePassword 控件

通过 ChangePassword 控件，用户可以更改其密码。用户必须首先提供原始密码，然后创建并确认新密码。如果原始密码正确，则用户密码将更改为新密码。该控件还支持发送关于新密码的电子邮件。

ChangePassword 控件包含显示给用户的两个模板化视图。第一个模板是 ChangePassword

Template，它显示用来收集更改用户密码所需数据的用户界面。第二个模板是 SuccessTemplate，它定义当用户密码更改成功以后显示的用户界面。

ChangePassword 控件由通过身份验证和未通过身份验证的用户使用。如果用户未通过身份验证，该控件将提示用户输入登录名。如果用户已通过身份验证，该控件将用用户的登录名填充文本框。

使用 ChangePassword 控件比较简单，只要把“工具箱”面板中“登录”标签的 ChangePassword 控件拖放到主窗口即可。拖放后的效果如图 3-41 所示。

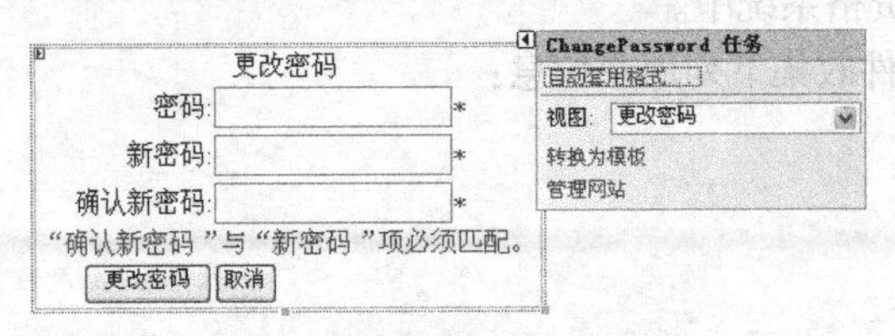

图 3-41　ChangePassword 控件

3.5　最普通的登录方式

为了验证用户是否可以访问站点，就必须要求用户进行登录。本节重点介绍如何使用 ASP.NET 中的登录控件实现用户的安全登录验证。其主要功能有注册、登录、修改密码和显示状态，登录流程如图 3-42 所示。

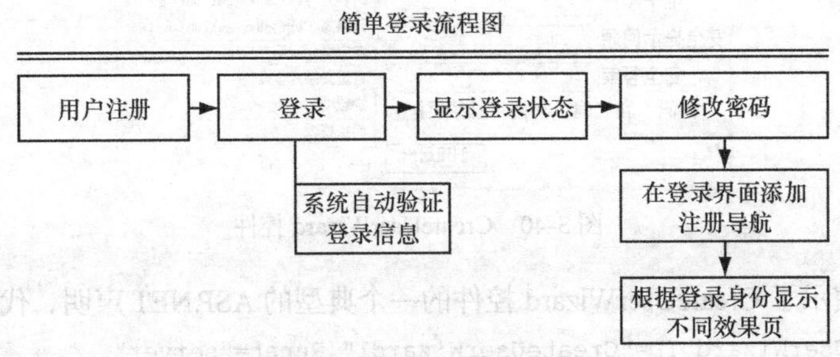

图 3-42　简单登录流程图

3.5.1　用户注册功能

通常用户第一次访问网站的时候，需要在网站上提供一个注册界面给用户才能让用户登录到本站点。具体设计步骤如下。

（1）新建网站 UserTest，在网站根目录下添加一个 Web 窗体“Register”，为用户注册提供页面。

（2）切换到窗体的设计视图，拖放“登录”控件组中的“CreateUserWizard”控件到界面中，如图 3-43 所示。

（3）注册用户默认分为两步，第一步填写用户信息，第二步完成提示信息。通过任务列表中的“步骤”下拉框实现两步视图的切换。

（4）选中“步骤”下拉框中的“完成”视图，打开完成界面。可以看到在完成界面中按钮的提示信息显示的是“继续”，将其修改为“完成”。

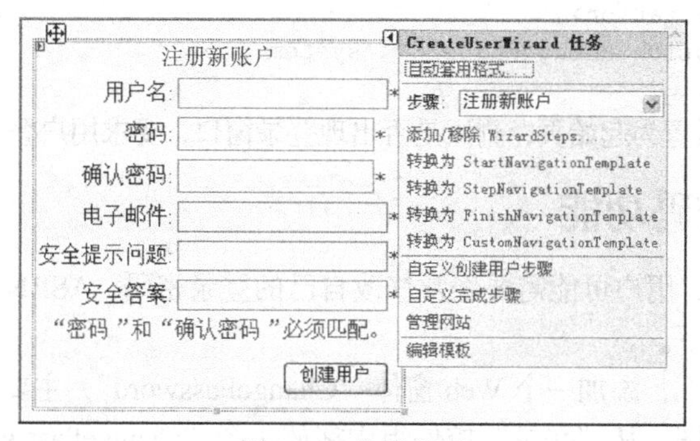

图 3-43 注册界面

（5）按 F4 键打开控件的属性窗口，修改“ContinueButtonText”属性为“完成”。为了使用户注册后能登录到网站的默认页，还需要修改“ContinueDestinationPageUrl”属性为当前站点的默认页“~/Default.aspx”。

（6）将注册页面设置为起始页，按 F5 键运行程序，测试能否正常注册并显示默认页。

3.5.2 用户登录功能

如果用户是第一次登录，则注册后直接进入站点内页面；如果用户已经注册，则通过登录界面进入网站。登录页面的设计步骤如下。

（1）在网站根目录下添加一个 Web 窗体“Login”，主要用来呈现用户的登录界面。

（2）切换到设计界面，从“登录”控件组中拖放一个“Login”控件到界面中，如图 3-44 所示。

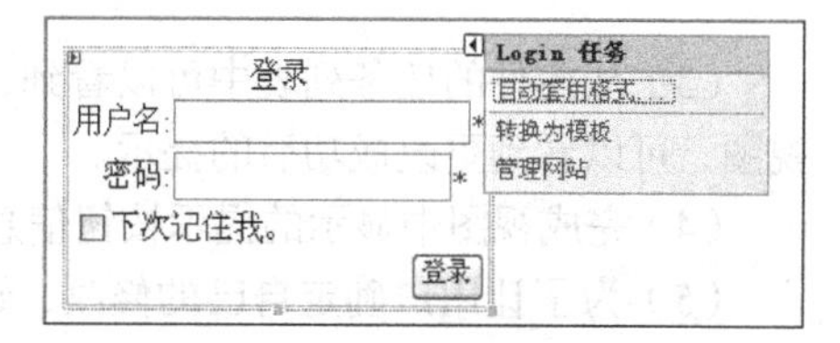

图 3-44 登录控件界面

（3）此控件包装了用户的验证过程，不需要开发人员编写任何代码，为了保证登录后进入网站的默认页面，还需要修改属性“DestinationPageUrl”为“~/Default.aspx”。

（4）如果登录时选中“下次记住我。”复选框，则系统自动保存用户的登录信息。

有些网站不允许匿名用户访问站内页面，那么如何防止匿名用户绕过登录界面直接进入站内访问呢？

配置文件 web.config 提供了安全验证的设置，保证用户必须登录才可以访问站内页面，具体配置如下：

```
<?xml version="1.0"?>
<configuration xmlns="http://schemas.microsoft.com/.NetConfiguration/v2.0">
    <system.web>
        <!--
            通过 <authentication> 节可以配置 ASP.NET 使用的
            安全身份验证模式，
            以标识传入的用户。
        -->
        <authentication mode="Forms" >
            <forms loginUrl="Login.aspx"  name=".ASPXFORMSAUTH">
            </forms>
        </authentication>
        <authorization>
            <deny users="?" />
```

```
        </authorization>
        <compilation debug="true"/></system.web>
</configuration>
```

将“Default.aspx”设置为起始页，测试是否出现登录窗口，要求用户登录后自动转到 Default 页。

3.5.3 修改密码功能

为了保证信息安全，用户可能需要经常修改自己的登录密码，ASP.NET 也提供了一个修改密码的控件，实现步骤如下。

（1）在网站根目录下，添加一个 Web 窗体“ChangePassword”，主要用于密码的修改。

（2）切换到设计视图，从“登录”控件组中拖放一个“ChangePassword”控件到界面中，如图 3-45 所示。

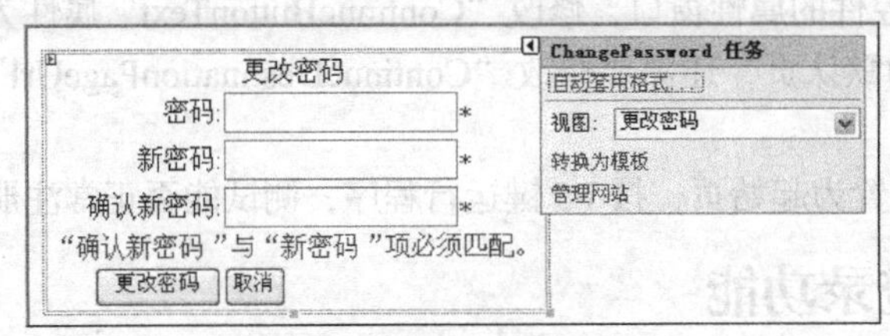

图 3-45 密码修改控件的界面

（3）从控件的任务列表中可以看到，视图下拉框中包含两项：更改密码和完成。切换到完成视图，可以看到更改成功后的提示。

（4）完成视图中显示的提示按钮信息是“继续”，修改“ContinueButtonText”属性为“完成”。

（5）为了让用户确定自己的修改，还可以修改属性“DisplayUserName”为“True”，表示修改密码时显示密码所有人的名字。

（6）密码修改后，根据网站流程可以转入登录页，也可以转入网站默认页，本例将转到默认页。修改“ContinueDestinationPageUrl”属性为“~/Default.aspx”。

（7）将本页设置为起始页，按 F5 键运行程序，测试密码修改是否成功。

3.5.4 在登录页面中添加注册导航功能

登录控件“Login”提供了很多便利的操作，可以无代码实现多个导航功能。本小节主要介绍注册功能的导航，步骤如下。

（1）打开页面“Login.aspx”，切换到设计页面。

（2）选中“Login”控件，按 F4 键打开其属性窗口，可以看到有很多以“Url”结尾的属性。注册功能的导航属性为“Create UserUrl”，修改其内容为“~/Register.aspx”。Register 页面是本例在介绍用户注册功能时创建的注册页。

（3）为了提示用户此导航的目的地，还需要给用户一个提示，修改属性“CreateUserText”为“新用户注册”。

（4）此时登录页面就多了一个注册的导航功能，如图 3-46 所示。

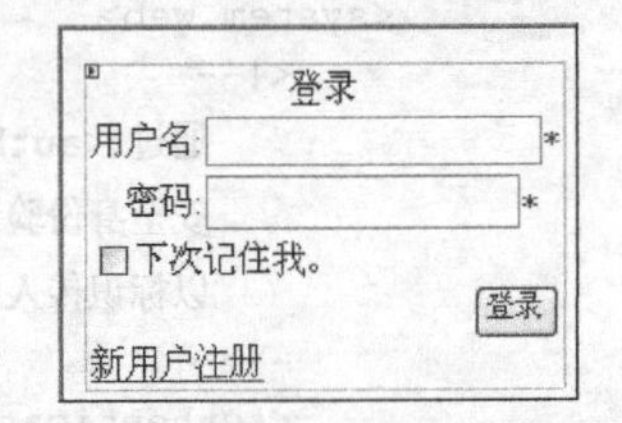

图 3-46 登录页面中的注册导航

3.5.5 显示登录用户名和用户状态功能

为了显示网站的人性化设计，通常在用户登录后显示欢迎信息，并提供便于用户操作的退出服务。两个功能的实现步骤如下。

（1）打开 Default.aspx 文件，在右上角拖放两个控件“LoginStatus”和“LoginName”。“LoginStatus”控件检测用户的身份验证状态，并将链接的状态切换为网站的登录或注销。“LoginName”控件主要显示当前登录的用户名称。

（2）默认情况下，当用户选择注销时，网站会跳转到登录页面。如果需要导航到其他页面，可以修改属性“LogoutPageUrl”和“LogoutText”。

（3）此功能不需要任何代码，将 Default 设置为起始页，按 F5 键运行程序，测试是否正确显示登录的用户名和状态。

3.5.6　根据用户登录身份显示不同效果页功能

为了体现网站对于不同登录者的个性显示，.NET 2.0 提供了一个新的控件“LoginView”，它根据用户是否已登录来显示不同的信息。此功能的设计步骤如下。

（1）打开 Default.aspx 页面，切换到设计视图。

（2）拖放一个“LoginView”控件到界面中。通过控件的任务列表可以看出，在视图下拉框中有两个模板：“AnonymousTemplate”和“LoggedInTemplate”。一个表示匿名用户，另一个表示已登录用户。

（3）将视图切换到“AnonymousTemplate”，在控件中输入“用户还没有登录”，用来提示用户的状态。

（4）将视图切换到“LoggedInTemplate”，在控件中拖放一个用户名控件“LoginName”，然后在控件前输入“欢迎用户：”。

（5）从设计可以看出，当用户未登录时，提示用户的状态；当用户登录后，将显示欢迎信息。

（6）因为本例不允许匿名用户访问网站，所以还必须修改 web.config 文件中的配置，修改结果如下：

```
<?xml version="1.0"?>
<configuration xmlns="http://schemas.microsoft.com/.NetConfiguration/v2.0">
    <system.web>
        <!--
          通过 <authentication> 节可以配置 ASP.NET 使用的
          安全身份验证模式，
          以标识传入的用户。
        -->
        <authentication mode="Forms" >
            <forms loginUrl="Login.aspx"  name=".ASPXFORMSAUTH">
            </forms>
        </authentication>
        <authorization>
            <!-- 防止匿名用户访问的配置，本例将其屏蔽-->
            <!--deny users="?" /> -->
        </authorization>
        <compilation debug="true"/></system.web>
</configuration>
```

（7）将 Default.aspx 设置为起始页，按 F5 键运行程序，查看两种视图的区别。

3.5.7　小结

本节除了讲解登录控件之外，还涉及配置文件 web.config 的使用。

web.config 文件是一个 XML 文本文件，它用来储存 ASP.NET Web 应用程序的配置信息（如最常用的设置 ASP.NET Web 应用程序的身份验证方式），它可以出现在应用程序的每一个目录中。当通过 C#新建一个 Web 应用程序或者网站后，默认情况下会在根目录自动创建一个默认的 web.config 文件，包括默认的配置设置，所有的子目录都继承它的配置设置。如果想修改子目录的配置设置，可以在该子目录下新建一个 web.config 文件。它可以提供除从父目录继承的配置信息以外的配置信息，也可以重写或修改父目录中定义的设置。

在运行时对 web.config 文件的修改不需要重启服务就可以生效（注：<processModel>节例外）。当然，web.config 文件是可以扩展的。用户可以自定义新配置参数并编写配置节处理程序以对它们进行处理。

configuration 元素是公共语言运行库和.NET Framework 应用程序所使用的每个配置文件中均需要的根元素。每个配置文件必须恰好包含一个 configuration 元素。下面的代码是一个标准的 web.config 文件的内容。

```
<?xml version="1.0"?>
<configuration
  xmlns="http://schemas.microsoft.com/.NetConfiguration/v2.0">
   <appSettings/>
   <connectionStrings/>
   <system.web>
      <compilation debug="false"/>
      <authentication mode="Windows"/>
      <!--
      <customErrors mode="RemoteOnly" defaultRedirect="GenericErrorPage.htm">
         <error statusCode="403" redirect="NoAccess.htm"/>
         <error statusCode="404" redirect="FileNotFound.htm"/>
      </customErrors>
      -->
   </system.web>
</configuration>
```

其中，常用的属性和子元素说明如下。

（1）xmlns：可选的 String 属性。指定用于验证配置文件的 XML 架构的 URL。

（2）configSections：指定配置节和命名空间声明。

（3）appSettings：包含自定义应用程序设置，如文件路径、XML Web services URL 或存储在应用程序的.ini 文件中的任何信息。

（4）connectionStrings：为 ASP.NET 应用程序和功能指定数据库连接字符串（名称/值对的形式）的集合。

（5）location：指定应用子配置设置的资源。此元素也锁定配置设置，以防止子配置文件重写这些设置。

3.6 基于角色的登录方式

为了保证网站的访问安全，通常要为用户设计一定的权限，这种权限通常被称为角色。角色所拥有的权限在.NET 中被称为访问规则。基于角色的登录流程如图 3-47 所示。

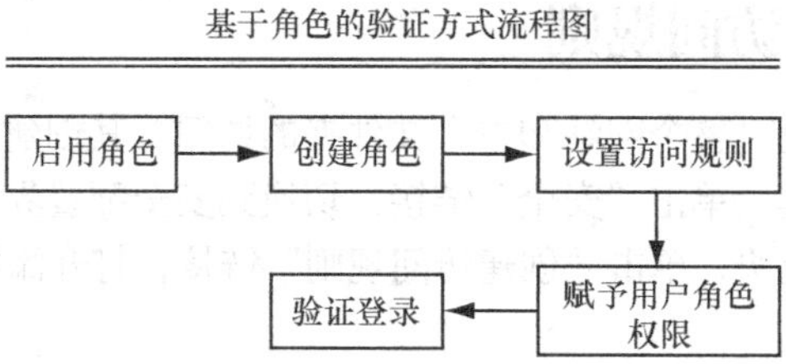

基于角色的验证方式流程图

启用角色 → 创建角色 → 设置访问规则 → 赋予用户角色权限 → 验证登录

图 3-47　基于角色的登录流程图

3.6.1　在应用程序中启用角色

角色是具有某些权限的用户。在配置工具中，角色的管理和用户管理有所不同。本小节将详细介绍如何使用工具管理角色。角色管理功能必须先启用，才能对用户进行管理。启用步骤如下。

（1）打开配置管理工具，单击“安全”链接，切换到安全配置界面。

（2）在“角色”板块，单击“启用角色”链接，系统自动为应用程序开启角色功能。

（3）关闭配置管理工具，在 Visual Studio 2010 的解决方案资源管理器中，打开 web.config 文件。

（4）在配置文件中，多了一条配置“<roleManager enabled="true"/>”，这就是刚刚在配置工具中所做的修改。

启用角色功能后，就可以为网站创建角色。

3.6.2　创建角色

角色主要是定义用户所能执行的操作，其创建步骤如下。

（1）打开配置管理工具，单击“安全”链接，切换到安全配置界面。

（2）在“角色”板块，单击“创建或管理角色”链接，打开创建新角色界面，如图 3-48 所示。

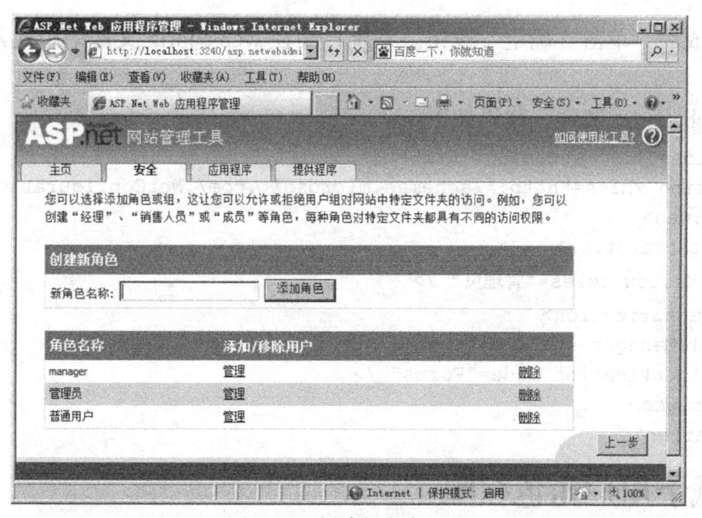

图 3-48　创建新角色界面

（3）输入新角色名称，如“管理员”。

（4）单击“添加角色”按钮，系统自动在下边列出所添加的角色。

角色功能是为了网站安全而设计的，每个用户只能查看自己角色所允许的访问页面。

3.6.3 创建角色访问规则

访问规则用于控制角色对整个网站和单个文件夹的访问。其创建步骤如下。

（1）打开配置管理工具，单击“安全”链接，切换到安全配置界面。

（2）在“访问规则”板块，单击“创建访问规则”链接，打开添加访问规则界面，如图 3-49 所示。

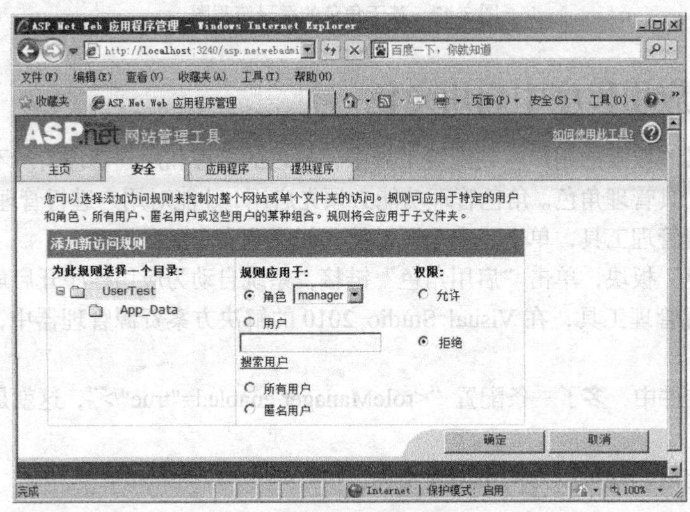

图 3-49　添加访问规则界面

（3）左侧的目录树显示网站内所有的文件夹。右侧的规则应用有 4 个选项：角色、用户、所有用户和匿名用户。根据网站的需要对上述 4 个选项进行配置。

（4）权限主要有两种：允许或拒绝。如果将个别用户排斥在访问权限以外，可指定用户名，然后选择“拒绝”。

（5）配置完成后，单击“确定”按钮。系统自动在 web.config 文件中用元素的形式生成刚才的配置。

（6）打开 web.config 文件，代码如下：

```
<?xml version="1.0" encoding="utf-8"?>
<configuration xmlns="http://schemas.microsoft.com/.NetConfiguration/v2.0">
    <system.web>
        <authorization>
            <allow roles="管理员" />
        </authorization>
        <roleManager enabled="true" />
        <authentication mode="Forms" />
    </system.web>
</configuration>
```

3.6.4 赋予用户角色权限

一般的网站都有管理员和普通用户两个角色，管理员主要负责网站的维护，而普通用户则只具有浏览功能。赋予用户角色的步骤如下。

（1）打开配置管理工具，单击“安全”链接，切换到安全配置界面。

（2）在“角色”板块，单击“创建或管理角色”链接，打开管理角色界面。

（3）在角色列表中，单击“管理”链接，打开界面如图 3-50 所示。

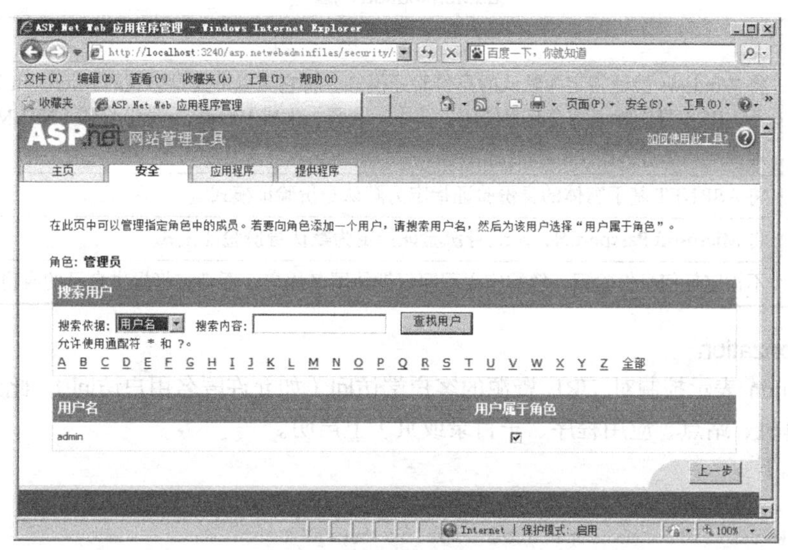

图 3-50　管理角色界面

（4）系统并不自动显示所有的用户，管理人员可通过搜索的方式查找某用户，也可单击“全部”链接，显示系统中的所有用户。

（5）显示用户的列表中，有一个“用户属于角色”复选框。如果要将此角色赋予某个用户，直接选中此用户的复选框即可。

本小节主要讲解了 ASP.NET 中站点安全配置工具的使用，通过工具可以管理用户、角色和访问规则，并自动生成配置。

3.6.5　验证角色的登录

如果只允许具有某角色的成员才能访问，必须在 web.config 文件中进行设置。具体实现步骤如下。

（1）本例在默认情况下，只允许角色是管理员的用户才可以登录系统。打开 web.config 文件，修改其验证属性，代码如下：

```
<authorization>
    <allow roles="管理员" />
    <deny roles="普通用户" />
</authorization>
```

（2）将 Default.aspx 设置为起始页，按 F5 键运行程序。

（3）在登录界面输入具有普通用户角色的用户名“User”，系统不发生任何变化，还是停留在登录页，因为在配置中使用“deny”拒绝了具有“普通用户”角色的用户登录。

3.6.6　小结

在配置文件 web.config 中，有两个子元素涉及用户的登录验证：authentication 和 authorization。

1. authentication

authentication 元素的作用是配置 ASP.NET 应用程序的身份验证支持，包括：Windows、Forms、Passport 和 None4 种。这 4 种身份验证支持的说明如表 3-3 所示。

表 3-3　　authentication 的属性

修饰符	说　明
Windows	将 Windows 验证指定为默认的身份验证模式。将它与以下任意形式的 Microsoft Internet 信息服务（IIS）身份验证结合起来使用：基本、摘要、集成 Windows 身份验证（NTLM/Kerberos）或证书。在这种情况下，您的应用程序将身份验证责任委托给基础 IIS
Forms	将 ASP.NET 基于窗体的身份验证指定为默认身份验证模式
Passport	将 Microsoft Passport Network 身份验证指定为默认身份验证模式
None	不指定任何身份验证。您的应用程序仅期待匿名用户，否则它将提供自己的身份验证

2. authorization

authorization 表示控制对 URL 资源的客户端访问（如允许匿名用户访问）。此元素可以在任何级别（计算机、站点、应用程序、子目录或页）上声明。

其格式如下：

```
<authorization>
   <allow users="comma-separated list of users"
          roles="comma-separated list of roles"
          verbs="comma-separated list of verbs"/>
   <deny users="comma-separated list of users"
         roles="comma-separated list of roles"
         verbs="comma-separated list of verbs"/>
</authorization>
```

子标记的详细说明如表 3-4 所示。

表 3-4　　authorization 的子标记

修饰符	说　明
<allow>	users：允许以逗号分隔的用户名列表对资源进行访问。问号（?）允许匿名用户，星号（*）允许所有用户
	roles：允许以逗号分隔的角色列表对资源进行访问
	verbs：允许以逗号分隔的 HTTP 传输方法列表对资源进行访问。注册到 ASP.NET 中的动作包括 GET、HEAD、POST 和 DEBUG
<deny>	users：禁止以逗号分隔的用户名列表对资源进行访问。问号（?）表示禁止匿名用户访问，星号（*）表示禁止所有用户访问
	roles：禁止以逗号分隔的角色列表访问资源
	verbs：不允许以逗号分隔的 HTTP 传输方法列表对资源进行访问。注册到 ASP.NET 的动作包括 GET、HEAD、POST 和 DEBUG

在运行时，授权模块通过<allow>和<deny>标记进行反复操作，直到找到第一个访问规则适合特定的用户为止。然后它根据找到的第一个访问规则是<allow>还是<deny>来允许或拒绝访问 URL 资源。Machine.config 文件中默认的授权规则是<allow users="*"/>，因此除非另行配置，否则在默认情况下是允许访问的。例如，下面的代码示例是对 Admins 角色的所有成员允许访问并对所有用户拒绝访问。

```
<configuration>
   <system.web>
      <authorization>
         <allow roles="Admins"/>
```

```
        <deny users="*"/>
      </authorization>
    </system.web>
  </configuration>
```

3.7　匿名用户的授权管理

在 ASP.NET 中，匿名用户不再匿名，现在可以为未知用户自动指定一个 ID，这个 ID 会存储到永久的 Cookie 或 URL 中。

管理匿名用户的好处在于，即使用户没有登录或注册，都可以在数据库中存储有关该用户的信息，这特别适用于 ASP.NET 新提出的个性化设置功能。本节将介绍如何管理匿名用户，具体步骤如下。

（1）默认情况下禁止自动生成匿名用户的 ID，如果想生成，必须修改配置文件 web.config，修改结果如下：

```
<anonymousIdentification
    enabled="true"
    cookieless="UseCookies"
    cookieName=".ASPXANONYMOUS"
    cookieTimeout="30"
    cookiePath="/"
    cookieRequireSSL="false"
    cookieSlidingExpiration = "true"
    cookieProtection="All"
/>
```

（2）获取匿名用户的 ID。在获取登录用户的属性时，使用的是 HttpContext 上下文中的“Identity”属性，而获取匿名用户的信息则是通过 HttpRequest 中的“AnonymousID”属性。

（3）打开 Default.aspx 页面，拖放一个 Button 控件，双击控件进入其 Click 代码事件，添加一行代码如下：

```
Button1.Text = Request.AnonymousID;
```

（4）屏蔽掉 web.config 中关于匿名用户不允许登录的配置，按 F5 键运行程序，单击“Button”控件查看是否正确显示匿名用户自动分配的 ID。

小　　结

本章从不同的角度实现了用户的登录验证，并介绍了 ASP.NET 中一些新的安全验证控件，其良好的包装性为网站设计登录功能提供了简化的操作。其实 ASP.NET 中提供的大多数登录控件也包装了验证过程，要想深入了解这些验证过程，可以参考有关.NET Framework 方面的书籍。

习　　题

1. 默认情况下，登录控件与________和________集成，以帮助实现网站的用户身份验证过程的自动化。

2. 通过________工具可以配置站点的一些公共属性，如验证类型等。
3. 下面几个控件中不属于登录控件的是________。
   A. Login 控件　　B. LoginView 控件
   C. PasswordRecovery 控件　　D. TextBox 控件
4. 下面描述中，不正确的是________。
   A. HTML 控件就是我们通常的说的 html 语言
   B. HTML 控件既可以在客户端控制，还可以在服务器端
   C. Web 服务器控件也称 asp.net 服务器控件
   D. 以上都不正确
5. 登录控件包含几个，列举其中的 4 个。
6. 什么是 HTML 服务器控件？它与 HTML 控件有哪些区别？
7. 列举 3 个常用的 ASP.NET 服务器控件。

上机指导

本章通过使用登录控件，实现了常用的登录功能。这些登录功能包括用户注册、用户登录、修改密码、显示用户名和状态等。

实验一：用户注册功能

实验目的

巩固知识点——用户注册控件。通过用户注册控件可以方便的实现用户注册功能。

实现思路

在 3.4 节中讲述了用户注册控件的使用，在用户注册控件中，通过右侧的“CreateWizard 任务”中的“自定义创建用户步骤”，开发者可以自己定义用户注册的步骤。同时还可以自定义完成步骤。

则少量改动该例子，就可以自定义创建用户步骤和自定义完成步骤，改动后运行结果如图 3-51 所示。

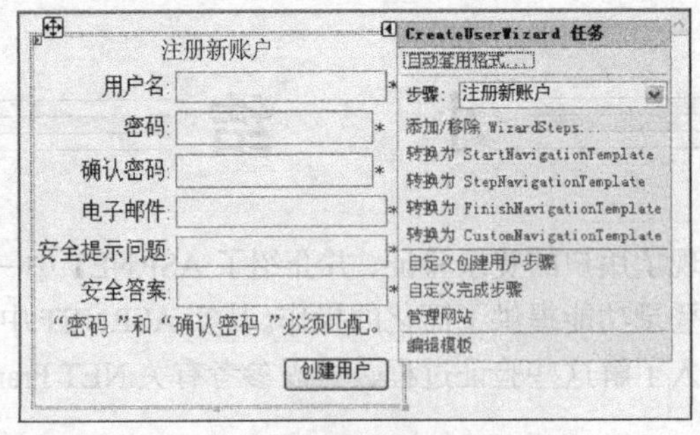

图 3-51　自定义创建用户步骤

实验二：用户管理系统

实验目的

巩固知识点——登录控件的综合使用。登录控件包含了一套用户登录系统的解决方案，通过

登录控件，可以很方便地创建一个简单的用户登录管理系统。

实现思路

综合使用用户注册控件、用户登录控件、修改密码控件、注册导航控件、显示用户名和状态控件等创建一个简单的用户登录管理系统。具体步骤如下。

（1）在首页中，拖放一个 Login 控件到页面中，创建一个用户登录的页面，效果如图 3-52 所示。

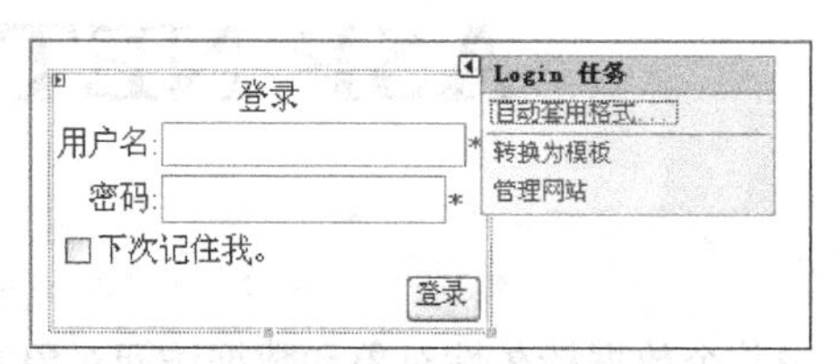

图 3-52　用户登录页面

（2）再创建一个用户注册的页面，拖放一个用户注册注册控件到页面中。在用户登录页面中增加一个超链接，可以链接到用户注册页面，效果如图 3-53 所示。

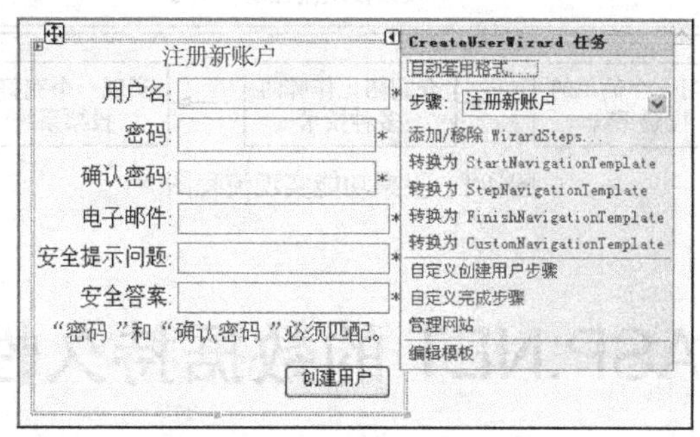

图 3-53　用户注册页面

（3）创建一个用户成功登录的页面，把显示用户名和状态的控件拖放到此页面中。

至此，就完成了一个用户登录系统。

第4章 ASP.NET对象编程

本章主要讲解ASP.NET中几个数据持久性对象和数据访问对象的使用。在本章的后续部分列举了投票系统实例，以重点说明如何使用相关类访问Access数据库，并使用数据持久性对象保存数据。投票功能实现流程图如图4-1所示。

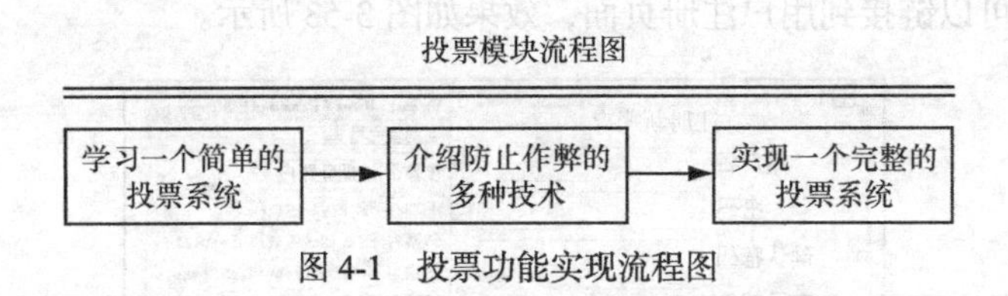

图4-1　投票功能实现流程图

4.1　ASP.NET的数据持久性对象

ASP.NET应用程序以页面为基础。在开发过程中，很多情况下会遇到页面之间数据共享的问题。在ASP.NET中已经提供了一些可以持久化页面间数据的对象，这些对象包括Session、Cookies、Application以及ViewState等。本节将具体介绍这些对象和使用方法。

4.1.1　Session对象简介

Session是ASP和ASP.NET中用于保持状态的基于Web服务器的方法。Session允许通过将对象存储在Web服务器的内存中在整个用户会话过程中保持任何对象的持久性。Session通常用于执行以下操作。

（1）存储需要在整个用户会话过程中保持其状态的信息。例如，登录信息或用户浏览Web应用程序时需要的其他信息。

（2）存储只需要在页重新加载过程中或按功能分组的一组页之间保持其状态的对象。

Session的优点是它在Web服务器上保持用户的状态信息，可供在任何时间从任何页访问这些信息。因为浏览器并不需要存储任何这些信息，所以可以使用任何浏览器，甚至可以使用PDA或手机这样的浏览器设备。

下面的示例创建了一个名为“UserID”的Session对象，并为它赋值，然后将Session对象以字符串的形式输出。代码如下：

```
Session["UserID"] = "admin";

// 输出创建的Session对象的值
```

```
// 输出结果为字符串"admin"
Response.Write(Session["UserID"].ToString());
```

4.1.2　Cookies 对象简介

Cookies 是一组保存在客户端的数据集合，用作 Internet Cookie 的公共储存库的目录。ASP.NET 包含两个内部 Cookie 集合：通过 HttpRequest 的 Cookies 集合访问的集合包含以 Cookie 标头形式由客户端传输到服务器的 Cookie；通过 HttpResponse 的 Cookies 集合访问的集合包含一些新 Cookie，这些 Cookie 在服务器上创建并以 Set-Cookie 标头的形式传输到客户端。

下面的示例创建了一个名为“UserID”的 Cookie，并为它赋值，然后将其值输出。代码如下：

```
HttpCookie myCookie = new HttpCookie("UserID");
myCookie.Value = "admin";

//输出创建的 Cookie 对象的值
//输出结果为字符串"admin"
Response.Write(myCookie.Value);
```

4.1.3　Application 对象简介

Application 对象是 System.Web.HttpApplicationState 类的实例，对象内保存的信息可以在 Web 服务整个运行期间保存，并且可以被调用 Web 服务的所有用户使用。如果 Web 服务类派生自 WebService 类，那么就可以直接使用 Application 对象。在 Web 服务中使用 Application 对象主要包括以下两种情况。

1．在 Web 服务中，将状态保存到 Application 对象

当需要将状态保存到 Application 对象时，首先需要为其指定一个名称，然后就可以使用这个名称保存信息了。Application 对象的示例代码如下：

```
Application["Sum"]=100;
```

2．从 Application 对象中获取状态信息

检索信息可以直接通过在保存信息时为其指定的名称来实现，例如：

```
int mySum=Application["Sum"];
```

另外，因为 Application 对象中的信息可以被所有的客户使用，因此同一个时间可能会有多个客户读取或设置其中的值。为了避免发生冲突，造成异常，可以使用 Application 对象的 Lock 和 Unlock 方法进行同步操作，例如：

```
Application.Lock();
Application["Sum"]=101;
Application.Unlock();
```

4.1.4　ViewState 对象简介

ViewState 属性提供了一个字典对象。通过获取状态信息的字典，从而可以在同一页的多个请求间保存和还原服务器控件的视图状态。下面的示例创建了一个 ViewState 对象，并将其输出。代码如下：

```
ViewState["UserID"] = "admin";

//输出创建的 ViewState 对象的值
//输出结果为字符串"admin"
Response.Write(ViewState["UserID"].ToString());
```

4.2 ASP.NET 的数据访问对象

在 ASP.NET 内部，除了提供保存数据的对象之外，还提供了数据访问的对象，使用这些对象可以处理比较复杂的 Web 请求信息。

4.2.1 访问 Server 对象

Server 对象是 System.Web.HttpServerUtility 类的实例，提供了一系列可处理 Web 请求的方法。通过 Server 对象，Web 服务使用者可以获取 Web 服务所在服务器的名称、物理路径等。下面的代码在 Web 服务中添加了一个 GetServerName()方法，该方法利用 Server 对象返回服务器名称。

```
[WebMethod(
    Description="返回 Web 服务器名称"
)]
public string GetServerName()
{
    return Server.MachineName;
}
```

下面的代码实现获取物理路径的方法 MapPath()，该方法利用一个输入的虚拟路径参数得到相对应的物理路径。

```
    [WebMethod(Description="把虚拟路径映射为物理路径")]
    public string MapPath(string strVPath)
    {
        return Server.MapPath(strVPath);
}
```

4.2.2 访问 Request 对象

同 ASP.NET Web 程序一样，Web 服务同样也可以使用 ASP.NET 内置的 Request 对象。通过此对象，客户可以向 Web 服务发送 HTTP 请求信息。用户可以通过 WebService 类的 Context 属性来访问 Request 对象，Request 对象的常用属性和方法如表 4-1 所示。

表 4-1　　Request 对象常用成员

属性/方法	说　明
ApplicationPath	获取服务器上 ASP.NET 应用程序的虚拟应用程序根路径
Browser	获取有关正在请求的客户端的浏览器功能的信息
Cookies	获取客户端发送的 Cookie 的集合
FilePath	获取当前请求的虚拟路径
Files	获取客户端上载的文件（多部件 MIME 格式）集合
Form	获取窗体变量集合
QueryString	获取 HTTP 查询字符串变量集合
RequestType	获取或设置客户端使用的 HTTP 数据传输方法（GET 或 POST）
ServerVariables	获取 Web 服务器变量的集合

续表

属性/方法	说　明
Url	获取有关当前请求的 URL 的信息
UserHostAddress	获取远程客户端的 IP 主机地址
UserLanguages	获取客户端语言首选项的排序字符串数组
MapPath	为当前请求将请求的 URL 中的虚拟路径映射到服务器上的物理路径
SaveAs	将 HTTP 请求保存到磁盘
ValidateInput	验证由客户端浏览器提交的数据，如果存在具有潜在危险的数据，则引发异常

下面的代码向 Web 服务添加了一个方法 GetRequest()，其功能为获取使用 Web 服务的用户的浏览器信息。

```
[WebMethod(
    Description="返回客户浏览器信息"
)]
public string[] GetRequest()
{
    string[] arr=new string[8];
    System.Web.HttpRequest request=this.Context.Request;
    HttpBrowserCapbilities browser=request.Browser;

    arr[0]="用户代理："+request.UserAgent;
    arr[1]="用户 IP："+request.UserHostAddress;
    arr[2]="用户主机名："+request.UserHostName;
    arr[3]="请求方法："+request.HttpMethod;
    arr[4]="浏览器类型："+request.Type;
    arr[5]="浏览器名称："+request.Browser;
    arr[6]="浏览器版本："+request.Version;
    arr[7]="客户平台："+request.Platform;

    return arr;
}
```

4.2.3　访问 Response 对象

同 Request 对象相反，Web 服务中的 Response 对象实现 Web 服务向客户发送信息的功能。同 ASP.NET 应用程序类似，Web 服务中的 Response 对象也是 System.Web.HttpResponse 类的实例，不同之处在于，在 Web 服务中需要通过 WebServices 类的 Context 属性来获取 Response 对象。Response 对象的常用属性和方法如表 4-2 所示。

表 4-2　　Response 对象常用成员

属性/方法	说　明
Buffer	获取或设置一个值，指示是否缓冲输出，并在完成处理整个响应之后发送缓冲
Output	启用到输出 HTTP 响应流的文本输出
OutputStream	启用到输出 HTTP 内容主体的二进制输出
RedirectLocation	获取或设置 HTTP “位置”标头的值

续表

属性/方法	说　明
Status	设置返回到客户端的 Status 栏
Clear	清除缓冲区流中的所有内容输出
End	将当前所有缓冲的输出发送到客户端，停止该页的执行
Flush	向客户端发送当前所有缓冲的输出
Redirect	将客户端重定向到新的 URL
Write	将信息写入 HTTP 输出内容流
WriteFile	将指定的文件直接写入 HTTP 内容输出流

下面的代码在实现 Web 服务的方法时，为其添加了记录访问日志的功能。

```
[WebMethod(
    Description="使用 Response 对象记录操作日志"
)]
public void Method1()
{
    HttpResponse response=this.Context.Response;

    if(response.StatusCode==200)
    {
            response.AppendToLog("用户成功调用方法 Method1,
                                      @"+DataTime.Now.ToString);
    }
    else
    {
            response.AppendToLog("用户调用方法 Method1 失败,
                                      @"+DataTime.Now.ToString);
    }
}
```

4.3　访问 Access 数据库

Access 数据库是一个小型的数据库，主要应用于功能较单一的小型系统。Access 数据库具有体积小、容易上手以及便于部署等优点。在.NET 框架中已经提供了一些类可以方便快捷地访问 Access 数据库，这些类被放在 System.Data.OleDb 命名空间中。

4.3.1　System.Data.OleDb 命名空间

System.Data.OleDb 命名空间是用于 OLE DB 的.NET Framework 数据提供程序，描述了用于访问托管空间中的 OLE DB 数据源的类集合。System.Data.OleDb 命名空间中的常用类如表 4-3 所示。

表 4-3　System.Data.OleDb 命名空间

类	说　明
OleDbConnection	表示到数据源的连接是打开的
OleDbCommand	表示要对数据源执行的 SQL 语句或存储过程
OleDbDataAdapter	表示一组数据命令和一个数据库连接，它们用于填充 DataSet 和更新数据源
OleDbDataReader	提供从数据源读取数据行的只进流的方法。无法继承此类
OleDbParameter	表示 OleDbCommand 的参数，还可以表示它到 DataSet 列的映射。无法继承此类
OleDbTransaction	表示要在数据源执行的 SQL 事务。无法继承此类

4.3.2　打开和关闭连接

访问数据库的第一步就是创建与数据库的连接，创建连接所涉及的类就是 OleDbConnection，在 OleDbConnection 构造函数中只有一个参数表示指定的连接字符串。其表达形式如下：

```
"Provider=Microsoft.Jet.OLEDB.4.0; Data Source=c:\bin\LocalAccess40.mdb"
```

Provider：表示数据源的数据引擎类型和版本号。

Data Source：表示数据库的路径。

创建一个 OleDbConnection 类的对象实例的代码如下：

```
// 创建连接字符串
string connStr = "Provider=Microsoft.Jet.OleDb.4.0;Data Source=E:\vote.mdb";
OleDbConnection conn = new OleDbConnection(connStr);
```

此数据源的路径是“E:\vote.mdb”。

在 OleDbConnection 类中，有两个方法经常会用到，即 open()和 close()。open()方法用于打开与数据源的连接，close()方法用于关闭与数据源的连接。打开和关闭连接的示例代码如下：

```
//创建连接字符串
string connStr = "Provider=Microsoft.Jet.OleDb.4.0;Data Source=E:\vote.mdb";
OleDbConnection conn = new OleDbConnection(connStr);
//打开连接
conn.Open();
//关闭连接
conn.Close();
```

通过在 Using 语句中使用 OleDbConnection 对象也可以显式关闭与数据源的连接，则不需要 close()方法。代码如下：

```
//创建连接字符串
using (OleDbConnection conn = new OleDbConnection(CONN_STRING))
{
    //打开连接
    conn.Open();
    //处理数据
}
```

4.3.3　读取数据

读取数据库有两种常用的方法：一种是使用 OleDbDataReader 类，一次读取一行数据；另一种是使用 OleDbDataAdapter 类，把数据填充到 DataSet 对象的数据集中。

1. 使用 OleDbDataReader 类

若要创建 OleDbDataReader，必须调用 OleDbCommand 对象的 ExecuteReader 方法，而不能直接使用构造函数。示例代码如下：

```
//创建连接字符串
string connStr = "Provider=Microsoft.Jet.OleDb.4.0;Data Source=E:\vote.mdb";
OleDbConnection conn = new OleDbConnection(connStr);
//打开连接
conn.Open();

//创建查询命令
OleDbCommand cmd = new OleDbCommand("select * from vote", conn);
//创建 OleDbDataReader 对象
OleDbDataReader reader = cmd.ExecuteReader();
//读取数据
while (reader.Read())
{
     //遍历数据
}
//关闭连接
reader.Close();

//关闭连接
conn.Close();
```

2. 使用 OleDbDataAdapter 类

OleDbDataAdapter 充当 DataSet 和数据源之间的桥梁，用于检索和保存数据。OleDbDataAdapter 通过以下方法提供这个桥接器：使用 Fill 将数据从数据源加载到 DataSet 中，并使用 Update 将 DataSet 中所作的更改发回数据源。示例代码如下：

```
//创建连接字符串
string connStr = "Provider=Microsoft.Jet.OleDb.4.0;Data Source=E:\vote.mdb";
//创建连接字符串
OleDbConnection conn = new OleDbConnection(connStr);
//打开连接
conn.Open();

//创建查询命令
OleDbCommand cmd = new OleDbCommand("select * from vote", conn);
//创建数据适配器
OleDbDataAdapter adp = new OleDbDataAdapter(cmd);
//定义数据集
DataSet ds = new DataSet();
//填充数据集
adp.Fill(ds);
//关闭连接
conn.Close();
```

4.3.4 使用 SQL 语句操作数据

使用 SQL 语句是操作数据的主要方法之一。操作数据包括写入数据、修改或更新数据和删除数据等。使用 SQL 语句操作数据主要通过 OleDbCommand 类来实现，在 OleDbCommand 的构造函数中有两个参数，第一个参数表示操作数据的 SQL 语句，第二个参数表示 OleDbConnection 对象的实例。示例代码如下：

```
//创建连接字符串
string connStr = "Provider=Microsoft.Jet.OleDb.4.0;Data Source=E:\vote.mdb";
//SQL 语句
string strSql = "";

//创建连接字符串
OleDbConnection conn = new OleDbConnection(connStr));
//打开连接
conn.Open();

//设置 SqlCommand 的属性
cmd.Connection = conn;
cmd.CommandType = CommandType.Text;
cmd.CommandText = strSql;
//执行添加语句
cmd.ExecuteNonQuery();

//关闭连接
conn.Close();
```

还可以使用 OleDbParameter 类（有关 OleDbParameter 类的说明参见表 4-3），将参数传入 OleDbCommand 对象中，示例代码如下：

```
//创建连接字符串
string connStr = "Provider=Microsoft.Jet.OleDb.4.0;Data Source=E:\vote.mdb";
//SQL 语句
string strSql = "";
//传入的参数的值
string strParm = "";

//创建连接字符串
OleDbConnection conn = new OleDbConnection(connStr))
//打开连接
conn.Open();

//创建 OleDbCommand 对象
OleDbCommand cmd = new OleDbCommand();
//获取缓存的参数列表
OleDbParameter parm = new OleDbParameter(strParm, OleDbType.VarChar, 30);
//设置参数的值
parm.Value = "";
//将参数添加到 SQL 命令中
cmd.Parameters.Add(parm);

//设置 SqlCommand 的属性
cmd.Connection = conn;
cmd.CommandType = CommandType.Text;
cmd.CommandText = strSql;
```

```
//执行添加语句
cmd.ExecuteNonQuery();
//清空参数列表
cmd.Parameters.Clear();

//关闭连接
conn.Close();
```

4.4 一个简单的投票系统

本节首先介绍一个简单的投票系统，投票的数据保存在数据库中，只保存投票的项目和项目被投的次数。

本系统的实现原理就是，用户每投一次将在数据库中为所投项目的次数属性加 1，最终次数属性的值就是此项目的支持数。整个系统的实现流程如图 4-2 所示。

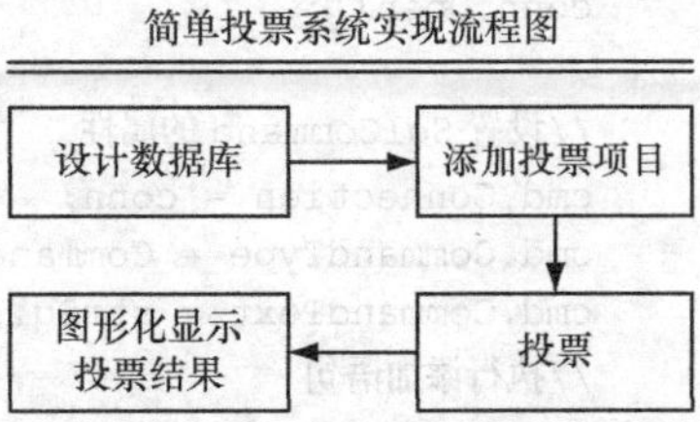

简单投票系统实现流程图

设计数据库 → 添加投票项目 → 投票 → 图形化显示投票结果

图 4-2 简单投票系统实现流程图

4.4.1 设计投票功能的数据存储方式

投票功能的数据库比较简单，只需要知道要投票的项目和项目被投的次数。为了保证投票项目的唯一性，还要为其设计一个 ID 属性。

创建一个 Access 数据库文件并保存在一个目录下，如“E:\vote.mdb”。在数据库中创建用于投票功能的表，其字段名和类型如表 4-4 所示。

表 4-4 投票功能的数据库（VoteItem）

字 段 名	字段类型	说 明
ItemID	int	项目的 ID（PK，自增长）
ItemName	Nvarchar(30)	投票的项目
ItemCount	int	项目被投的次数（默认值为 0）

4.4.2 投票项目管理功能

投票项目的管理一般位于网络的后台，由专门的管理员进行设置。其设计步骤如下。

（1）先创建一个站点，命名为“SimpleVote”。

（2）在网站根目录下，添加一个 Web 窗体“ItemManager”。

（3）切换到设计界面，为其添加控件如图 4-3 所示。其中下拉列表显示数据库中存在的投票项目，Label1 控件显示添加或删除完成时的提示信息。

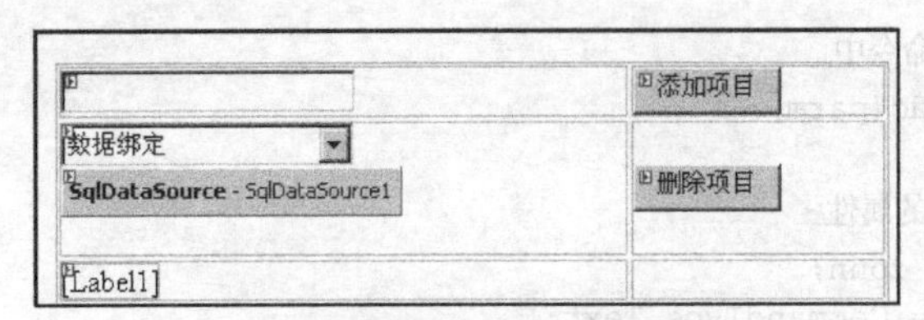

图 4-3 投票项目的管理界面

（4）设计下拉列表的数据源代码如下：

```
<table style="width: 437px">
    <tr>
        <td>
            <asp:TextBox ID="TextBox1" runat="server"></asp:TextBox></td>
        <td>
            <asp:Button ID="Button1" runat="server" Text="添加项目"
               OnClick="Button1_Click" /></td>
    </tr>
    <tr>
        <td>
            <asp:DropDownList ID="DropDownList1" runat="server" Width="154px">
            </asp:DropDownList>
             
        </td>
        <td>
            <asp:Button ID="Button2" runat="server" Text="删除项目"
               OnClick="Button2_Click" />
          </td>
    </tr>
    <tr>
        <td>
            <asp:Label ID="Label1" runat="server"></asp:Label></td>
        <td>
        </td>
    </tr>
</table>
```

（5）网站根目录下添加一个类“ItemOperation”，用来实现项目的添加和删除方法。在其中添加代码如下：

```
using System.Data;
using System.Data.OleDb;
using System.Configuration;
using System.Web;
using System.Web.Security;
using System.Web.UI;
using System.Web.UI.HtmlControls;
using System.Web.UI.WebControls;
using System.Web.UI.WebControls.WebParts;
using System.Text;

/// <summary>
/// 数据操作类
/// </summary>
public class ItemOperation
{
    //定义参数常量
    private const string PARM_ITEM_NAME = "@ItemName";
    private const string PARM_ITEM_ID = "@ItemID";

    //定义查询语句
    private const string SQL_SELECTT_VOTE = "SELECT * FROM VoteItem";
    //定义插入语句
```

```
 private const string SQL_INSERT_VOTE =
     "INSERT INTO VoteItem (ItemName) values(@ItemName)";
//定义删除语句
 private const string SQL_DELETE_VOTE =
     "DELETE FROM VoteItem WHERE ItemID=@ItemID";

//定义数据库连接字符串
//"Data Source" 的值根据实际情况设定
 private const string CONN_STRING =
     @"Provider=Microsoft.Jet.OleDb.4.0;Data Source=E:\vote.mdb";

/// <summary>
/// 构造函数
/// </summary>
 public ItemOperation()
 {
    //初始化
 }

/// <summary>
/// 加载投票项目
/// </summary>
/// <returns>返回投票项目数据集</returns>
public DataTable LoadVote()
{
    DataTable dt = null;

    //创建连接字符串
    OleDbConnection conn = new OleDbConnection(CONN_STRING);

    //创建查询命令
    OleDbCommand cmd = new OleDbCommand(SQL_SELECTT_VOTE, conn);
    //创建数据适配器
    OleDbDataAdapter adp = new OleDbDataAdapter(cmd);

    try
    {
        //打开连接
        conn.Open();

        //定义数据集
        DataSet ds = new DataSet();
        //填充数据集
        adp.Fill(ds);
        dt = ds.Tables[0];
    }
    catch
    {
        //异常处理
    }
    finally
    {
```

```
            //关闭连接
            conn.Close();
        }


        return dt;
    }

    /// <summary>
    /// 添加投票项目
    /// </summary>
    /// <param name="votename">投票项目的名称</param>
    public void AddVote(string votename)
    {
        StringBuilder strSQL = new StringBuilder();
        OleDbCommand cmd = new OleDbCommand();
        // 获取缓存的参数列表
        OleDbParameter parm =
               new OleDbParameter(PARM_ITEM_NAME, OleDbType.VarChar, 30);
        // 设置参数的值
        parm.Value = votename;
        //将参数添加到 SQL 命令中
        cmd.Parameters.Add(parm);

        // 创建连接字符串
        using (OleDbConnection conn = new OleDbConnection(CONN_STRING))
        {
            // 添加 SQL 语句
            strSQL.Append(SQL_INSERT_VOTE);
            conn.Open();
            //设置 SqlCommand 的属性
            cmd.Connection = conn;
            cmd.CommandType = CommandType.Text;
            cmd.CommandText = strSQL.ToString();
            //执行添加语句
            cmd.ExecuteNonQuery();
            //清空参数列表
            cmd.Parameters.Clear();
        }
    }

    /// <summary>
    /// 删除投票项目
    /// </summary>
    /// <param name="voteID">投票项目的 ID</param>
    public void DelVote(int voteID)
    {
        StringBuilder strSQL = new StringBuilder();
        OleDbCommand cmd = new OleDbCommand();
        //获取缓存的参数列表
        OleDbParameter parm =
          new OleDbParameter(PARM_ITEM_ID, OleDbType.Numeric);
```

```
            //设置参数的值
            parm.Value = voteID;
            //将参数添加到 SQL 命令中
            cmd.Parameters.Add(parm);
            //创建连接字符串
            using (OleDbConnection conn = new OleDbConnection(CONN_STRING))
            {
                //添加 SQL 语句
                strSQL.Append(SQL_DELETE_VOTE);
                conn.Open();
                //设置 SqlCommand 的属性
                cmd.Connection = conn;
                cmd.CommandType = CommandType.Text;
                cmd.CommandText = strSQL.ToString();
                //执行添加语句
                cmd.ExecuteNonQuery();
                //清空参数列表
                cmd.Parameters.Clear();
            }
        }


    }
```

（6）打开“ItemManager.aspx.cs”代码页面，创建 LoadData()方法，实现初始化数据并绑定数据到下拉列表控件中。代码如下：

```
/// <summary>
/// 初始化绑定数据
/// </summary>
private void LoadData()
{
    //初始化投票项目操作类
    temOperation io = new ItemOperation();

    //设置数据源
    DropDownList1.DataSource = io.LoadVote();
    //设置显示字段
    DropDownList1.DataTextField = "ItemName";
    DropDownList1.DataValueField = "ItemID";
    //绑定到控件
    DropDownList1.DataBind();
}
```

（7）在页面初始化方法 Page_Load()中调用创建的方法 LoadData()。代码如下：

```
protected void Page_Load(object sender, EventArgs e)
{
    if (!IsPostBack)
    {
        //初始化绑定数据
        LoadData();
    }
}
```

（8）打开“ItemManager.aspx”页面，双击“添加项目”按钮，书写投票项目的添加代码如下：

```
//初始化投票项目操作类
```

```
ItemOperation io = new ItemOperation();
//调用操作类中的添加方法
io.AddVote(TextBox1.Text);
//重新绑定下拉列表中的投票项目
DropDownList1.DataBind();
Label1.Text = "项目添加成功";

//绑定数据
LoadData();
```

（9）双击“删除项目”按钮，书写投票项目的删除代码如下：

```
//初始化投票项目操作类
ItemOperation io = new ItemOperation();
//调用操作类中的删除方法
io.DelVote(int.Parse(DropDownList1.SelectedValue));
//重新绑定下拉列表中的投票项目
DropDownList1.DataBind();
Label1.Text = "项目删除功能";

//绑定数据
LoadData();
```

（10）将“ItemManager.aspx”页面设计为起始页，按 F5 键快捷键运行程序，测试投票项目的添加和删除功能。

4.4.3　投票功能

投票功能的原理其实就是用户投票后更新数据库中的投票项目被投次数。主要实现步骤如下。

（1）本例在“Default.aspx”页面中实现投票功能。打开 Default.aspx 页面，切换到设计视图。

（2）在视图中添加控件，最终界面如图 4-4 所示。其中，GridView 控件使用了模板列“Check Box”来判断用户的选择。

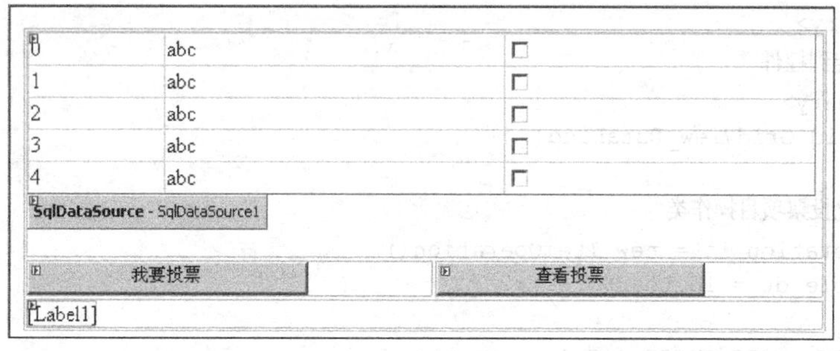

图 4-4　投票界面

最终生成的代码如下：

```
<asp:GridView ID="GridView1" runat="server" AutoGenerateColumns="False"
    ShowHeader="False" Width="588px">
    <Columns>
        <asp:BoundField DataField="ItemID" HeaderText="ItemID"
            InsertVisible="False" SortExpression="ItemID" />
        <asp:BoundField DataField="ItemName" HeaderText="ItemName"
            SortExpression="ItemName" />
```

```
        <asp:TemplateField>
            <ItemTemplate>
                <asp:CheckBox ID="CheckBox1" runat="server" />
            </ItemTemplate>
        </asp:TemplateField>
    </Columns>
</asp:GridView>

<table width="588px" border="0">
    <tr>
        <td>
            <asp:Button ID="Button1" runat="server" Text="我要投票" Width="50%"
                onclick="Button1_Click" />
        </td>
        <td>
            <asp:Button ID="Button2" runat="server" Text="查看投票" Width="50%" />
        </td>
    </tr>
    <tr>
        <td>
            <asp:Label ID="Label1" runat="server"></asp:Label>
        </td>
    </tr>
</table>
```

（3）打开“Default.aspx.cs”页面，创建绑定数据方法 GridView_DataBind()，并在页面加载的时候调用。代码如下：

```
protected void Page_Load(object sender, EventArgs e)
{
    if (!Page.IsPostBack)
    {
        GridView_DataBind();
    }
}

/// <summary>
/// 数据绑定到控件
/// </summary>
private void GridView_DataBind()
{
    //初始化投票项目操作类
    ItemOperation io = new ItemOperation();
    DataTable dt = io.LoadVote();

    GridView1.DataSource = dt;
    GridView1.DataBind();
}
```

（4）打开“ItemOperation.cs”类文件，添加更新项目被投次数的方法。代码如下：

```
//定义更新语句
private const string SQL_UPDATE_VOTE =
    "UPDATE VoteItem set itemcount=itemcount+1 WHERE ItemID=@ItemID";

/// <summary>
```

```
/// 更新项目被投次数
/// </summary>
/// <param name="voteID">投票项目的 ID</param>
public void UpdateVote(int voteID)
{
    StringBuilder strSQL = new StringBuilder();
    OleDbCommand cmd = new OleDbCommand();
    //获取缓存的参数列表
    OleDbParameter parm = new OleDbParameter(PARM_ITEM_ID, SqlDbType.Int);
    //设置参数的值
    parm.Value = voteID;
    //将参数添加到 SQL 命令中
    cmd.Parameters.Add(parm);
    //创建连接字符串
    using (OleDbConnection conn = new OleDbConnection(CONN_STRING))
    {
        //添加 SQL 语句
        strSQL.Append(SQL_UPDATE_VOTE);
        conn.Open();
        //设置 SqlCommand 的属性
        cmd.Connection = conn;
        cmd.CommandType = CommandType.Text;
        cmd.CommandText = strSQL.ToString();
        //执行添加语句
        cmd.ExecuteNonQuery();
        //清空参数列表
        cmd.Parameters.Clear();
    }
}
```

（5）打开“Default.aspx”页面，双击“我要投票”按钮添加投票方法。代码如下：

```
//初始化投票项目操作类
ItemOperation io = new ItemOperation();

//遍历网格控件中的每一行
foreach (GridViewRow rowview in GridView1.Rows)
{
    //主要搜索模板列中的 CheckBox 控件
    CheckBox check = (CheckBox)rowview.Cells[2].FindControl("CheckBox1");
    //如果被选中
    if (check.Checked)
    {
        //更新数据库中的被投次数
        io.UpdateVote(int.Parse(rowview.Cells[0].Text));
        Label1.Text = "谢谢您的投票";
    }
}
```

（6）保存页面并将其设置为起始页。按 F5 键快捷键运行程序，查看是否能够正常投票。投票成功后可到数据库中查看字段的值是否增加。

4.4.4 图形化显示投票结果功能

用图形百分比的方式显示进度。具体思路是，根据投票的数量多少，通过设定图像的宽度属性来显示图的一部分。具体实现步骤如下。

（1）在网站根目录下添加一个已经存在的文件“Vote.bmp”。这个图可以自己制作，自己制作时只需要将底色设计为蓝色即可，不需要任何画面。

（2）在网站根目录下添加一个 Web 窗体“ViewVote”。

（3）在其设计视图中添加控件如图 4-5 所示。

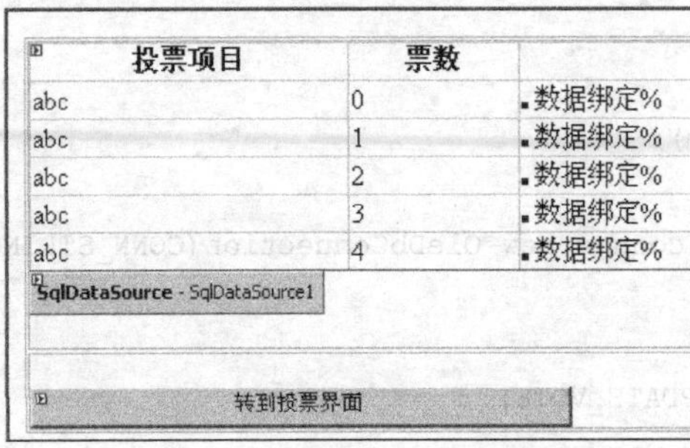

投票项目	票数	
abc	0	数据绑定%
abc	1	数据绑定%
abc	2	数据绑定%
abc	3	数据绑定%
abc	4	数据绑定%

SqlDataSource - SqlDataSource1

转到投票界面

图 4-5　投票结果界面

在模板列中使用了数据转换方法，对应的代码如下：

```
<asp:GridView ID="GridView1" runat="server"
    AutoGenerateColumns="False" Width="538px" >
    <Columns>
       <asp:BoundField DataField="ItemName" HeaderText="投票项目"
            SortExpression="ItemName" />
       <asp:BoundField DataField="ItemCount" HeaderText="票数"
            SortExpression="ItemCount" />
       <asp:TemplateField>
          <ItemTemplate>
             <asp:Image ID="Image1" runat="server" BackColor="Navy"
              Height="4px" ImageUrl="~/vote.bmp"
               Width=
                 '<%#FormatVoteImage(
                    FormatVoteCount(
                     DataBinder.Eval(Container.DataItem,"ItemCount").ToString()
                 ))%>' />
             <%#
               FormatVoteCount(
                     DataBinder.Eval(Container.DataItem, "ItemCount").ToString()
                     )
             %>%
          </ItemTemplate>
       </asp:TemplateField>
    </Columns>
</asp:GridView>

<asp:Button ID="Button1" runat="server" Text="转到投票页面" Width="230" />
```

（4）打开“ViewVote.aspx.cs”，进入代码视图。创建绑定数据到控件的方法并在页面初始化时调用。代码如下：

```
protected void Page_Load(object sender, EventArgs e)
{
    if (!Page.IsPostBack)
    {
        //绑定数据
        GridView_DataBind();
    }

}

/// <summary>
/// 数据绑定到控件
/// </summary>
private void GridView_DataBind()
{
    //初始化投票项目操作类
    ItemOperation io = new ItemOperation();
    DataTable dt = io.LoadVote();

    GridView1.DataSource = dt;
    GridView1.DataBind();
}
```

（5）按 F7 键快捷键进入代码视图，因为在计算百分比时要用到投票的总数量，所以在“ItemOperation.cs”中添加获取总票数的方法。代码如下：

```
private const string SQL_SELECT_COUNT = "SELECT SUM(itemcount) FROM VoteItem";

/// <summary>
/// 获取总投票数量
/// </summary>
/// <returns>总投票数</returns>
public int GetVoteCount()
{
    int count = 0;

    StringBuilder strSQL = new StringBuilder();
    OleDbCommand cmd = new OleDbCommand();

    //创建连接字符串
    using (OleDbConnection conn = new OleDbConnection(CONN_STRING))
    {
        //添加 SQL 语句
        strSQL.Append(SQL_SELECT_COUNT);
        conn.Open();
        //设置 SqlCommand 的属性
        cmd.Connection = conn;
        cmd.CommandType = CommandType.Text;
        cmd.CommandText = strSQL.ToString();
        //执行添加语句
        count = int.Parse(cmd.ExecuteScalar().ToString());
    }

    return count;
}
```

（6）打开“ViewVote.aspx”，按 F7 键快捷键进入其代码视图，添加显示图像百分比的两个转化方法。代码如下：

```
private int VoteCount;

protected void Page_Load(object sender, EventArgs e)
{
    if (!Page.IsPostBack)
    {
        //初始化投票项目操作类
        ItemOperation io=new ItemOperation();
        //获取总投票数
        VoteCount = io.GetVoteCount();
        //绑定数据
        GridView_DataBind();
    }
}

public int FormatVoteCount(String itemCount)
{
    //如果投票被投票
    if (itemCount.Length <= 0)
    {
        //返回 0 个百分比
        return(0);
    }
    if (VoteCount > 0)
    {
        //返回实际的百分比
      return ((Int32.Parse(itemCount) * 100 / VoteCount));
    }

    return(0);
}

public int FormatVoteImage(int itemCount)
{
    //返回百分比的图像的长度
    return (itemCount * 3);
}
```

（7）双击“转到投票界面”按钮，添加页面跳转代码。代码如下：

```
Response.Redirect("Default.aspx");
```

（8）保存并将此页设置为起始页，按 F5 键快捷键运行，查看投票结果。本例运行结果如图 4-6 所示。

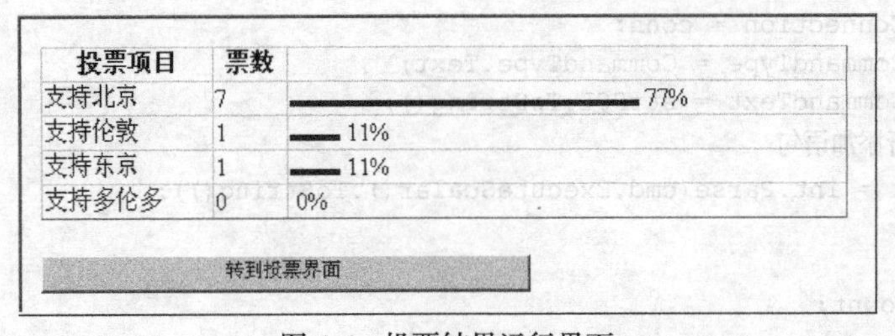

图 4-6 投票结果运行界面

4.4.5 小结

本节通过实现一个简单的投票系统，讲解了如何访问 Access 数据库。在创建投票系统的过程中，除了访问 Access 数据库之外，主要还涉及两个控件的使用，一个是 DropDownList 下拉列表控件，另一个是 GridView 数据网格控件。

1. DropDownList 控件

DropDownList 控件是常用的 Web 服务器端控件之一，主要用于显示数据列表。

下拉框控件 DropDownList 允许用户从预定义的多个选项中选择一项，并且在选择前用户只能看到第一个选项，其余的选项将都“隐藏”起来。有两种方式在页面上添加一个 DropDownList 控件对象。

第一种方式，在工具箱的“标准”标签中通过鼠标拖放或双击操作，添加“DropDownList”对象。添加之后的效果如图 4-7 所示。

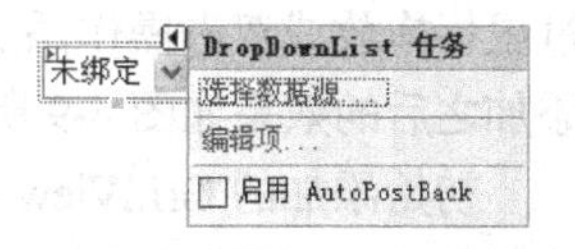

图 4-7 DropDownList 控件

初始添加的 DropDownList 不包含选项，可以通过编辑其 Items 属性来添加，具体步骤如下。

（1）用鼠标右键单击添加的下拉框控件，单击“属性”菜单，转到属性窗口。

（2）单击属性窗口中“Items”项后面的 按钮，进入选项编辑窗口，如图 4-8 所示。

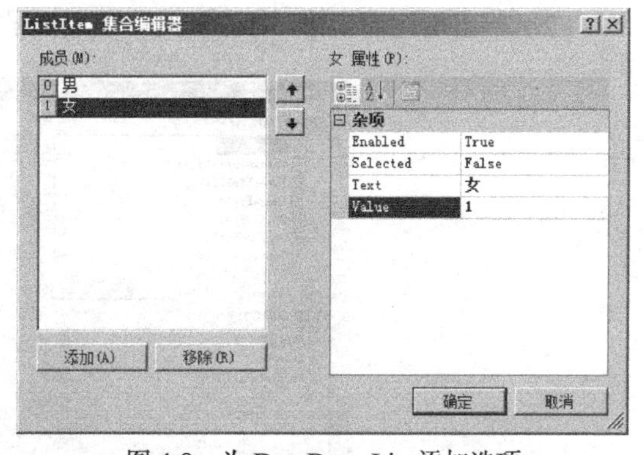

图 4-8 为 DropDownList 添加选项

（3）在属性编辑窗口中，单击“添加”按钮可以添加一个选项；在右侧窗口可输入该选项的值，各项的具体含义如下：

① Selected：是否选中该选项；

② Text：该选项显示的文字；

③ Value：与该选项关联的值。例如，Text 属性可能为较长的文字（如“山东省”），而 Value 则可设置为较短的编码（如“sd”），便于在程序中引用该项。

第二种方式，在页面 HTML 视图中通过添加代码实现。例如，想要添加一个 ID 为“DropDownList1”，选项包含“男”“女”两项的下拉框控件，可以通过添加下面的代码实现：

```
<asp:DropDownList id="DropDownList1" runat="server">
    <asp:ListItem Value="0">男</asp:ListItem>
    <asp:ListItem Value="1">女</asp:ListItem>
</asp:DropDownList>
```

DropDownList 控件的下拉列表的数据也可以通过外部的动态数据源关联。例如，在本节的投票项目管理中，使用 DropDownList 控件把投票的项目数据列举出来。其实现的步骤概括如下。

（1）将投票的项目数据保存到 DataTable 的内存表中。代码如下：

```
//初始化投票项目操作类
Item Operation  io=new Item Operation();
```

（2）使用 DropDownList 控件的 DataSource()方法与 DataTable 的数据源关联在一起。代码如下：

```
//设置数据源
DropDownList1.DataSource = io.LoadVote();
```

（3）设置要显示的字段名称。代码如下：

```
//设置显示字段
DropDownList1.DataTextField = "ItemName";
DropDownList1.DataValueField = "ItemID";
```

（4）使用 DataBind()方法将数据绑定到控件并显示出来。代码如下：

```
//绑定到控件
DropDownList1.DataBind();
```

2. GridView 控件

GridView 控件是以网格的形式来显示数据。有两种方式在页面上添加一个 GridView 控件对象。

第一种方式，在工具箱的“数据”标签中通过鼠标拖放或双击操作添加“GridView”对象。添加之后的效果如图 4-9 所示。

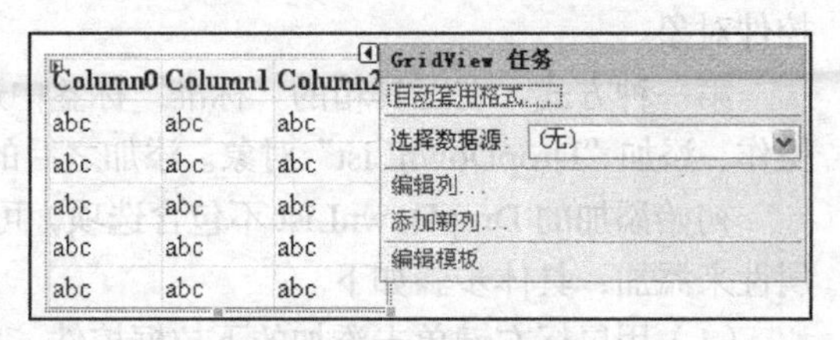

图 4-9　GridView 控件

初始添加的 GridView 不包含选项，可以通过编辑其 Items 属性来添加，具体步骤如下。

（1）用鼠标右键单击添加的下拉框控件，单击“属性”菜单，转到属性窗口。

（2）单击属性窗口中“Columns”项后面的...按钮，进入选项编辑窗口，如图 4-10 所示。

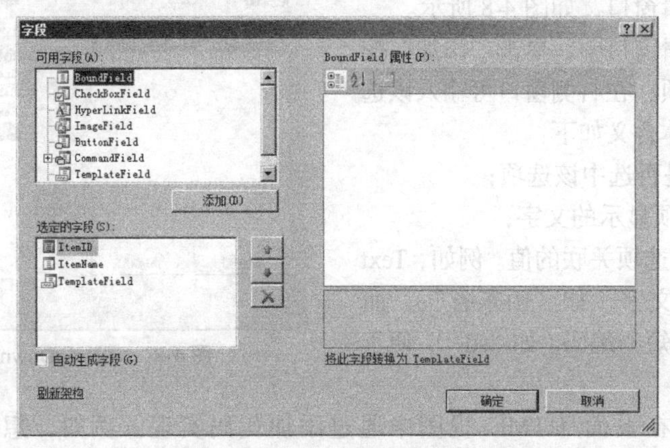

图 4-10　为 GridView 添加选项

（3）在字段编辑窗口中单击“添加”按钮，可以添加一个字段选项；在右侧字段窗口可输入该选项的值。

第二种方式，在页面 HTML 视图中通过添加代码实现。例如，在本节的投票功能和显示结果的功能中，使用了 GridView 控件来显示数据项。投票功能的代码段如下：

```
<asp:GridView ID="GridView1" runat="server" AutoGenerateColumns="False"
    ShowHeader="False" Width="588px">
    <Columns>
        <asp:BoundField DataField="ItemID" HeaderText="ItemID"
            InsertVisible="False" SortExpression="ItemID" />
        <asp:BoundField DataField="ItemName" HeaderText="ItemName"
            SortExpression="ItemName" />
        <asp:TemplateField>
            <ItemTemplate>
                <asp:CheckBox ID="CheckBox1" runat="server" />
```

```
            </ItemTemplate>
        </asp:TemplateField>
    </Columns>
</asp:GridView>
```

GridView 控件使用的是模板列，所有的模板列都要放在标签<Columns>中。有关 GridView 控件主要的几个属性说明如下。

① AutoGenerateColumns：是否自动显示列，“False”表示手动显示，“True”表示自动显示。

② ShowHeader：是否显示头部。“False”表示不显示，“True”表示显示。

③ DataField：绑定字段的名称。

④ HeaderText：头部显示的文字内容。

⑤ SortExpression：按照某个字段排序。

4.5　防止重复投票技术

大部分的网络调查都是为某一目的的决策作参考，如果用户根据自己的爱好反复投票，就导致了投票结果的不准确。为了防止用户重复投票，保障投票结果的准确率，从 ASP 时代就总结出了 4 种方法：利用 Session 对象、利用 Cookies 对象、验证 IP 和小范围调查。本节将简要介绍这 4 种方法，并在下一个复杂投票系统中使用验证 IP 的方式防止投票作弊。

4.5.1　利用 Session 对象

Session 对象把变量值保存在服务器端，但是各个 Session 保存的位置不同。因为 Session 用于单个用户管理信息，所以有多少个 Session 对象就存在多少个 IsVoted 变量。

在 Global.asax 的 Session_OnStart 事件中设置逻辑型变量 IsVoted，初始值为 False（表示未投票），投票之后在.asp 程序中把 IsVoted 的值改为 True（表示已投过票）。每次投票之前都要判断 IsVoted 的值。如果 IsVoted 的值为 True，就不能再投票；如果值为 False，则可以投票。

因为 Session 对象的使用必须与浏览器的 Cookies 功能相配合，所以在判断 IsVoted 值之前，必须先判断浏览器的 Cookies 功能是否打开。如浏览器处于关闭状态，则此种方法失效。所以，在这种情况下必须给出提示信息，并用 Response.End 命令中断.aspx 程序的执行，防止连续反复投票。其流程如图 4-11 所示。

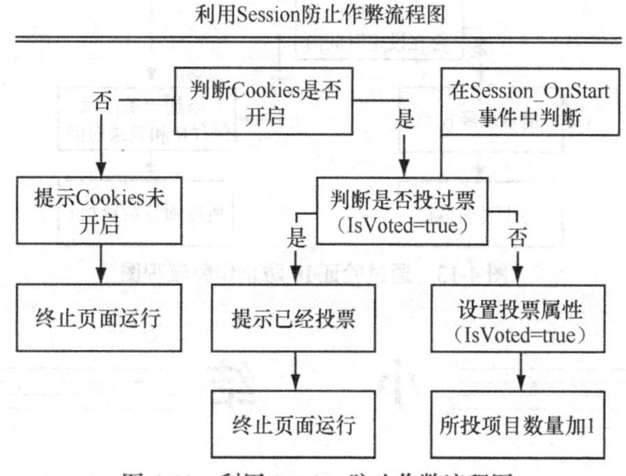

图 4-11　利用 Session 防止作弊流程图

4.5.2 利用 Cookies 对象

同 Application 和 Session 一样，Cookies 也能保存变量的值，但是 Cookies 只在浏览器客户端保存变量的值。可以利用 Cookies 的有效时间这个属性，设置间隔一定时间才能再次投票。在使用此方法时，将 IsVoted 变量保存在 Cookies 中。此方法的实现流程如图 4-12 所示。

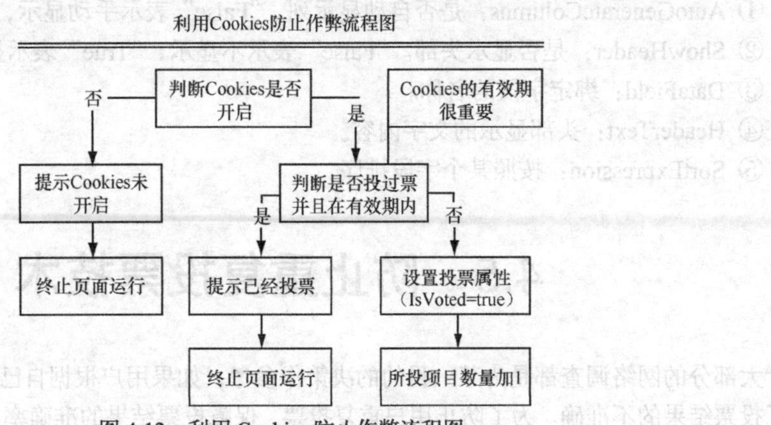

图 4-12 利用 Cookies 防止作弊流程图

4.5.3 验证 IP 和登录时间

因为要验证用户的 IP，所以需要保存用户的 IP 地址，此方法需要数据库的支持。考虑到拨号上网的用户的 IP 有可能相同，所以还需要设置一个时间属性，保证同一 IP 在一定时间段内只能投一次。获取用户的 IP 地址通常使用 Request 对象的“ServerVariables('REMOTE_ADDR')”方法。本方法的流程如图 4-13 所示。

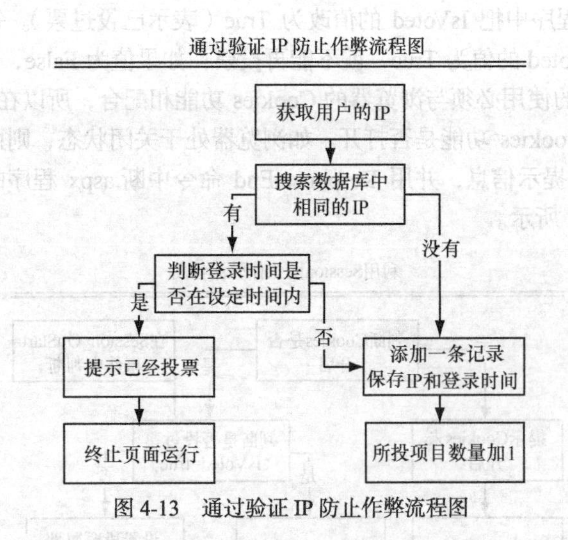

图 4-13 通过验证 IP 防止作弊流程图

小 结

在线投票功能是网站应用程序最常用的功能之一。当网站的管理员或用户提出一些新的想法与建议时，其可能需要通过用户或者客户的投票方式来确定这些新的想法、建议是否满足用户或者客户的需求。另外，还可以通过网站在线投票功能做一些实际性的调查工作，如一些普通的民意测验等。

习　　题

1. 访问 Access 数据库用到的命名空间是________。
2. OleDbDataAdapter 类表示一组数据命令和一个数据库连接，它们用于填充________和________。
3. 以下几个类中，不属于 System.Data.OleDb 命名空间的是________。
   A. OleDbConnection　　B. DataSet
   C. OleDbDataReader　　D. OleDbCommand
4. 打开和关闭与 Access 数据库的连接涉及的类和方法是什么？
5. Session 对象和 Cookies 对象有哪些不同？

上机指导

本章通过讲解在线投票系统，重点介绍了如何访问 Access 数据库。

实验一：从 Access 数据库中读取数据

实验目的

巩固知识点——读取数据。使用两种常用的方法读取 Access 数据库中的数据。

实现思路

在 4.3.3 小节中讲述了读取数据的两种方法：一种是使用 OleDbDataReader 类，一次读取一行数据；另一种是使用 OleDbDataAdapter 类，把数据填充到 DataSet 对象的数据集中。

自己创建一个 Access 数据库文件，并在其中创建一张数据表，使用上述两种方法读取数据库中的数据。

实验二：投票系统

实验目的

巩固知识点——访问 Access 数据库。使用 System.Data.OleDb 命名空间中的相关类访问 Access 数据库。

实现思路

创建一个简单的投票系统，将投票的数据保存在 Access 数据库中，只保存投票的项目和项目被投的次数。实现过程如下。

（1）创建数据库文件 vote.mdb，存放在某个目录下。在其中创建一个数据表 VoteItem。

（2）创建投票项目管理页面，具体步骤及代码参见 4.4.2 小节。

（3）创建投票功能页面，具体步骤及代码参见 4.4.3 小节。

（4）创建显示投票结果页面，具体步骤及代码参见 4.4.4 小节。

第5章

ASP.NET 常用验证控件

Web 页面通常用于询问用户，并要求用户录入一些信息，然后存储这些信息到后台数据库。为了确保用户在表单的各个域中输入正确的数据或所输入的数据符合商业逻辑的需求，需要进行客户端和服务器端的一系列验证。

许多 ASP.NET 程序员往往忽视了验证控件的使用，虽然在开发测试中没有出现问题，但是极有可能为将来网站的良好运行埋下隐患。例如，由于用户手误或者是其他原因，输入了不合格或者错误的数据，而程序又没有进行验证，轻则导致出错致使页面无法显示，重则导致网站崩溃，或者其他更严重的问题。虽然是小小的一个细节，但读者不可掉以轻心。本章主要就讲述 ASP.NET 中的验证控件。

5.1 ASP.NET 验证控件

Web 页面通常用于询问用户，并要求用户录入一些信息，然后存储这些信息到后台数据库。为了确保用户在表单的各个域中输入正确的数据或者是所输入的数据符合商业逻辑的需求，需要进行客户端和服务器端的一系列验证。

由于服务器端的验证需要经历由客户端到服务器端的一次往返过程，因此很多时候对于用户输入的验证都建议在客户端进行实现。这样可以节省服务器端的资源，并可以给用户更快的回应。在 ASP.NET 出现之前，开发人员必须要编写一定数量的 JavaScript 程序代码才可以实现验证过程，ASP.NET 中内置了一套用于进行验证的控件，使用这套控件，开发人员只需要定义几个属性或者编写少量的代码就可以实现验证的过程。

5.1.1 验证控件介绍

数据验证可以确保使用者所输入的数据是一个有效值，而不会造成垃圾数据。例如，一个注册页面需要会员输入年龄，如果没有数据验证，那么用户可以输入 800 或者是字符串等无效的值。800 是无效值，至于字符串的值，假如程序中进行了类型转换，或者数据库中字段类型为数据类型，那么肯定会引发异常，轻则网页会报异常，网页无法打开，重则该网站无法继续运行。就这么一个无效数据，站长非但没有获取有效信息，而且还有可能为自己的网站埋下安全隐患，这是得不偿失的事。

因此，数据验证是非常有必要的。还好，ASP.NET 提供了 6 个验证控件，可以帮助程序员少写许多代码来验证用户输入的数据。这 6 个验证控件，各自具有各自的验证特色，大大节省了开发人员手工编写验证代码的代码量。如果现有的验证规则不能满足需求，开发人员还可以编写自定义的程序代码来定义验证的规则，使整个程序代码更具可重用性和模块化。内置的 6 个验证控件分别如表 5-1 所示。

表 5-1　　数据验证 Web 控件

控件名称	说　明
RequiredFieldValidator	验证用户是否输入了数据，即强迫用户必须输入
CompareValidator	验证用户输入的数据和某个值利用比较运算的结果是否成立
CustomValidator	自定义的验证方式
RangeValidator	验证用户输入的数据是否在指定范围内
RegularExpressionValidator	以特定规则验证使用者输入的数据。使用正则表达式进行验证
ValidationSummary	显示未通过的验证

这 6 个验证控件，各司其职，以实现对页面数据的验证。不过值得说明的是，对于同一个输入控件，可以选择一个或多个验证控件以满足业务需求。

值得说明的是，在实际应用中，应该常用到 IsValid 属性。该属性会返回验证控件的验证结果，只有当页面上所有的验证控件的 IsValid 属性都返回 true 时，Page.IsValid 属性才会返回 true。因此，经常要在后台代码的相应事件中编写判断代码。当使用支持 JavaScript 并且未禁用 JavaScript 的浏览器时，验证将在客户端被完成，避免在验证错误时被回送到客户端，这时才可以不用判断 Page.IsValid 属性。

5.1.2　验证控件的基类 BaseValidator

在 System.Web.UI.WebControls 命名空间中的所有验证控件都派生自 BaseValidator 基类，该类提供了验证控件的基本功能，具有如下所示的几个关键的属性。

- ControlToValidate：指定用于验证的输入控件。
- Display：指定如何显示错误消息。Static：提前计算所需要的错误消息空间，并静态显示在页面上。Dynamic：将动态的显示错误的消息。静态方式将提前预留一定的空间用于错误消息的显示，动态方式则使用动态插入的方式显示错误消息。
- EnableClientScript：是否开启客户端脚本验证功能，该选项默认为 True。
- nable：该属性允许用户启用或禁用验证。当禁用时，验证控件将不进行任何验证。
- ErrorMessage：当验证失败时，ErrorMessage 中的错误消息将被显示在 ValidationSummary 控件中。
- Text：如果验证失败时，将显示错误文本。
- IsValide：验证是否通过的布尔值。
- SetFocusOnError：如果设置为 True，当用户尝试提交一个验证错误的页面时，浏览器会将焦点移动到输入控件中以便于用户更容易修正错误。该特性在客户端和服务器端都有用。
- ValidationGroup：允许将多个验证控件进行逻辑上的分组，以便于实现多种不同类型的验证。当 Web 页上具有多组控件要分别进行验证时，该属性将十分有用。
- Validate 方法：该方法将重新验证控件并相应地更新 IsValid 属性，当页面经由一个 CausesValidation 控件进行回发时 Web 页面将调用该方法，开发人员也可以编程调用该方法来手工进行验证。

所有的验证控件都派生自 BaseValidator 类，因此都共享上面提到的属性和方法，此外，BaseValidator 还从其基类 Label 继承了 BackColor、Font、ForeColor 以及其他的一些属性。

5.2 使用 ASP.NET 验证控件

几乎所有的 Web 应用程序都可以用这样或者那样的方式接收用户输入，处理用户输入并生成结果。例如，应用程序可能会提供一个搜索页面，用户可以在该页面中输入搜索关键字，应用程序确认之后，并搜索用户所需要的结果，最后显示在页面上。但是，如果存在恶意的用户，他们就可能输入一个使 Web 应用程序的稳定性和安全性受到损害的搜索语句。如果 Web 应用程序没有验证用户输入，那么应用程序很容易受到攻击。

为了提高 ASP.NET 应用程序的安全性，ASP.NET 特意提供了服务器端验证控件，它们可以直接在网页客户端对用户输入进行验证，即在验证之前，不需要把网页提交到服务器。本节就学习这些验证控件的使用。

5.2.1 使用 RequiredFieldValidator 进行非空验证

RequireFieldValidator 控件又称为非空验证控件，常用于文本框的非空验证。该控件在提交网页到服务器之前，检查被验证控件的输入值是否为空；如果为空，则该控件显示错误信息和提示信息。下面通过一个实例来介绍此控件的用法。

（1）在页面中添加一个 TextBox 控件、一个 RequireFieldValidator 控件、一个 Button 控件和一个 Label 控件，名称分别为 InputBox、rfInputBox、ValidateBtn 和 ValidateMsg。InputBox 控件用来输入信息；rfInputBox 控件验证用户输入的信息；ValidateBtn 控件提交该页面，并显示用户的输入是否正确；ValidateMsg 控件显示用户输入是否正确的结果信息，如标明用户合法或者不合法。页面 NotNullValidate.aspx 的设计界面如图 5-1 所示。

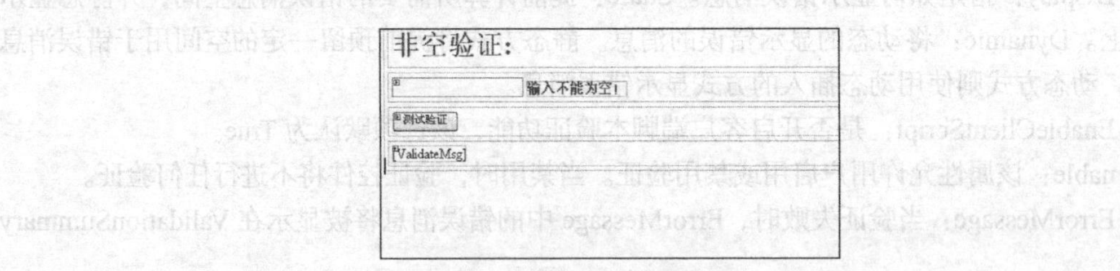

图 5-1 设计界面

（2）此设计页面的部分 HTML 设计代码如代码 5-1 所示。

代码 5-1 限制姓名字段：RequireFieldValidator.aspx

```
01  <html xmlns="http://www.w3.org/1999/xhtml" >
02  <head runat="server">
03      <title>非空验证</title>
04  </head>
05  <body>
06      <form id="form1" runat="server">
```

```
07      <table cellpadding="5" cellspacing="5" border="0" width="100%">
08          <tr>
09              <td align="left"><font color="#006699" size="6"
10          style="font-weight: bold">非空验证:</font></td>
11          </tr>
12          <tr>
13              <td><asp:TextBox ID="InputBox"
14          runat="server"></asp:TextBox>
15              <asp:RequiredFieldValidator ID="rfInputBox" runat="server"
16          ErrorMessage="输入不能为空！" ControlToValidate="InputBox"
17          Font-Bold="True"></asp:RequiredFieldValidator></td>
18          </tr>
19          <tr>
20              <td>
21                  <asp:Button ID="ValidateBtn" runat="server"
22          Text="测试验证" OnClick="ValidateBtn_Click" /></td>
23          </tr>
24          <tr>
25              <td>
26                  <asp:Label ID="ValidateMsg"
27          runat="server"></asp:Label></td>
28          </tr>
29      </table>
30      </form>
31  </body>
32  </html>
```

解析：第 15 行～第 17 行添加了一个验证控件 RequiredFieldValidator，通过控件的 ControlTo Validate 属性确定要控制的是名为 InputBox 的文本框，其在第 13 行～第 14 行定义。

（3）设计页面 RequireFieldValidator.aspx 的初始化事件 Page_Load(object sender, EventArgs e)，该事件把控件 ValidateMsg 设为不可见，它的程序代码如下：

```
protected void Page_Load(object sender, EventArgs e)
{
    ValidateMsg.Visible = false;
}
```

（4）设计页面 RequireFieldValidator.aspx 的 ValidateBtn 控件的 Click 事件 ValidateBtn_Click (object sender,EventArgs e)，该事件检查用户输入是否合法。如果用户输入合法，则显示合法信息（用户输入验证合法！）；否则显示不合法信息（用户输入验证失败！）。事件 ValidateBtn_Click(object sender,EventArgs e)的程序代码如下：

```
01  protected void ValidateBtn_Click(object sender,EventArgs e)
02  {
03      if(Page.IsValid)
04      {
05          ValidateMsg.Text = "用户输入验证合法！";
06          ValidateMsg.Visible = true;
07      }
08      else
09      {
```

```
10            ValidateMsg.Text = "用户输入验证失败！";
11            ValidateMsg.Visible = true;
12        }
13    }
```

解析：第 3 行是最关键的代码，用来判断页面的验证是否通过。

（5）运行程序，单击“测试验证”按钮，此时页面 NotNullValidate.aspx 如图 5-2 所示，页面显示了错误信息“输入不能为空！”。

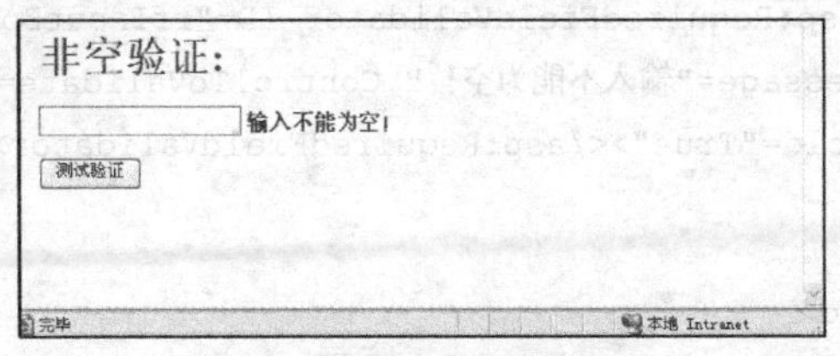

图 5-2　页面显示错误信息

首先在 InputBox 输入框中输入“我的输入”，然后单击“测试验证”按钮，此时页面 NotNullValidate.aspx 如图 5-3 所示，该页面显示用户输入信息的验证结果“用户输入验证合法！”。

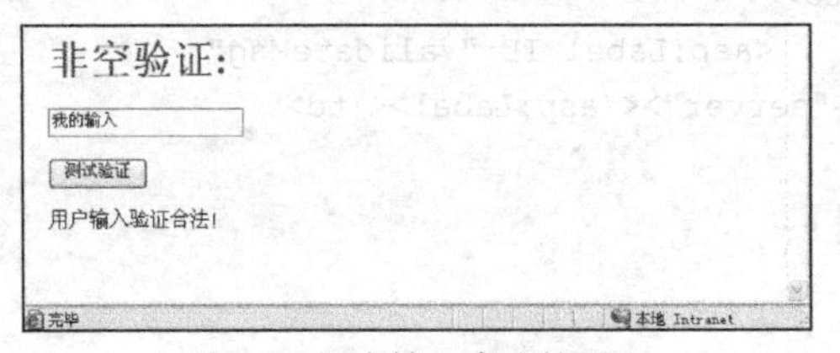

图 5-3　用户输入合法的页面

5.2.2　使用 RangeValidator 限定输入范围

RangeValidator 控件为范围验证控件，常用于验证文本框的输入值是否在一个特定的范围之内。该控件提供 Integer、String、Date、Double、Currency 这 5 种类型的验证，每种类型的验证都存在一个最大值和和一个最小值，5 种类型的验证具体描述如下：

- Integer 类型的验证，用来验证输入是否在指定的整数范围内；
- String 类型的验证，用来验证输入是否在指定的字符串范围内；
- Date 类型的验证，用来验证输入是否在指定的日期范围内；
- Double 类型的验证，用来验证输入是否在指定的双精度实数范围内；
- Currency 类型的验证，用来验证输入是否在指定的货币值范围内。

RangeValidator 控件在提交网页到服务器时刻之前，检查被验证控件的输入值是否在一个特定的范围之内。如果不在指定的范围内，则该控件显示错误信息和提示信息。窗口。

下面通过一个实例来演示范围控件的使用情况。

（1）在页面中添加两个 TextBox 控件、两个 RangeValidator 控件、一个 Button 控件和一个 Label 控件，名称分别为 InputBox、InputBoxLetter、rvInput、RangeValidator1、ValidateBtn 和 ValidateMsg。InputBox 控件和 InputBoxLetter 控件用来输入信息；rvInput 控件和 RangeValidator1 控件验证用户输入的信息；ValidateBtn 控件提交该页面，并显示用户的输入是否正确；ValidateMsg 控件显示用

户输入是否正确的结果信息，如标明用户合法或者不合法。页面 RangeValidate.aspx 的设计界面如图 5-4 所示。

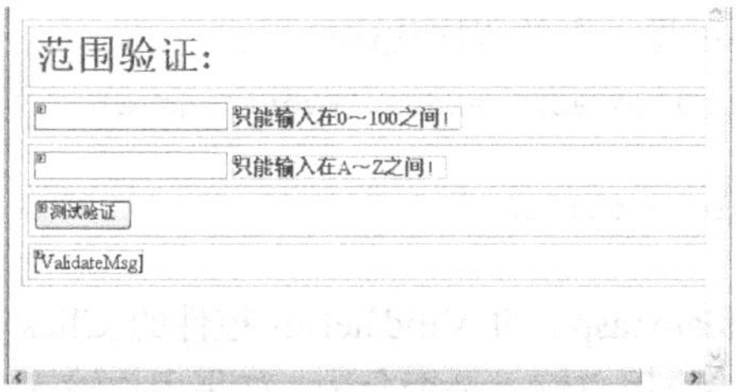

图 5-4　设计界面

（2）页面的部分设计代码如代码 5-2 所示。

代码 5-2　RangeValidator.aspx

```
01  <table cellpadding="5" cellspacing="5" border="0" width="100%">
02          <tr>
03                  <td align="left"><font color="#006699" size="6"
04                  style="font-weight: bold">范围验证:</font></td>
05          </tr>
06          <tr>
07                  <td><asp:TextBox ID="InputBox" runat="server"></asp:TextBox>
08                          <asp:RangeValidator ID="rvInput" runat="server"
09  ControlToValidate="InputBox" ErrorMessage="只能输入在 0 ~ 100 之间！"
10                                  Font-Bold="True" MaximumValue="100" MinimumValue="0"
11                                  Type="Integer"></asp:RangeValidator></td>
12          </tr>
13          <tr>
14                  <td><asp:TextBox ID="InputBoxLetter"
15                          runat="server"></asp:TextBox>
16                          <asp:RangeValidator ID="RangeValidator1" runat="server"
17  ControlToValidate="InputBoxLetter" ErrorMessage="只能输入在 A ~ Z 之间！"
18                                  Font-Bold="True" MaximumValue="Z"
19                                  MinimumValue="A"></asp:RangeValidator></td>
20          </tr>
21          <tr>
22                  <td>
23                  <asp:Button ID="ValidateBtn" runat="server"
24                                  Text="测试验证"
25                                  OnClick="ValidateBtn_Click" /></td>
26          </tr>
27          <tr>
28                  <td>
29                          <asp:Label ID="ValidateMsg"
30  runat="server"></asp:Label></td>
31          </tr>
32  </table>
```

解析：代码第 8 行～第 11 行定义了一个 RangeValidator 控件，通过 MaximumValue 和属性指定最大值和最小值，通过 Type 属性指定类型，因为字符类型和数值类型比较的结果可不一定是相同的。代码第 16 行～第 19 行也定义了一个 RangeValidator 控件，这里通过比较的就是字符类型了，但没有指定 Type 类型，因为默认就是字符串类型。

（3）设计页面 RangeValidator.aspx 的初始化事件 Page_Load(object sender, EventArgs e)，该事件把控件 ValidateMsg 设为不可见，它的程序代码如下：

```
protected void Page_Load(object sender, EventArgs e)
{
    ValidateMsg.Visible = false;
}
```

（4）设计页面 RangeValidator.aspx 的 ValidateBtn 控件的 Click 事件 ValidateBtn_Click(object sender,EventArgs e)，该事件检查用户输入是否合法。如果用户输入合法，则显示合法信息（用户输入验证合法！）；否则显示不合法信息（用户输入验证失败！）。这里的代码和前面的测试验证按钮的代码相同，不再给出。

（5）运行程序之后，在输入框中分别输入“123”和“2”，单击“测试验证”按钮，此时页面 RangeValidate.aspx 如图 5-5 所示，页面显示了错误信息“只能输入在 0～100 之间！”和“只能输入在 A～Z 之间！”。首先在输入框中分别输入“100”和“D”，然后单击“测试验证”按钮，此时页面 RangeValidate.aspx 如图 5-6 所示，该页面显示用户输入信息的验证结果“用户输入验证合法！”。

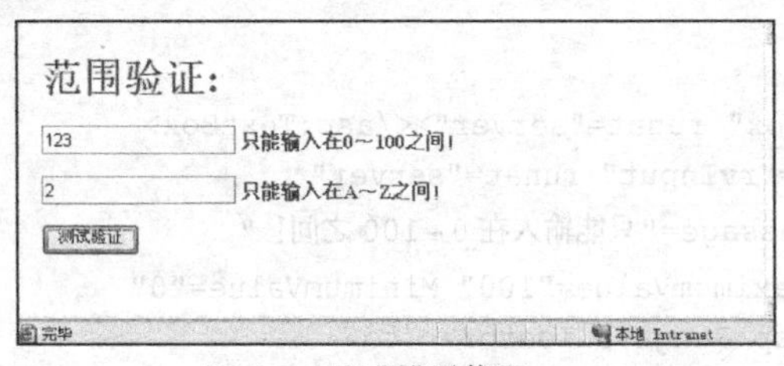

图 5-5　显示错误信息

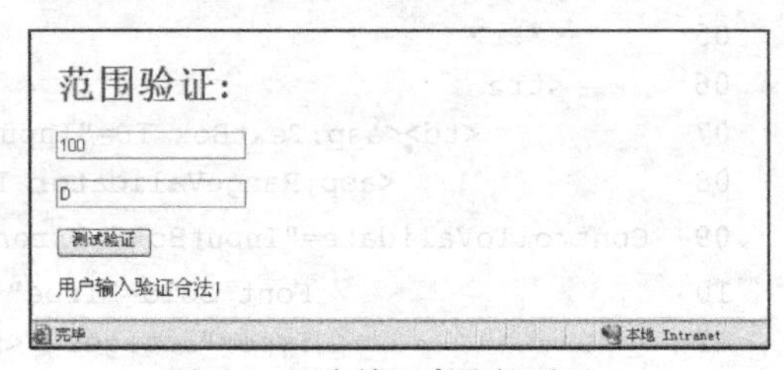

图 5-6　用户输入合法的页面

5.2.3　使用 CompareValidator 进行比较验证

CompareValidator 控件又称为比较验证控件，常用于验证两个输入框的输入信息是否相等，或者验证某一个输入框的输入信息和某个固定表达式值是否相等，同时还可以设置控件比较的操作符和比较的数据类型。此控件最常用的方法是用户创建新的密码或者修改密码时，验证两次输入的密码是否相等。CompareValidator 控件的常用属性及其说明如表 5-2 所示。

表 5-2　CompareValidator 控件的常用属性及其说明表

属　　性	说　　明
ControlToCompare	用来比较的控件 ID
ControlToValidate	验证的控件 ID
ValueToCompare	比较使用的值
Operator	比较使用的操作符
Type	比较使用的数据类型
EnableClientScript	是否使用客户端验证，系统默认值为 True

下面通过一个例子来演示该控件的使用。

（1）在页面中添加两个 TextBox 控件、一个 CompareValidator 控件、一个 Button 控件和一个 Label 控件，名称分别为 InputBox、InputBoxLetter、cvInput、ValidateBtn 和 ValidateMsg。InputBox

控件和 InputBoxLetter 控件用来输入信息；cvInput 控件验证 InputBox 控件和 InputBoxLetter 控件的输入值是否相等；ValidateBtn 控件提交该页面，并显示用户的输入是否正确；ValidateMsg 控件显示用户输入是否正确的结果信息，如标明用户合法或者不合法。页面 CompareValidator.aspx 的设计界面如图 5-7 所示。

图 5-7　设计界面

（2）CompareValidator.aspx 的部分 HTML 设计如代码 5-3 所示。

代码 5-3　CompareValidator.aspx

```
01  <html xmlns="http://www.w3.org/1999/xhtml" >
02  <head runat="server">
03      <title>比较验证</title>
04  </head>
05  <body>
06      <form id="form1" runat="server">
07      <table cellpadding="5" cellspacing="5" border="0" width="100%">
08            <tr><td align="left"><font color="#006699" size="6"
09  style="font-weight: bold">比较验证:</font></td></tr>
10            <tr><td>
11  <asp:TextBox ID="InputBox" runat="server"></asp:TextBox>
12            </td></tr><tr><td>
13            <asp:TextBox ID="InputBoxLetter"
14                 runat="server"></asp:TextBox>
15            <asp:CompareValidator ID="cvInput" runat="server"
16   ControlToCompare="InputBox"ControlToValidate="InputBoxLetter"
17  ErrorMessage="两次输入的密码不相等！"></asp:CompareValidator></td>
18            </tr><tr><td>
19            <asp:Button ID="ValidateBtn" runat="server" Text="测试验证"
20                 OnClick="ValidateBtn_Click" /></td>
21            </tr><tr><td>
22            <asp:Label ID="ValidateMsg" runat="server"></asp:Label>
23            </td>    </tr>
24      </table>
25      </form>
26  </body>
27  </html>
```

解析：代码第 15 行～第 17 行定义了一个 CompareValidator 控件，用来比较两个文本框的内容是否相同。两个文本框通过属性 ControlToValidate 和 ControlToCompare 来设置，然后在页面中单击验证按钮时进行比较。

（3）设计页面 CompareValidator.aspx 的初始化事件 Page_Load(object sender, EventArgs e)，该

事件把控件 ValidateMsg 设为不可见，它的程序代码如下：

```
protected void Page_Load(object sender, EventArgs e)
{
    ValidateMsg.Visible = false;
}
```

（4）设计页面 CompareValidator.aspx 的 ValidateBtn 控件的 Click 事件 ValidateBtn_Click(object sender,EventArgs e)，该事件检查用户输入是否合法。如果用户输入合法，则显示合法信息（用户输入验证合法！）；否则显示不合法信息（用户输入验证失败！）。这里的代码和前面的测试验证按钮的代码相同，不再给出。

（5）运行程序之后，在输入框中分别输入“123”和“123456”，单击“测试验证”按钮，此时页面 CompareValidate.aspx 如图 5-8 所示，页面显示了错误信息“两次输入的密码不相等！”。

首先在输入框中分别输入“123”和“123”，然后单击“测试验证”按钮，此时页面 CompareValidator.aspx 如图 5-9 所示，该页面显示用户输入信息的验证结果“用户输入验证合法！”。

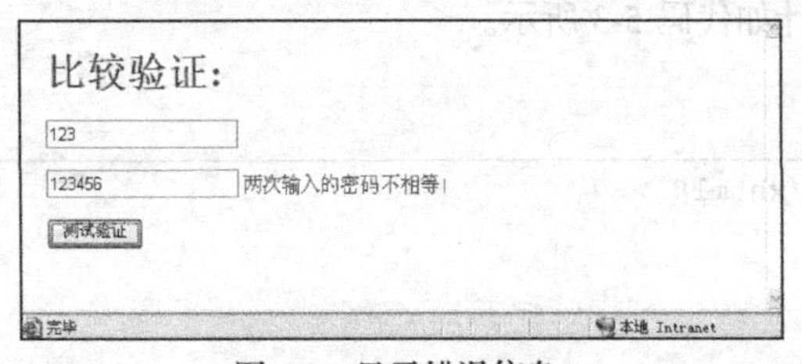

图 5-8　显示错误信息

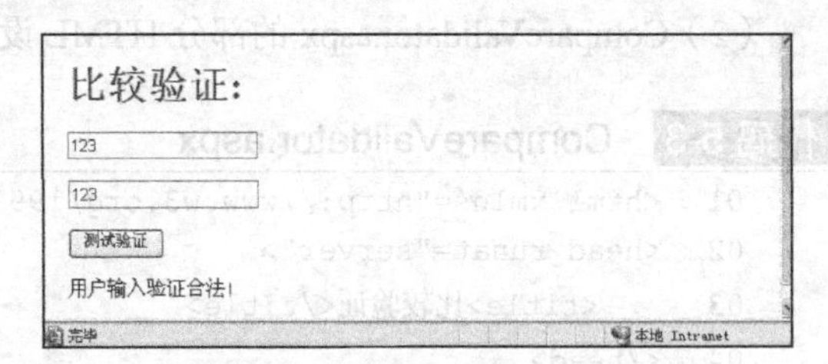

图 5-9　用户输入合法的页面

5.2.4　使用 CustomValidator 自定义验证

CustomValidator 控件又称为自定义验证控件，该类验证控件比较特别，用户可以自定义控件的验证方式，如客户端验证函数、服务器端验证函数等。下面通过一个简单的实例来学习该控件的使用。

（1）在页面中添加两个 TextBox 控件、两个 CustomValidator 控件、一个 Button 控件和一个 Label 控件，名称分别为 InputBox、InputBoxLetter、cvInput、cvNumber、ValidateBtn 和 ValidateMsg。

InputBox 控件和 InputBoxLetter 控件用来输入信息；cvInput 控件和 cvNumber 控件分别验证用户输入信息是否为偶数和是否能够被 3 整除；ValidateBtn 控件提交该页面，并显示用户的输入是否正确；ValidateMsg 控件显示用户输入是否正确的结果信息，如标明用户合法或者不合法。页面 CustomValidator.aspx 的设计界面如图 5-10 所示。

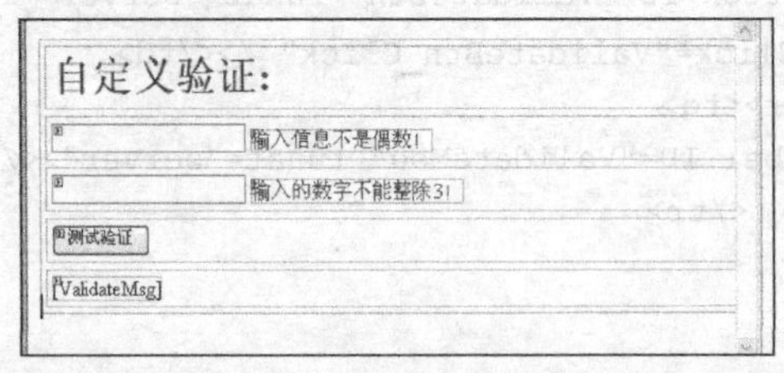

图 5-10　页面 CustomerValidate.aspx 的设计界面

（2）CustomValidator.aspx 页面的主要 HTML 设计如代码 5-4 所示。

代码 5-4　CustomValidator .aspx

```
01  <body>
```

```
02        <script language="javascript">
03            function DivThreeValidate(source,argument)
04            {
05                if(argument.Value % 3)
06                {
07                    argument.IsVaild = false;
08                }
09                else
10                {
11                    argument.IsValid = true;
12                }
13            }
14        </script>
15       <form id="form1" runat="server">
16       <table cellpadding="5" cellspacing="5" border="0" width="100%">
17           <tr><td align="left"><font color="#006699" size="6"
18           style="font-weight: bold">自定义验证:</font></td></tr>
19           <tr><td><asp:TextBox ID="InputBox"
20           runat="server"></asp:TextBox>
21           <asp:CustomValidator ID="cvInput" runat="server"
22        ControlToValidate="InputBox" ErrorMessage="输入信息不是偶数！"
23        OnServerValidate="cvInput_ServerValidate">
24        </asp:CustomValidator></td></tr><tr>   <td>
25        <asp:TextBox ID="InputBoxLetter" runat="server"></asp:TextBox>
26        <asp:CustomValidator ID="cvNumber" runat="server"
27            ControlToValidate="InputBoxLetter"
28            ErrorMessage="输入的数字不能整除 3！"
29            ClientValidationFunction="DivThreeValidate"
30    ValidateEmptyText="True" OnServerValidate="cvNumber_ServerValidate">
31    </asp:CustomValidator></td></tr>    <tr>    <td>
32                    <asp:Button ID="ValidateBtn" runat="server"
33        Text="测试验证" OnClick="ValidateBtn_Click" /></td>
34            </tr><tr><td>
35                    <asp:Label ID="ValidateMsg"
36    runat="server"></asp:Label>
37            </td>        </tr>
38       </table>
39       </form>
40    </body>
```

解析：代码第 21 行～第 31 行通过两个自定义验证控件，定义了 InputBox 控件和 InputBoxLetter 控件的输入内容，两个控件分别针对 cvNumber_ServerValidate 方法和 cvInput_ServerValidate 方法，两个方法都是自己定义的方法。

（3）设计页面 CustomValidator.aspx 的初始化事件 Page_Load(object sender, EventArgs e)，该事件把控件 ValidateMsg 设为不可见，它的程序代码如下：

```
protected void Page_Load(object sender, EventArgs e)
{
    ValidateMsg.Visible = false;
}
```

（4）设计页面 CustomValidator.aspx 的 ValidateBtn 控件的 Click 事件 ValidateBtn_Click(object sender,EventArgs e)，该事件检查用户输入是否合法。如果用户输入合法，则显示合法信息（用户输入验证合法！）；否则显示不合法信息（用户输入验证失败！）。这里的代码和以前的那些按钮没有区别，这里不再给出。

函数 cvInput_ServerValidate(object source,ServerValidateEventArgs args)是 cvInput 控件的服务器端验证函数，该函数首先获取用户输入的信息，并转换为一个整数 number，然后判断整数 number 是否为偶数，如果是，则把控件 IsValid 属性的值设为 true，否则设为 false。当把用户输入的信息转换为一个整数时，如何转换发生异常或错误，则弹出错误对话框。函数 cvInput_ServerValidate(object source,ServerValidateEventArgs args)的程序代码如下：

```
protected void cvNumber_ServerValidate(object  source,ServerValidateEventArgs args)
{
    args.IsValid = false;
    try
    {
        int number = 0;
        if(Int32.TryParse(args.Value,out number) == true)
        {
            if(number % 3 == 0)
            {
                args.IsValid = true;
            }
        }
    }
    catch(Exception ex)
    {
        Response.Write("错误");
    }
}
```

函数 cvNumber_ServerValidate(object source,ServerValidateEventArgs args)是 cvNumber 控件的服务器端验证函数，该函数首先获取用户输入的信息，并转换为一个整数 number，然后判断整数 number 是否能够被 3 整除，如果能够，则把控件 IsValid 属性的值设为 true，否则设为 false。当使用函数 TryParse(string svalue)把用户输入的信息转换为一个整数时，如何转换发生异常或错误，则弹出错误对话框。函数 cvNumber_ServerValidate(object source,ServerValidateEventArgs args)的程序代码如下：

```
protected void cvInput_ServerValidate(object  source,ServerValidateEventArgs args)
{
    args.IsValid = false;
    try
    {
        int number = Int32.Parse(args.Value);
        if(number % 2 ==0)
        {
            args.IsValid = true;
        }
    }
    catch(Exception ex)
```

```
        {
            Response.Write("错误");
        }
    }
```

解析：%是求余运算符，如果被 2 整除，结果就为 0。

运行程序之后，单击“测试验证”按钮，此时页面 CustomValidator.aspx 如图 5-11 所示，页面显示了错误信息“输入信息不是偶数！”和“输入的数字不能整除 3！”。首先在输入框中分别输入“1234”和“123456”，然后单击“测试验证”按钮，此时页面 CustomValidator.aspx 如图 5-12 所示，该页面显示用户输入信息的验证结果“用户输入验证合法！”。

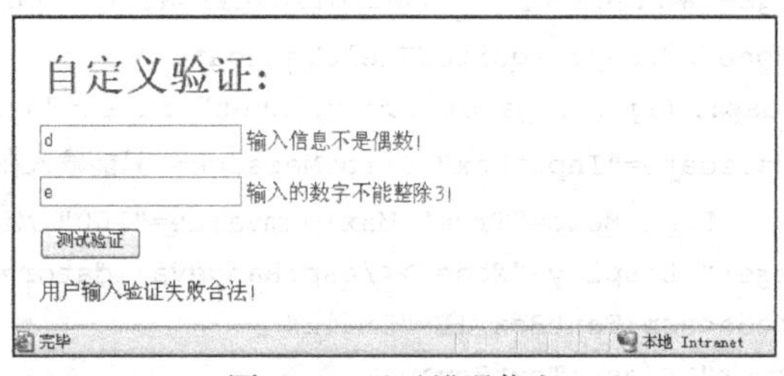

图 5-11　显示错误信息

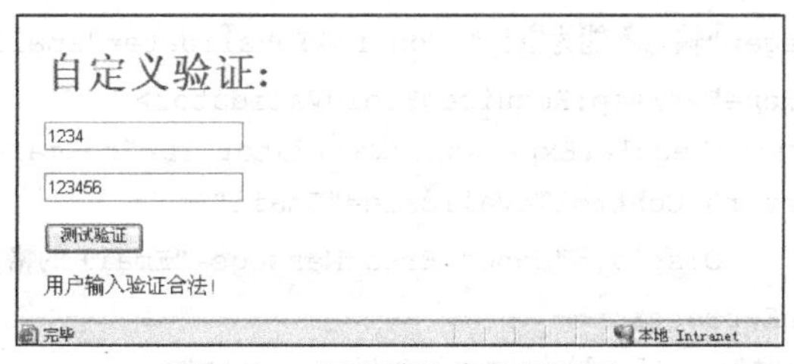

图 5-12　用户输入合法的页面

5.2.5　使用 ValidationSummary 显示验证信息

ValidationSunmmary 控件又称为验证总结控件，该控件可以对多个文本框进行同时验证，并且还可以把多个验证控件的错误或者提示信息组合在一起，并显示错误或者提示信息。下面通过一个例子介绍如何使用此控件，并了解它的错误显示效果。

（1）在页面中添加 3 个 TextBox 控件、3 个 RequireFieldValidator 控件、1 个 RangeValidator 控件、2 个 RegularExpressionValidator 控件、1 个 ValidationSunmmary 控件、1 个 Button 控件和 1 个 Label 控件，名称分别为 InputBox、Email、Phone、rfInput、rfEmail、rfPhone、rvInput、reEmail、reInput、vsPage、ValidateBtn 和 ValidateMsg。页面 ValidatorSummary.aspx 的设计界面如图 5-13 所示。

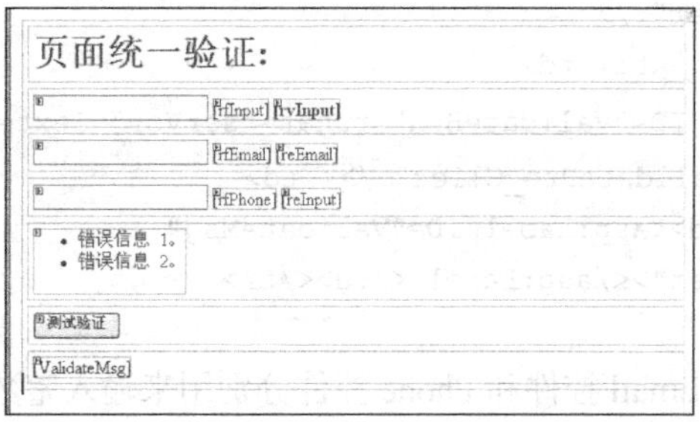

图 5-13　页面 ValidatorSummary.aspx 的设计界面

（2）页面的 HTML 设计如代码 5-5 所示。

代码 5-5　ValidatorSummary.aspx

```
01  <table cellpadding="5" cellspacing="5" border="0" width="100%">
02      <tr><td align="left"><font color="#006699" size="6"
03  style="font-weight: bold">页面统一验证:
04      </font></td></tr><tr>
05          <td><asp:TextBox ID="InputBox" runat="server"></asp:TextBox>
06              <asp:RequiredFieldValidator ID="rfInput" runat="server"
07      ErrorMessage="输入不能为空！" ControlToValidate="InputBox"
08      Display="None"></asp:RequiredFieldValidator>
09              <asp:RangeValidator ID="rvInput" runat="server"
10      ControlToValidate="InputBox" ErrorMessage="只能输入在 0~100 之间！"
11              Font-Bold="True" MaximumValue="100" MinimumValue="0"
12      Type="Integer" Display="None"></asp:RangeValidator></td>
13      </tr><tr><td><asp:TextBox ID="Email"
14      runat="server"></asp:TextBox>
15              <asp:RequiredFieldValidator ID="rfEmail" runat="server"
16      ErrorMessage="输入不能为空！" ControlToValidate="Email"
17      Display="None"></asp:RequiredFieldValidator>
18              <asp:RegularExpressionValidator ID="reEmail"
19      runat="server" ControlToValidate="Email"
20              Display="None" ErrorMessage="Email 的格式不正确！"
21      ValidationExpression=
22  "\w+([-+.']\w+)*@\w+([-.]\w+)*\.\w+([-.]\w+)*">
23  </asp:RegularExpressionValidator></td></tr><tr>
24          <td><asp:TextBox ID="Phone" runat="server"></asp:TextBox>
25              <asp:RequiredFieldValidator ID="rfPhone" runat="server"
26      ControlToValidate="Phone"
27              ErrorMessage="输入不能为空！"
28      Display="None"></asp:RequiredFieldValidator>
29              <asp:RegularExpressionValidator ID="reInput"
30      runat="server" ControlToValidate="Phone"
31              ErrorMessage="手机号码格式不正确！"
32      ValidationExpression="(\d{2,3}-){0,1}\d{11}"
33      Display="None"></asp:RegularExpressionValidator></td>
34      </tr><tr><td><asp:ValidationSummary        ID="vsPage"
35      runat="server" />
36      </td></tr>  <tr><td>
37      <asp:Button ID="ValidateBtn" runat="server" Text="测试验证
38  "    OnClick="ValidateBtn_Click" /></td>
39      </tr><tr><td><asp:Label ID="ValidateMsg"
40      runat="server"></asp:Label></td></tr>
41  </table>
```

解析：InputBox 控件、Email 控件和 Phone 控件分别用来输入整数、Email、电话号码；rfInput 控件、rfEmail 控件和 rfPhone 控件分别对 3 个输入框进行非空验证；rvInput 控件验证用户输入的是否在 0～100 范围之内、reEmail 控件验证用户输入的 Email 地址是否正确，它的正则表达式为“\w+([-+.']\w+)*@\w+([-.]\w+)*\.\w+([-.]\w+)*”；reInput 控件验证用户输入的手机号码格式是否正确，它的正则表达式为“\d{3,4}-\d{7,8}(-\d+){0,1}”；vsPage 控件集中统一显示页面的错误信息；ValidateBtn 控件提交该页面，并显示用户的输入是否正确；ValidateMsg 控件显示用户输入是否正确的结果信息，如标明用户合法或者不合法。

（3）设计页面 ValidatorSummary.aspx 的初始化事件 Page_Load(object sender, EventArgs e)，该事件把控件 ValidateMsg 设为不可见，它的程序代码如下：

```
protected void Page_Load(object sender, EventArgs e)
{
    ValidateMsg.Visible = false;
}
```

（4）设计页面 ValidatorSummary.aspx 的 ValidateBtn 控件的 Click 事件 ValidateBtn_Click(object sender,EventArgs e)，该事件检查用户输入是否合法。如果用户输入合法，则显示合法信息（用户输入验证合法！）；否则显示不合法信息（用户输入验证失败！）。这里的代码和其他测试按钮没有区别，这里不再给出。

（5）运行程序之后，在输入框中分别输入“1000”、“23@dd”和“3242222222”，单击“测试验证”按钮，此时页面 ValidatorSummary.aspx 如图 5-14 所示，页面显示了错误信息“只能输入在 0～100 之间！”、“Email 的格式不正确！”和“手机号码格式不正确！”。

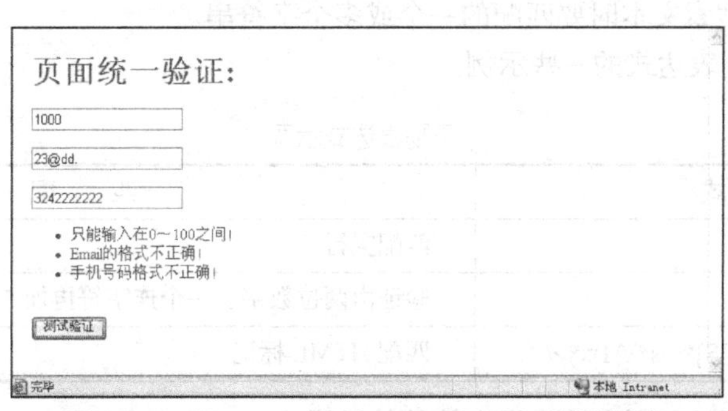

图 5-14　页面 ValidatorSummary.aspx 显示错误信息

5.3　使用正则表达式

为了说明正则表达式，请读者先按下 Windows+F 组合键，打开 Windows 搜索框。在搜索框中，可以使用一些简单的通配符来查找文件，例如“?”和“*”。“?”通配符匹配文件名中的单个字符，而“*”通配符匹配零个或多个字符，例如输入“text?.txt”可以搜出“text1.txt”、“text2.txt”等文件，而输入“*.txt”，则可以搜出指定目录的所有以“txt”为扩展名的文件。

尽管这种搜索方法很有用，但其还是有限的。“?”和“*”通配符的能力引入了正则表达式所依赖的概念，但正则表达式功能更强大，而且更加灵活。下面就一起来认识吧。

5.3.1　正则表达式的用途

典型的搜索和替换操作要求提供与预期的搜索结果匹配的确切文本。虽然这种技术对于对静态文本执行简单搜索和替换任务可能已经足够了，但其缺乏灵活性，若采用这种方法搜索动态文本，即使不是不可能，至少也会变得很困难。

通过使用正则表达式，可以完成以下操作。

- 测试字符串内的模式，即数据验证。例如，可以测试输入字符串，以查看字符串内是否出现电话号码模式或信用卡号码模式。
- 替换文本。可以使用正则表达式来识别文档中的特定文本，完全删除该文本或者用其他文本替换目标文本。
- 基于模式匹配从字符串中提取子字符串。
- 可以查找文档内或输入域内特定的文本。例如，如果需要搜索整个 Web 站点，删除过时的材料，以及替换某些 HTML 格式标记。在这种情况下，可以使用正则表达式来确定在每个文件中是否出现该材料或该 HTML 格式标记。此过程将受影响的文件列表缩小到包含需要删除或更改的材料的那些文件。然后可以使用正则表达式来删除过时的材料。最后，可以使用正则表达式来搜索和替换标记。

正则表达式在 JavaScript 或者 C、C#等语言中也很有用，但是这些语言的字符串处理能力还不为人知。

5.3.2 正则表达式的语法

正则表达式是一种文本模式，包括普通字符（例如，a~z 之间的字母）和特殊字符（称为“元字符”）。模式描述在搜索文本时要匹配的一个或多个字符串。

表 5-3 所示为正则表达式的一些示例。

表 5-3　　正则表达式示例

表 达 式	匹　配
/^\s*$/	匹配空行
/\d{2}-\d{5}/	验证由两位数字、一个连字符再加 5 位数字组成的 ID 号
/<\s*(\S+)(\s[^>]*)?>[\s\S]*<\s*\/\1\s*>/	匹配 HTML 标记

表 5-4 所示为常用的正则表达式元字符及其说明。

表 5-4　　正则表达式元字符

字　符	说　明
\	将下一字符标记为特殊字符、文本、反向引用或八进制转义符。例如，“n”匹配字符“n”。“\n”匹配换行符。序列“\\”匹配“\”，“\(”匹配“(”
^	匹配输入字符串开始的位置。如果设置了 RegExp 对象的 Multiline 属性，^还会与“\n”或“\r”之后的位置匹配
$	匹配输入字符串结尾的位置。如果设置了 RegExp 对象的 Multiline 属性，$还会与“\n”或“\r”之前的位置匹配
*	零次或多次匹配前面的字符或子表达式。例如，zo*匹配“zz”和“zooo”。*等效于{0,}
+	一次或多次匹配前面的字符或子表达式。例如，“zo+”与“zo”和“zoo”匹配，但与“z”不匹配。+等效于{1,}
?	零次或一次匹配前面的字符或子表达式。例如，“do(es)?”匹配“do”或“does”中的“do”。?等效于{0,1}
{*n*}	*n* 是非负整数。正好匹配 *n* 次。例如，“o{2}”与“Bob”中的“o”不匹配，但与“food”中的两个“o”匹配

续表

<table>
<tr><th>字　符</th><th>说　明</th></tr>
<tr><td>{n,}</td><td>n 是非负整数。至少匹配 n 次。例如，“o{2,}”不匹配“Bob”中的“o”，而匹配“foooood”中的所有 o。“o{1,}”等效于“o+”。“o{0,}”等效于“o*”</td></tr>
<tr><td>{n,m}</td><td>m 和 n 是非负整数，其中 n ≤ m。至少匹配 n 次，至多匹配 m 次。例如，“o{1,3}”匹配“foooood”中的前 3 个 o。“o{0,1}”等效于“o?”。值得注意的是，不能将空格插入逗号和数字之间</td></tr>
<tr><td>?</td><td>当此字符紧随任何其他限定符(*、+、?、{n}、{n,}、{n,m}）之后时，匹配模式是“非贪心的”。“非贪心的”模式匹配搜索到的、尽可能短的字符串，而默认的“贪心的”模式匹配搜索到的、尽可能长的字符串。例如，在字符串“oooo”中，“o+?”只匹配单个“o”，而“o+”匹配所有“o”</td></tr>
<tr><td>.</td><td>匹配除“\n”之外的任何单个字符。若要匹配包括“\n”在内的任意字符，请使用诸如“[\s\S]”之类的模式</td></tr>
<tr><td>(pattern)</td><td>匹配 pattern 并捕获该匹配的子表达式。可以使用 $0...$9 属性从结果“匹配”集合中检索捕获的匹配。若要匹配括号字符( )，请使用“\(”或者“\)”</td></tr>
<tr><td>(?:pattern)</td><td>匹配 pattern 但不捕获该匹配的子表达式，即其是一个非捕获匹配，不存储供以后使用的匹配。这对于用“或”字符(|)组合模式部件的情况很有用。例如，与“industry|industries”相比，“industr(?:y| ies)”是一个更加经济的表达式</td></tr>
<tr><td>(?=pattern)</td><td>执行正向预测先行搜索的子表达式，该表达式匹配处于匹配 pattern 的字符串的起始点的字符串。它是一个非捕获匹配，即不能捕获供以后使用的匹配。例如，“Windows (?=95| 98| NT| 2000)”与“Windows 2000”中的“Windows”匹配，但不与“Windows 3.1”中的“Windows”匹配。预测先行不占用字符，即发生匹配后，下一匹配的搜索紧随上一匹配之后，而不是在组成预测先行的字符后</td></tr>
<tr><td>(?!pattern)</td><td>执行反向预测先行搜索的子表达式，该表达式匹配不处于匹配 pattern 的字符串的起始点的搜索字符串。其是一个非捕获匹配，即不能捕获供以后使用的匹配。例如，“Windows (?!95| 98| NT| 2000)”与“Windows 3.1”中的“Windows”匹配，但不与“Windows 2000”中的“Windows”匹配。预测先行不占用字符，即发生匹配后，下一匹配的搜索紧随上一匹配之后，而不是在组成预测先行的字符后</td></tr>
<tr><td>x| y</td><td>与 x 或 y 匹配。例如，“z| food”与“z”或“food”匹配。“(z| f)ood”与“zood”或“food”匹配</td></tr>
<tr><td>[xyz]</td><td>字符集。匹配包含的任一字符。例如，“[abc]”匹配“plain”中的“a”</td></tr>
<tr><td>[^xyz]</td><td>反向字符集。匹配未包含的任何字符。例如，“[^abc]”匹配“plain”中的“p”</td></tr>
<tr><td>[a-z]</td><td>字符范围。匹配指定范围内的任何字符。例如，“[a-z]”匹配“a”到“z”范围内的任何小写字母</td></tr>
<tr><td>[^a-z]</td><td>反向范围字符。匹配不在指定的范围内的任何字符。例如，“[^a-z]”匹配任何不在“a”到“z”范围内的任何字符</td></tr>
<tr><td>\b</td><td>匹配一个字边界，即字与空格间的位置。例如，“er\b”匹配“never”中的“er”，但不匹配“verb”中的“er”</td></tr>
<tr><td>\B</td><td>非字边界匹配。“er\B”匹配“verb”中的“er”，但不匹配“never”中的“er”</td></tr>
<tr><td>\cx</td><td>匹配由 x 指示的控制字符。例如，\cM 匹配一个 Control-M 或回车符。x 的值必须在 A～Z 或 a～z 之间。如果不是这样，则假定 c 就是“c”字符本身</td></tr>
<tr><td>\d</td><td>数字字符匹配。等效于[0-9]</td></tr>
<tr><td>\D</td><td>非数字字符匹配。等效于[^0-9]</td></tr>
</table>

续表

字　符	说　明
\f	换页符匹配。等效于\x0c 和\cL
\n	换行符匹配。等效于\x0a 和\cJ
\r	匹配一个回车符。等效于\x0d 和\cM
\s	匹配任何空白字符，包括空格、制表符、换页符等。与[\f\n\r\t\v]等效
\S	匹配任何非空白字符。等价于 [^ \f\n\r\t\v]
\t	制表符匹配。与\x09 和\cI 等效
\v	垂直制表符匹配。与\x0b 和\cK 等效
\w	匹配任何字类字符，包括下画线。与“[A-Za-z0-9_]”等效
\W	任何非字字符匹配。与“[^A-Za-z0-9_]”等效

5.3.3　使用 RegularExpressionValidator 验证数据

刚才已经初步了解正则表达式了，知道了正则表达式是如此强大和实用，但是也明白了正则表达式非常复杂。而且，如果写完了繁杂的 JavaScript 函数验证之后，又要写 C#方法验证，这是一件很麻烦的事。值得庆幸的是，ASP.NET 已经提供了一个可以使用正则表达式来验证数据的验证控件，即 RegularExpressionValidator。

RegularExpressionValidator 控件是 ASP.NET 中一个非常强大的工具，该控件允许开发人员将文本匹配为一个指定的正则表达式。开发人员只需要为该控件的 ValidationExpression 属性赋一个正则表达式，就可以实现一些较复杂的验证过程，通过这种类型的验证，可以检查可预知的字符序列，如身份证号码、电子邮件地址、电话号码、邮政编码等中的字符序列。其使用语法如下：

```
<ASP:RegularExpressionValidator
Id="被程序代码所控制的名称"
Runat="Server"
ControlToValidate="要验证的控件名称"
ValidationExpression="验证规则"
ErrorMessage="所要显示的错误信息"
Text="未通过验证时所显示的讯息"
/>
```

其常用属性及其说明如表 5-5 所示。

表 5-5　　RegularExpressionValidator 控件

属　性	说　明
ControlToValidate	所要验证的控件名称
ErrorMessage	所要显示的错误信息
ValidationExpression	验证规则
Text	未通过验证时所显示的信息

其中，ValidationExpression 验证规则属性为限制数据所输入的叙述，就是在上一小节中讲述的正则表达式。下面一起来看一个简单的示例。下列代码限制使用者输入的账号，必须以英文字母为开头，而且最少要输入 4 个字符，最多可输入 8 个字符，关键代码如代码 5-6 所示。

代码 5-6　限制使用者输入的账号：ValidationExpression.aspx

```
01  <body>
02      <form id="Form1" runat="Server">
03      账号:
04      <asp:TextBox ID="txtId" runat="Server" />
05      <asp:RegularExpressionValidator ID="valeID" runat="Server" ControlToValidate=
"txtId"
06          ValidationExpression="[a-zA-Z]{4,8}" Text="错误!" /><br />
07      <asp:Button ID="btnOK" Text="确定" runat="Server" onclick="btnOK_Click" />
08      <asp:Label ID="lblMsg" runat="Server" />
09      </form>
10  </body>
```

解析：在代码的第 6 行，使用了 ValidationExpression 属性指定验证规则为“[a-zA-Z]{4,8}”，即必须要以英文字母为开头，而且最少要输入 4 个字符，最多可输入 8 个字符的规则。运行后，效果如图 5-15 所示。

图 5-15　验证账号

下列程序代码片段限制使用者输入的电子邮件信箱，必须包含@。

```
<ASP:RegularExpressionValidator Id="Validor1" Runat="Server"
ControlToValidate="txtEmail"
ValidationExpression=".+@.+"
Text="错误!"/>
```

下列程序代码片段限制使用者输入的电话号码，必须要依使用习惯输入分隔线。

```
<ASP:RegularExpressionValidator Id="Validor1" Runat="Server"
ControlToValidate="txtTel"
ValidationExpression="[0-9]{2,4}-[0-9]{3,4}-[0-9]{3,4}"
Text="错误!"/>
```

使用者输入 0800-006-089 或 0912-345-678 或 02-2311-8765 都可以接受。

注意　VS 中内置了一些常见的正则表达式编辑器，可以在 RegularExpressionValidator 的 ValidationExpression 属性右侧，单击⊡图标显示如图 5-16 所示的正则表达式编辑器。

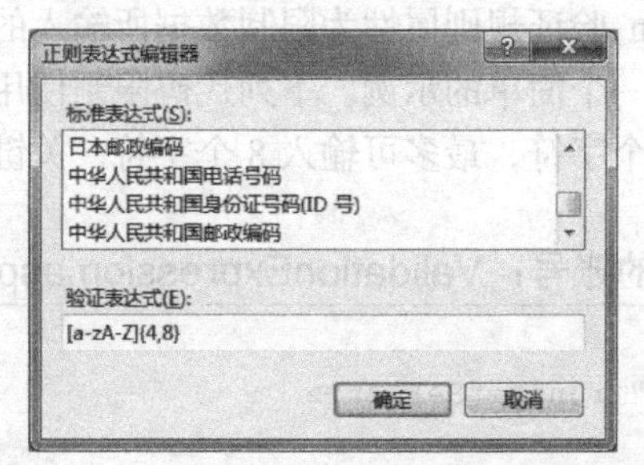

图 5-16　VS2008 提供的正则表达式编辑器

在该窗口中，开发人员可以直接选中某一个标准的表达式，也可以选择“(Custom)”项，在验证表达式中输入一个自定义的正则表达式。

5.4 控件前缀

俗话说：“无规矩不成方圆”。在所有的软件公司里，将项目规范看得极其重要，有的公司甚至有相应的奖罚措施。这是为什么呢？

因为规范的代码可以使开发人员很方便地理解每个目录、变量、控件、类、方法的意义，能够明显地改善代码的可读性，并有助于代码管理，分类范围适用于企业所有基于.NET 平台的软件开发工作。由于篇幅有限，笔者不可能详细讲述各种规范，但是又不能不提。因为这是很多编程书籍的忽视之处，结果导致很多读者没有养成遵守代码规范的习惯。

虽然不遵守规范的代码并不是错误的代码，但是一段好的代码不仅仅是能够完成某项功能，还应该遵守相应的规范。

讲起这个规范，小到变量、方法、控件命名，大到编码习惯，都是需要注意的。不过，在本书中，笔者在此只强调一点，那就是控件命名规范。细心的读者可能会发现，在前面的示例代码中，笔者所用的控件命名都遵循着一个规则：控件前缀+有意义的单词。这样命名的话，在后台使用这些 ASP.NET 控件时，就很容易知道其类型和作用了。

这种控件命名规范是应该遵守的，那么控件有哪些前缀呢？如表 5-6 所示，列出了 ASP.NET 中的 Web 控件前缀。

表 5-6　控件前缀

控件名称（标准）	前　缀	示　例
Label	lbl	lblResults
TextBox	txt	txtFirstname
Button	btn	btnSubmit
LinkButton	lbtn	lbtnSubmit
ImageButton	ibtn	ibtnSubmit
HyperLink	lnk	lnkDetails
DropDownList	drop	dropcountries
ListBox	lst	lstCountries
CheckBox	chk	chkBlue

续表

控件名称（标准）	前　缀	示　例
CheckBoxList	chkl	chkLfavcolors
RadioButton	rad	radFemale
RadioButtonList	radl	radlGender
Image	img	imgAuntbetty
ImageMap	imgm	imgmYueYang
Table	tbl	tblcountrycodes
BulletedList	bltl	bltlCity
HiddenField	hdn	hdnLoginTime
Literal	ltr	ltrLoginUser
Calendar	cal	calMettingdates
AdRotator	adrt	adrtTopad
FileUpload	fup	fupImages
Wizard	wzd	wzdLogin
XML	xmlc	xmlCtransformresults
MultiView	mltv	mltvLogin
Panel	pnl	pnlLast
PlaceHolder	plh	plhFormcontents
View	view	viewData
Substitution	sbtt	sbttLocation
Localize	lcl	lclColor
控件名称（数据）	前缀	示例
GridView	gdv	gdvArticles
DataList	dlst	dlstTitles
DetailsView	dtv	dtvCitys
FormView	fmv	fmvUserList
Repeater	rpt	rptQueryresults
SqlDataSource	sds	sdsGoods
AccessDataSource	ads	adsUsers
XmlDataSource	xds	xdsAgents
SiteMapDataSource	mds	mdsAreas
ObjectDataSource	ods	odsImagesInfo
ReportViewer	rpv	rpvYueYang
控件名称（验证）	前缀	示例
RequiredFieldValidator	valr	valrFirstname
RangeValidator	valg	valgAge
RegularExpression	vale	valeEmail_validator
CompareValidator	valc	valcValidage
CustomValidator	valx	valxDbcheck
ValidationSummary	vals	valsFormerrors

续表

控件名称（导航）	前缀	示例
SiteMapPath	smp	smpWebSite
Menu	mnu	mnuShop
TreeView	trv	trvAreas
控件名称（登录）	前缀	示例
Login	lg	lgAdmin
LoginView	lgv	lgvUser
PasswordRecovery	psr	psrAgent
LoginStatus	lgs	lgsContinue
LoginName	lgn	lgnAdmin
CreateUserWizard	cuw	cuwCreateAdmin
ChangePassword	cpw	cpwUser
控件名称（其他）	前缀	示例
TableCell	tblc	tblcGermany
TableRow	tblr	tblrCountry

小　结

本章全面详细地介绍了页面验证的控件方式，工具箱中默认已经存在的控件是我们最常用的验证方式，如必选框的验证、字母范围的验证、比较密码的验证等。本章最后一节还介绍了正则表达式，这是功能最多当然也是最复杂的一种验证方式，读者一定要仔细阅读。

习　题

1. 以下控件中，可以用来作为数据验证的是________。
   A. RequiredFieldValidator 控件　　B. CompareValidator 控件
   C. RegularExpressionValidator 控件　　D. ValidationSummary 控件
2. 以下控件中，可以用来验证年龄大于 18 岁小于 60 岁的是________（多选）。
   A. RequiredFieldValidator 控件　　B. CompareValidator 控件
   C. RegularExpressionValidator 控件　　D. ValidationSummary 控件
3. 下面控件可以使用正则表达式进行验证的是________。
   A. RequiredFieldValidator 控件　　B. CompareValidator 控件
   C. RegularExpressionValidator 控件　　D. ValidationSummary 控件
4. 谈谈数据验证。
5. 简单说说如何使用 ASP.NET 中的数控验证控件。

上机指导

实验：实现注册页面的验证

如图 5-17 所示的注册界面，在前面的章已经实现了页面。在本章，要求使用数据验证控件进行验证。

（1）电子邮箱、密码、确认密码、真实姓名、电话、详细地址、邮编和验证码均为必填项。

（2）使用 RegularExpressionValidator 控件验证电子邮箱格式、电话格式、邮编格式，使用 CompareValidator 控件验证密码和确认密码一致。

（3）控件命名要遵循本章讲述的规范。

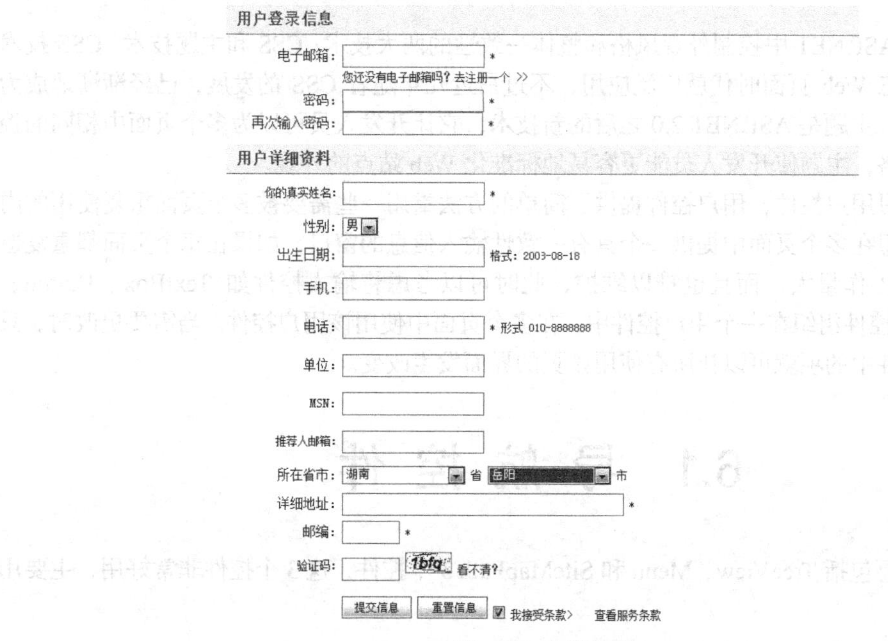

图 5-17　注册验证

第6章 ASP.NET常用主题控件

自从 ASP.NET 2.0 版本推出了母版页技术后，该技术迅速被普及，成为广大的开发人员非常喜爱的一个特性。母版页使网站或者是 Web 应用程序具有一致性的外观，并且可被任何页面重用，便于更改和维护。

本章将介绍 ASP.NET 中控制外观风格和整体一致性的两大技术：CSS 和主题技术。CSS 技术由来已久，在静态 Web 页面时代就广泛应用，不过最近几年随着 CSS 的发展，已经渐渐地成为 Web 设计的主题。主题是 ASP.NET 2.0 之后的新技术，它让开发人员可以为多个页面中相同的控制定义一致的风格，主题使开发人员能更容易地标准化 Web 站点的外观。

本章还将学习用户控件，用户控件提供了简单的方法重用一些需要被多个页面重复使用的内容，例如，如果想在多个页面中提供一个具有一致性输入信息的窗口，如果在每个页面都重复造一次车轮，不仅工作量大，而且也难以维护，此时可以考虑将输入控件如 TextBox、Button、DropDownList 等控件组织在一个用户控件中，在多个页面中使用该用户控件。当需要更改时，只需要更改用户控件中的项就可以让所有使用该页的界面发生改变。

6.1 导航控件

导航控件主要包括 TreeView、Menu 和 SiteMapPath 3 个控件，这 3 个控件非常好用，主要用来实现网站导航。

6.1.1 使用 Menu 创建菜单

使用 ASP.NET Menu 控件可以开发 ASP.NET 网页的静态和动态显示菜单，可以用来以菜单形式显示站点的结构。ASP.NET Menu 控件支持静态显示和动态显示两种显示方式。

- 静态显示意味着 ASP.NET Menu 控件始终是完全展开的，控件的整个结构都是可视的，用户可以单击任何部位。
- 动态显示意味着只有菜单中指定的部分是静态的，而只有用户将鼠标指针放置在父节点上时才会显示其子菜单项。

其中，ASP.NET Menu 控件的 MaximumDynamicDisplayLevels 属性指定在静态显示层后应显示的动态显示菜单节点层数。

下面做一个简单的示例，来演示使用 ASP.NET Menu 控件。首先在项目中添加 3 个页面，分别是 MenuSample.aspx、SiteMapPathSample.aspx 和 TreeViewSample.aspx 页面。接下来，分别将其标题命名为 Menu 控件示例、SiteMapPath 控件示例和 TreeView 控件示例。现在在

MenuSample.aspx 页面上拖放一个 Menu 控件，拖放之后，单击该控件右侧的智能提示按钮，就能看到如图 6-1 所示的 Menu 任务窗口了。选择“自动套用格式…”，就能看到如图 6-2 所示的自动套用格式对话框。在这里选择一个喜欢的格式，那么所有样式就由 VS 自动生成了，还比较美观。

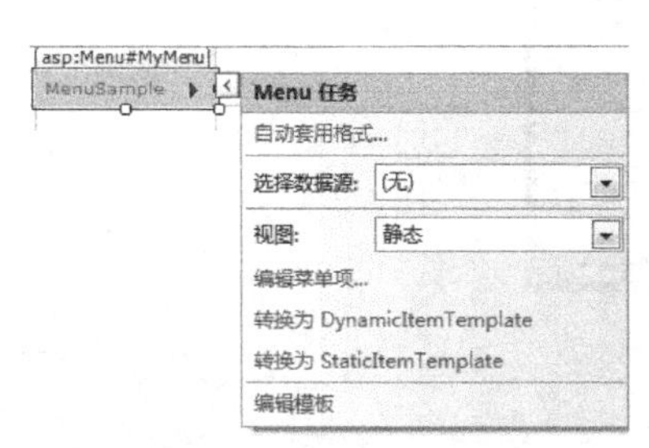

图 6-1 Menu 任务

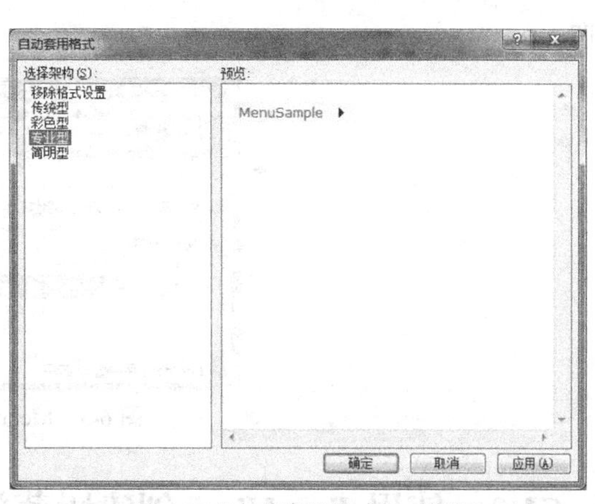

图 6-2 “自动套用格式”对话框

样式设置好了，如代码 6-1 所示，定义一个 Menu 控件。

代码 6-1 Menu 控件示例：MenuSample.aspx

```
01      <div>
02          <asp:Menu ID="mnuSamples" runat="server" BackColor="#F7F6F3"
03          DynamicHorizontalOffset="2" Font-Names="Verdana"
04          Font-Size="0.8em" ForeColor="#7C6F57"
05              StaticSubMenuIndent="10px">
06              <StaticSelectedStyle BackColor="#5D7B9D" />
07              <StaticMenuItemStyle HorizontalPadding="5px"
08              VerticalPadding="2px" />
09              <DynamicHoverStyle BackColor="#7C6F57" ForeColor="White" />
10              <DynamicMenuStyle BackColor="#F7F6F3" />
11              <DynamicSelectedStyle BackColor="#5D7B9D" />
12              <DynamicMenuItemStyle HorizontalPadding="5px"
13              VerticalPadding="2px" />
14              <StaticHoverStyle BackColor="#7C6F57" ForeColor="White" />
15              <Items>
16                  <asp:MenuItem Text="MenuSample" Value="-1">
17                      <asp:MenuItem Text="TreeViewSample" Value="0"
18                      NavigateUrl="~/TreeViewSample.aspx"></asp:MenuItem>
19                      <asp:MenuItem Text="SiteMapPathSample" Value="1"
20                      NavigateUrl="~/SiteMapPathSample.aspx"></asp:MenuItem>
21                  </asp:MenuItem>
22              </Items>
23          </asp:Menu>
24      </div>
```

解析：在代码的第 2 行～第 14 行，这些属性都是用于设置 Menu 控件的样式的，当在 VS 的自动套用格式窗口选择了相应的格式，VS 就会自动生成这些样式代码，当然处于需要，开发人员完全可以自定义这些样式。在代码的第 15 行～第 22 行，可以发现，所有的菜单项放在一个“Items”标签内，然后每个菜单项就是一个“MenuItem”项，其中可以发现，“TreeViewSample”和“SiteMapPathSample”包含在“MenuSample”所在的“MenuItem”项中。

运行之后，显示效果如图 6-3 所示。如果选择相应的菜单项，还能跳转到相应的 ASP.NET Web 页面。

图 6-3　Menu 控件示例

6.1.2 使用 TreeView 创建树菜单

ASP.NET TreeView Web 服务器控件用于以树形结构显示分层数据，如目录或文件目录等。如同使用 Menu 控件一般，在页面上拖放后，然后定义其格式，VS 的自动套用格式窗口提供了不少格式。选择好格式之后，同样的在该控件的智能提示中，选择“编辑节点…”选项，即可打开如图 6-4 所示的“TreeView 节点编辑器”对话框。

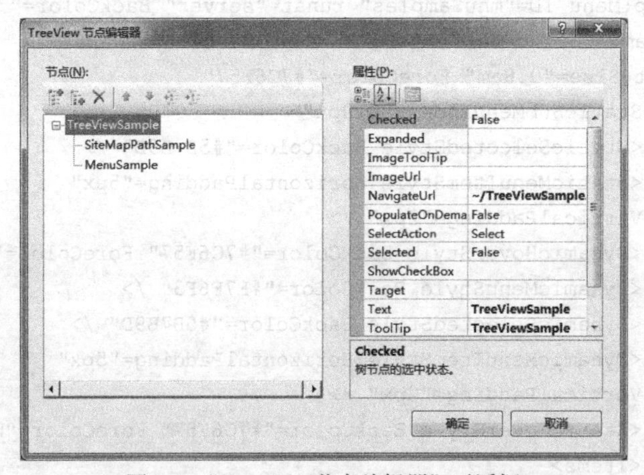

图 6-4　“TreeView 节点编辑器”对话框

在如图 6-4 所示的“TreeView 节点编辑器”对话框中，可以看到，有很多按钮和属性。其中，按钮用于添加根节点，按钮用于添加子节点。NavigateUrl 属性用于设置树节点被选中时，定位到的页面。ShowCheckBox 属性用于设置是否显示其复选框。其他属性都是常见的，就不多讲述了。利用图 6-4 所示的“TreeView 节点编辑器”对话框，开发人员可以很方便地定义好一棵“树”，其中配置如代码 6-2 所示。

代码 6-2　TreeView 控件示例：TreeViewSample.aspx

```
01        <div>
02            <asp:TreeView ID="trvSamples" runat="server"
```

```
03          ImageSet="Arrows" ShowLines="True">
04             <ParentNodeStyle Font-Bold="False" />
05             <HoverNodeStyle Font-Underline="True"
06             ForeColor="#5555DD" />
07             <SelectedNodeStyle Font-Underline="True"
08             ForeColor="#5555DD"
09                HorizontalPadding="0px" VerticalPadding="0px" />
10             <Nodes>
11                <asp:TreeNode NavigateUrl="~/TreeViewSample.aspx"
12                Text="TreeViewSample"
13                   ToolTip="TreeViewSample" Value="TreeViewSample">
14                   <asp:TreeNode NavigateUrl="SiteMapPathSample.aspx"
15                   Text="SiteMapPathSample"
16                      ToolTip="SiteMapPathSample"
17                      Value="SiteMapPathSample"></asp:TreeNode>
18                   <asp:TreeNode NavigateUrl="~/MenuSample.aspx"
19                    Text="MenuSample" ToolTip="MenuSample"
20                    Value="MenuSample"></asp:TreeNode>
21                </asp:TreeNode>
22             </Nodes>
23             <NodeStyle Font-Names="Verdana" Font-Size="8pt"
24              ForeColor="Black" HorizontalPadding="5px"
25              NodeSpacing="0px" VerticalPadding="0px" />
26          </asp:TreeView>
27       </div>
```

解析：与 Menu 控件类似，在代码的第 2 行～第 9 行、第 23 行～第 25 行，这些属性都用于设置 TreeViw 控件的样式，当在 VS 的自动套用格式窗口选择了相应的格式，VS 就会自动生成这些样式代码。在代码的第 10 行～第 22 行，可以发现，所有的菜单项放在一个“Nodes”标签内，然后每个菜单项就是一个“TreeNode”项，其中可以发现，“MenuSample”和“SiteMapPathSample”包含在“TreeView Sample”所在的“TreeNode”项中。

运行之后，显示效果如图 6-5 所示，当选择相应的节点，还能跳转到相应的 ASP.NET Web 页面。

图 6-5 Menu 控件示例

6.1.3 使用 SiteMapPath 创建导航路径

SiteMapPath 控件用于显示一条导航路径（链接之间以特殊符号进行分隔），以链接的方式显示当前页面返回到主页的路径。这在访问很多网站时，都能看到这样的导航路径。如果还按照以前的方式，每页都编辑相应的代码以实现导航路径，未免也太费事了，而且如果页面发生了改变，可能就比较麻烦了。

现在使用这个控件，就非常方便地可以实现在页面上显示网站导航路径了。在使用该控件之前，先来一起创建一个站点地图。如何创建站点地图呢？在添加新项窗口中就能找到，如图 6-6 所示。

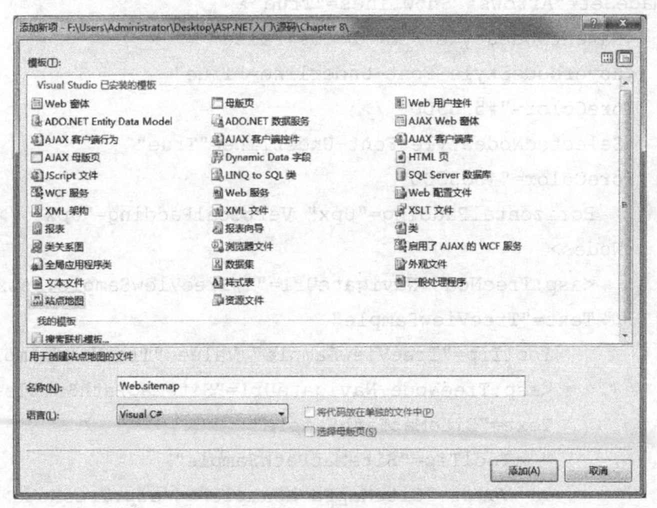

图 6-6 添加站点地图

添加了站点地图之后，打开该文件，就会发现 VS 已经生成好了一些代码，如下所示：

```
<?xml version="1.0" encoding="utf-8" ?>
<siteMap xmlns="http://schemas.microsoft.com/AspNet/SiteMap-File-1.0" >
    <siteMapNode url="" title=""  description="">
        <siteMapNode url="" title=""  description="" />
        <siteMapNode url="" title=""  description="" />
    </siteMapNode>
</siteMap>
```

可以发现，这个站点地图的格式设置如同前面的 Menu、TreeView 一样，具有一个“siteMapNode”项，然后在该项中，可以包含其他子项，当然子项还可以包含子项。而属性 url、title、description 分别用来设置导航页面路径、导航显示文本和导航描述。下面就为刚才几个网页创建一个导航路径，设置站点地图如代码 6-3 所示。

代码 6-3　SiteMapPath 控件示例：SiteMapPathSample.aspx

```
01  <?xml version="1.0" encoding="utf-8" ?>
02  <siteMap xmlns="http://schemas.microsoft.com/AspNet/SiteMap-File-1.0" >
03      <siteMapNode url="SiteMapPathSample.aspx" title="SiteMapPath示例"
04      description="SiteMapPathSample">
05          <siteMapNode url="MenuSample.aspx" title="Menu示例"
06          description="MenuSample" />
07          <siteMapNode url="TreeViewSample.aspx" title="TreeView示例"
08          description="TreeViewSample" />
09      </siteMapNode>
10  </siteMap>
```

解析：这个站点地图指定了网站的页面。在代码的第 3 行～第 9 行，每个网页路径就是一个“siteMapNode”项，通常情况下，其根节点用来设置网站首页。在这里，网站首页设置的是“SiteMapPathSample”，而“TreeViewSample”和“MenuSample.aspx”包含在其所在的“siteMapNode”项中。

网站地图设置好了，接下来设置 SiteMapPath 控件。把 SiteMapPath 控件拖入每个页面，只需要套用好格式，那么网站导航路径就创建好了。现在挨个访问每个页面，就能看到如图 6-7 所示的导航路径了。

图 6-7　各个页面的网站导航路径

SiteMapPath 控件一般放置在母版页之中，因为放置在母版页中，就不必每个页面都需要拖放该控件了。

6.2　使用母版页

在母版页出现之前，创建一致性的网页也是可以的，只不过要求开发人员一遍又一遍地复制、粘贴，一旦更改，又再一次地重复这个工作，而且网站的整体效果也可能因此而发生改变，如一些页面的 Logo 可能有点偏移等。简而言之，就是开发人员需要花很多的时间来确保网站的一致性。例如，在刚才学习 SiteMapPath 控件时，如果使用了母版页，就不必麻烦地复制代码到每个页面了。

母版页提供了一种类似模板的机制，开发人员可以创建一个母版页，为母版页定义外观，然后在母版页定义内容区域。然后创建多个具有不同内容的内容页，将内容页放置到母版页的内容区域中。最终，母版页与内容页进行合并，而形成一个统一风格页面。

6.2.1　添加母版页

母版页也是一个特殊的文件，在 VS 的添加新项窗口中，就能发现有母版页，如图 6-8 所示。

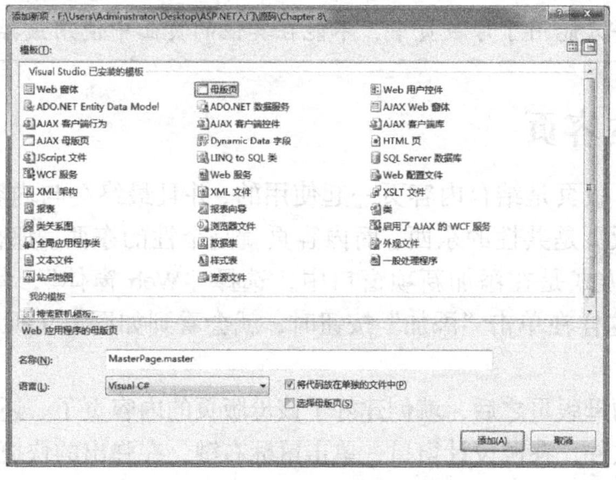

图 6-8　添加母版页

从图 6-8 中可以看出，母版页的扩展名为“.master”。单击“添加”按钮后，VS 自动产生了代码 6-4 所示的母版页代码。

代码 6-4　母版页：MasterPage.master

```
01  <%@ Master Language="C#" AutoEventWireup="true"
02  CodeFile="MasterPage.master.cs" Inherits="MasterPage" %>
03  <!DOCTYPE html PUBLIC "-//W3C//DTD XHTML 1.0 Transitional//EN"
04  "http://www.w3.org/TR/xhtml1/DTD/xhtml1-transitional.dtd">
05  <html xmlns="http://www.w3.org/1999/xhtml">
06  <head runat="server">
07      <title>母版页示例</title>
08      <asp:ContentPlaceHolder id="head" runat="server">
09      </asp:ContentPlaceHolder>
10  </head>
11  <body>
12      <form id="form1" runat="server">
13      <div>
14          <asp:ContentPlaceHolder id="ContentPlaceHolder1"
15          runat="server"> </asp:ContentPlaceHolder>
16      </div>
17      </form>
18  </body>
19  </html>
```

解析：本段代码由 VS 自动生成。在代码的第 1 行，可以看出，母版页使用 Master 指令。在代码的其他行，可以看到很多熟悉的 HTML 标签，比如<html>、<head>和<body>标签，当使用了母版页时，这些标签将只能出现在母版页中，请求应用了母版页的页面时，请求和响应都会经由母版页。最终，母版页会与内容页一起合并为一个单一的类。在代码的第 8 行和第 14 行，可以发现在母版页中，VS 自动添加了两个 ContentPlaceHolder 控件，一个位于<head>标签内，允许内容页控件在该区域添加元数据信息或者是样式表信息，另一个在<body>中，将作为一个容器应用不同的内容页。

母版页的扩展名是“.master”，其使用 Master 指令。其中包含两个 ContentPlaceHolder 控件，该控件只能用于母版页中，不能在其他的页面中使用该控件。

6.2.2　添加内容页

在刚才讲述过，母版页是结合内容页一起使用的，并且最终会与内容页合并为一个单一的类。可以这么说，母版页是共性的东西，而内容页就是个性的东西。那么如何添加内容页呢？有两种方式，第一种方式是在添加新项窗口中，选择“Web 窗体”，勾选该窗体下部的“选择母版页”复选框，这样在单击“添加”按钮时，就会看到如图 6-9 所示的“选择母版页”对话框。

选择好需要使用的母版页之后，就创建好了该母版页的内容页了。还有一种方式，那就是打开所要使用的母版页文件，在源设计窗口，单击鼠标右键，在弹出的快捷菜单中选择“添加内容页”命令，如图 6-10 所示，这样也能快速地添加一个内容页。

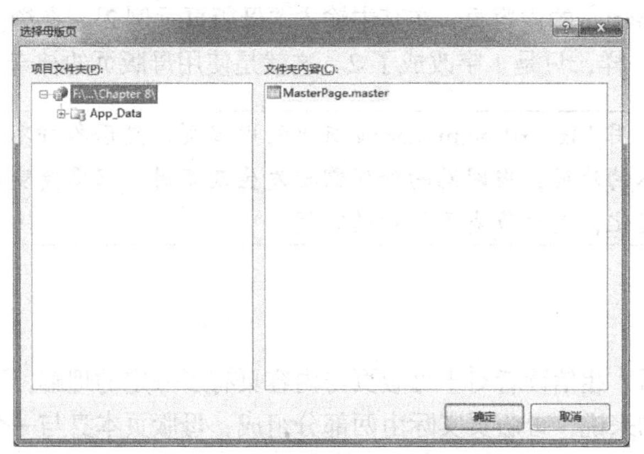

图 6-9　“选择母版页”对话框

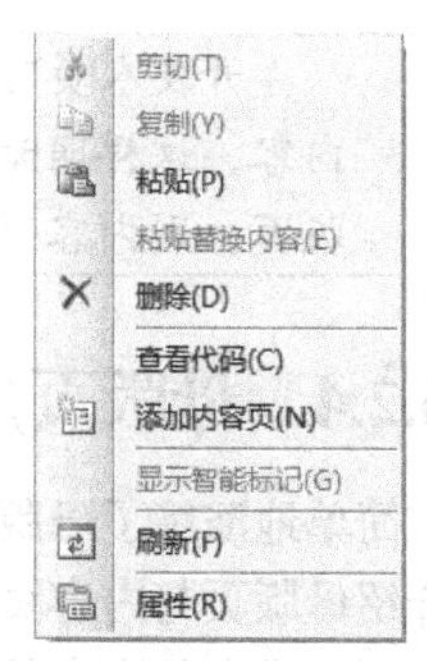

图 6-10　快捷菜单

添加之后，发现 VS 自动生成了代码，如代码 6-5 所示。

代码 6-5　内容页：MasterSample.aspx

```
01  <%@ Page Title="" Language="C#" MasterPageFile="~/MasterPage.master"
02  AutoEventWireup="true" CodeFile="MasterSample.aspx.cs"
03  Inherits="MasterSample" %>
04  <asp:Content ID="Content1" ContentPlaceHolderID="head" Runat="Server">
05  </asp:Content>
06  <asp:Content ID="Content2" ContentPlaceHolderID="ContentPlaceHolder1"
07  Runat="Server"></asp:Content>
```

解析：本段代码属于 VS 自动生成。在代码的第 1 行，可以看出内容页也拥有 Page 指令，该指令的 Title 属性用于设置网页标题，MasterPageFile 属性用于设置母版页路径。不过相比母版页，这个内容页也有两个 Content 控件，该控件的 ContentPlaceHolderID 属性一一对应在母版页中创建的 ContentPlaceHolder 控件 ID。但是与母版页不同的是，在内容页中却没有一个 HTML 标签。

6.2.3　母版页应用

打开前面创建好的母版页 MasterPage.master，并将前面应用到了的 TreeView 控件和 Menu 控件拖入了母版页中，保存之后，打开刚才创建好的内容页 MasterSample.aspx。

在 MasterSample.aspx 页面的设计窗口中可以看到，母版页中的布局如图 6-11 所示，而且母版页的内容是在内容页中无法修改的（必须修改母版页）。在内容页中输入“母版页示例 1”字符串，接下来预览该页面（只能在内容页中选择“在浏览器中查看”），就可以看到如图 6-12 所示的效果了。

图 6-11　设计内容页

图 6-12　母版页示例

如果读者在添加一个 MasterPage.master 的内容页，在其中输入“母版页示例 2”，在浏览器中查看时，就会发现与图 6-12 几乎一模一样，只是 1 字改成了 2。这就是使用母版页的神奇。

开发人员可以创建多个应用 MasterPage.master 母版页的内容页，显示各种不同的内容，这样网站就具有了整体的外观，当网站的外观需要发生改变时，只需要变动母版页，则内容页会自动发生变化，大大节省了维护的时间。

6.2.4 母版页应用原理

在简单地演练了母版页的应用之后，相信读者对于母版页与内容页有了一定的理解，下面详细地介绍母版页与内容页的关系。总的来说，母版页实际由两部分组成，母版页本身与一个或多个内容页，或者是嵌套的母版页。

母版页与普通的页面非常相似，一个主要的不同点在于母版页使用 Master 指令，这让开发人员可以更好地区分母版页。Master 指令的声明与 Page 的声明非常相似，也可以指定 AutoEventWireup、CodeFile、Language、Inherits 等属性，还有一个非常重要的不同点就是母版页中可以包含一个或多个 ContentPlaceHolder 控件，而内容页中则不允许使用这个控件。

当创建一个内容页时，ASP.NET 将内容页与指定的母版页连接起来，这是通过指定 MasterPageFile 属性来设置的。需要注意的是 MasterPageFile 属性以~/开始，指定 Web 站点文件夹的根目录，如果只是指定文件名，ASP.NET 将检查预定义的名为 MasterPages 的子文件夹，如果没有创建该文件夹或者没有找到母版页，ASP.NET 下一步会检查 Web 站点的根目录。

必须注意到，在母版页的声明中，有一个可以声明页面标题的<Title>标签，而在内容页中，Page 指令有另外的一个新的属性 Title，使用该属性可以覆盖在母版页中设定的页面标题，而为内容页面指定不同的标题。

接下来可以看到，母版页作为一个布局模板，可以指定让内容页添加内容的区域，这是通过 ContentPlaceHolder 来实现的，在内容页中必须使用<Content>标签来对应母版页中相应的 ContentPlaceHolder 控件。

母版页与内容页最终会合并为一个单独的类，当请求一个引用了母版页的内容页时，ASP.NET 将按照下面的步骤来处理母版页。

- 用户通过键入内容页的 URL 来请求某页。
- 获取该页后，读取@Page 指令。如果该指令引用一个母版页，则也读取该母版页。如果这是第一次请求这两个页，则两个页都要进行编译。
- 包含更新内容的母版页合并到内容页的控件树中。
- 各个 Content 控件的内容合并到母版页中相应的 ContentPlaceHolder 控件中。
- 浏览器中呈现得到的合并页。

值得说明的是，所有这些工作发生在内容页的 PreInit 事件之后，但是在内容页的 Init 事件之前。

6.3 母版页进阶

在上一节中介绍了基本的使用母版页的技术，当在项目中应用了母版页之后，很快会发现需要更多与母版页相关的功能，例如，内容页需要编程控制母版页，在页面运行时动态的切换母版页，在母版页中应用母版页等，在本节将介绍这些应用母版页的高级的技术与技巧。

6.3.1　指定默认内容

当在母版页中添加了 ContentPlaceHolder 控件之后，与内容页的 Content 控件一样，开发人员可以在容器中添加一些内容，这些内容将被作为母版页的默认内容显示在内容页中。当内容页没有在容器中提供相应的内容时，这些默认的内容提供了很好的占位作用。在 ContentPlaceHolder 控件中，开发人员可以放置需要的 HTML 标签或者是 Web 服务器控件。

由于默认内容仅存储在母版页而非内容页中，因此在内容页中不能与母版页的默认值进行混合编辑或者查看，开发人员只能决定是只使用默认内容还是完全替换掉默认的内容。如果想将内容页的内容替换为默认的母版页的内容，开发人员可以不必手工删除<Content>标签，在内容页中单击相应的 ContentPlaceHolder 右上角的智能标签，在弹出的 Content 任务中选择“默认为母版页的内容”，VS 将弹出如图 6-13 所示的确认窗口，提示将从网页中删除此区域中的内容，单击“是”按钮将显示母版页的默认内容。

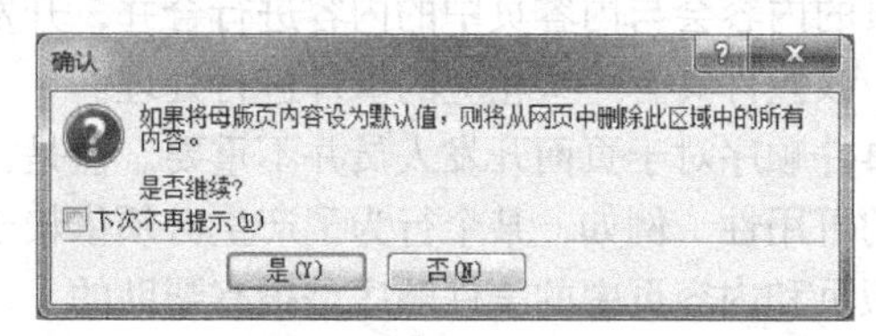

图 6-13　替换为母版页默认内容的确认窗口

6.3.2　动态设置母版页

有时候应用程序希望能够跟据特定的情形来动态地设置母版页，这在很多项目中都有用到这个功能。在两种情形下，使用编程的方式动态添加母版页是非常有用的，一个是允许用户使用不同的母版页定制外观呈现，例如，显示不同的导航栏和布局方式，或者是背景。另一种情形是当与其他公司有合作伙伴关系时，页面可能需要调整使其具有与合作伙伴相同的外观，例如网站的 Logo 或者是类似的布局。

Page 类提供了一个 MasterPageFile 的属性，开发人员可供为内容页设置母版页。但是必须知道的是，母版页与内容页的合并在页面生命周期的早期，即在 Page 的 Init 事件之前，因此不能直接在内容页的 Page_Load 事件中设置母版页，否则会引发异常。为了动态地设置母版页，需要在 Page_PreInit 事件中进行处理，示例代码如下：

```
void Page_PreInit(Object sender, EventArgs e)
{
    MasterPageFile = "~/NewMaster.master";
}
```

6.3.3　母版页与内容页的事件触发顺序

母版页与内容页尽管最终都会合并为一个单独的类，但是母版页也会触发母版页相应的事件，内容页有时会触发相同的事件。但是母版页与内容页中的事件是不能直接交互的。母版页中的控件在母版页中触发事件，内容页在内容页中触发事件，不能将事件从内容页发送到母版页，也不能在内容页中去处理来自母版页中的事件。

下面是母版页与内容页合并后事件的发生顺序。

- 母版页控件 Init 事件。

- 内容控件 Init 事件。
- 母版页 Init 事件。
- 内容页 Init 事件。
- 内容页 Load 事件。
- 母版页 Load 事件。
- 内容控件 Load 事件。
- 内容页 PreRender 事件。
- 母版页 PreRender 事件。
- 母版页控件 PreRender 事件。
- 内容控件 PreRender 事件。

可以看到，母版页和内容页会引发相同的事件，比如 Init 和 Load 事件，而且引发事件的规则是初始化的事件从控件的里面向外面引发，而其他类型的事件是从外向里引发，要想理解事件的作用，只需要记得，母版页的内容会与内容页中的内容进行合并，开发人员最终可以将母版页想象为内容页中的一个控件，该控件具有一些相应的事件进行处理。

母版页和内容页中的事件顺序对于页面开发人员并不重要。但是，如果开发人员创建的事件处理程序取决于某些事件的可用性，例如，某个行为了产生必须依赖于母版页和内容页的事件触发时才引发，那么了解母版页和内容页中的事件顺序是很有帮助的。

6.4 统一站点主题

主题是在 CSS 之上推出的一种控制页面一致性样式的技术。如果说母版页是定义布局的好工具的话，那么主题是控制页面内容的好工具，使用主题可以控制所有的包括 HTML 元素和 ASP.NET 控件的呈现，这是与 CSS 相比较的一个较大的区别。CSS 仅有几个固定的样式设置，而主题则可以为 ASP.NET 服务器控件的多种不同的属性设置皮肤。一个例子是 CheckBoxList 控件，使用 CSS 只能控制复选列表框的外观，而使用主题，则可以设置其横向或者纵向呈现，要呈现的栏数等，这在 CSS 中是无能为力的。在主题中，也可以包含 CSS 来控制其外观呈现，本节将详细地进行讨论。

6.4.1 添加主题

在 ASP.NET 中，主题是属性设置的集合，其由一组元素组成，如外观、级联样式表、图像和其他资源。主题至少包含外观，且主题是在网站或 Web 服务器上的特殊目录中定义的。使用这些设置可以定义页面和控件的外观，然后在某个 Web 应用程序中的所有页、整个 Web 应用程序或服务器上的所有 Web 应用程中一致地应用此外观。

在前面已经讲述过 ASP.NET 文件夹的作用了，现在就添加一个 ASP.NET 文件夹——App_Themes，该文件夹专门用来存放主题信息。在该文件夹中，命名好相应的主题文件夹，然后选中，单击鼠标右键，就会看到如图 6-14 所示的“添加新项”对话框，这里选择“外观文件”。

注意

请注意主题和主题文件夹的命名，主题文件夹在后台会自动地被编译为一个新的类，因此不要使主题的命名与项目中已经存在的类名相冲突。

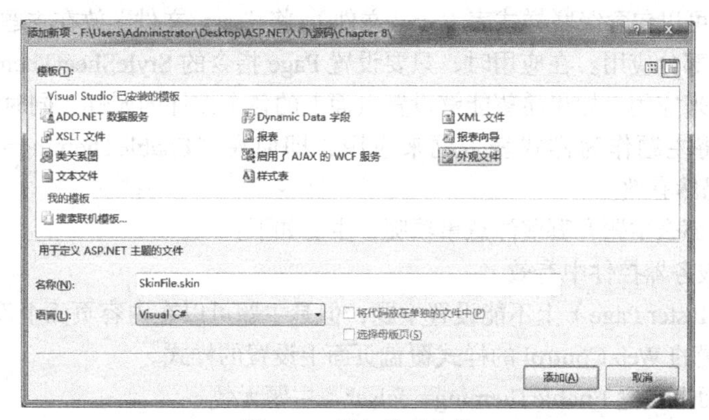

图 6-14 添加外观文件

从图 6-14 中可以看出，外观文件的扩展名是“.skin”。添加之后，发现 VS 已经在该文件中生成了一个示例：

```
<%-
默认的外观模板。以下外观仅作为示例提供。
1. 命名的控件外观。SkinId 的定义应唯一，因为在同一主题中不允许一个控件类型有重复的 SkinId。
<asp:GridView runat="server" SkinId="gridviewSkin" BackColor="White" >
   <AlternatingRowStyle BackColor="Blue" />
</asp:GridView>
2. 默认外观。未定义 SkinId。在同一主题中每个控件类型只允许有一个默认的控件外观。
<asp:Image runat="server" ImageUrl="~/images/image1.jpg" />
--%>
```

从该示例中可以看出，主题应用很简单。在这个外观文件中，可以包含各个控件（如 Button、Label、TextBox 等控件）的属性设置。

一个主题可以包含一个或多个皮肤文件，一个外观文件允许修改 ASP.NET 服务器控件的任何影响其皮肤呈现的属性。但是，VS 并没有提供对于外观文件的任何设计时支持，因此，为了为特定的服务器控件创建外观，开发人员需要先在 ASP.NET 页面中设计好外观，然后复制到外观文件中。对服务器控件的外观定义与普通的 Web 页面相似，唯一不同的是不能使用 ID 属性。

控件外观设置类似于控件标记本身，但只包含要作为主题的一部分来设置的属性。例如，下面是 Button 控件的控件外观：

```
<asp:button runat="server" BackColor="lightblue" ForeColor="black" />
```

当然，还能利用 SkinID 为控件定义不同的外观，例如：

```
<asp:Label runat=server Text="ThemedLabel" BackColor="Red" />
<asp:Label runat=server SkinId="BoldLabel" Text="ThemedLabel_WithSkinId" BackColor=
"Blue" Font-Bold="true" />
```

在外观文件中定义好外观后，如果在 ASP.NET 页面中没有指定 SkinID 的 Label 将自动应用默认外观，Label 的 SkinID 设置为 BoldLabel 的 Label 控件应用 BoldLabel 外观，这是一件多么方便的事。值得注意的是，App_Themes 文件夹下可以包含多个“.Skin”文件，所以可以多种方式组织主题文件，所有的主题文件在应用于页面之前会合并。

要对所在的页面使用主题，需要在页面的 Page 指令中设置 Theme 属性，该属性需要选择在前面创建的主题文件夹，例如刚刚创建的“MyTheme”。

当然，主题还可以包含级联样式表（.css 文件）。将“.css 文件”放在主题目录中时，样式表自动作为主题的一部分应用。在应用时，只要设置 Page 指令的 StyleSheetTheme 属性，即可将主题作为样式表主题来应用。如果希望能够设置页面上的各个控件的属性，同时仍然对整体外观应用主题，则可以将主题作为样式表主题来应用，即使在“EnableTheming="false"”的情况下 StyleSheetTheme 仍然有效。

了解了主题，那么主题有哪些注意事项呢，主要如下：

- 主题只在服务器控件中有效。
- 母版页（Master Page）上不能设置主题，但是主题可以在内容页面上设置。
- 主题上设置的 Web Control 的样式覆盖页面上设置的样式。
- 如果在页面上设置 EnableTheming="false"，主题无效。
- 要在页面中动态设置主题，必须在页面生命周期 Page_Preinit 事件之前设置。
- 主题包括.skin 和.css 文件。

6.4.2 应用主题

下面列举一个简单的示例，首先在外观文件中添加如下外观，如代码 6-6 所示。

代码 6-6　定义外观：SkinFile.skin

```
01  <asp:TextBox  runat="server" Width="103px" BorderColor="#8080FF"
02   BorderStyle="Solid" BorderWidth="1px" />
03    <asp:TextBox SkinId="TextBoxSkin" runat="server" Width="160px"
04    BorderColor="#8080FF" BorderStyle="Solid" BorderWidth="1px" />
```

解析：在代码的第 1 行，定义了 TextBox 外观的默认的外观，在代码的第 3 行，使用了 SkinId 为 TextBox 设置了一个“TextBoxSkin”外观。

接下来，在 App_Themes 文件夹中添加一个样式表文件，写下如下样式：

```
body
{
   font-size: 12px;
}
.WaterFontBg
{
   background-color: Gray;
}
```

主题创建好了，现在在项目中添加一个“SkinSample.aspx”页面。该页面中拖放两个 TextBox 控件，以及两段文字，如代码 6-7 所示。

代码 6-7　使用主题：SkinSample.aspx

```
01  <%@ Page Language="C#" AutoEventWireup="true" CodeFile="SkinSample.aspx.cs"
02  Inherits="SkinSample" StylesheetTheme="MyTheme" %>
03  <!DOCTYPE html PUBLIC "-//W3C//DTD XHTML 1.0 Transitional//EN"
04  "http://www.w3.org/TR/xhtml1/DTD/xhtml1-transitional.dtd">
05  <html xmlns="http://www.w3.org/1999/xhtml">
06  <head runat="server">
07      <title>使用主题</title>
08  </head>
```

```
09 <body>
10     <form id="form1" runat="server">
11     <div>
12         <asp:TextBox ID="txtID" runat="server"></asp:TextBox>
13         <br />
14         <asp:TextBox ID="txtName" SkinID="TextBoxSkin"
15         runat="server"></asp:TextBox>
16         <br />
17         使用主题<br />
18         <p class="WaterFontBg">
19             使用主题</p>
20     </div>
21     </form>
22 </body>
23 </html>
```

解析：在代码的第 1 行，在 Page 指令中使用了 StylesheetTheme 属性，设置了网页的样式表主题。在代码的第 12 行，第一个 TextBox 控件将使用主题中的默认外观，而在代码的第 14 行，定义的 TextBox 将使用“TextBoxSkin”外观，这里是使用控件的 SkinID 属性设置的。在代码的第 17 行，这段文字将使用样式表中的所定义的样式。而代码的第 18 行，这段文字将使用“WaterFontBg”样式。运行之后，效果如图 6-15 所示。

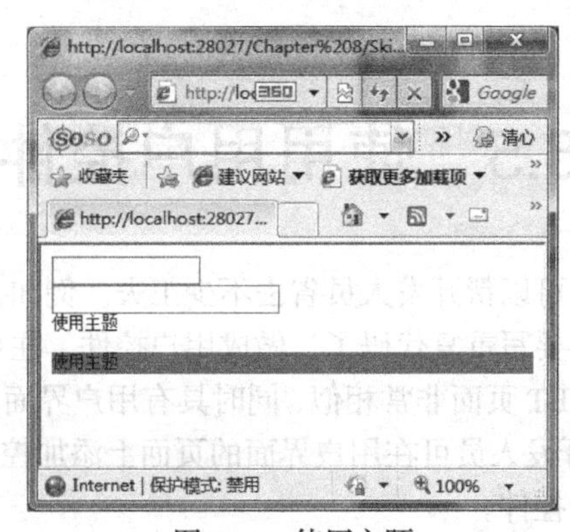

图 6-15 使用主题

6.4.3 使用配置文件配置主题

除了在页面上添加 Theme 或者是 StyleSheetTheme 属性来应用主题外，还可以为应用程序中的所有的页面配置主题，这是通过在 web.config 配置文件的<page>元素中指定 theme 来实现的。

创建了这么多的网站，不知读者是否注意到，每次创建一个网站，VS 就会在根目录中添加一个名为 web.config 的配置文件。这个配置文件在后面会讲解，现在读者只需知道，它是用来储存 ASP.NET Web 应用程序的配置信息（如最常用的设置 ASP.NET Web 应用程序的身份验证方式），其可以出现在应用程序的每一个目录中。当通过 VS 新建一个 Web 应用程序后，默认情况下会在根目录自动创建一个默认的 web.config 文件，包括默认的配置设置，所有的子目录都继承其配置设置。如果想修改子目录的配置设置，可以在该子目录下新建一个 web.config 文件。其可以提供除从父目录继承的配置信息以外的配置信息，也可以重写或修改父目录中定义的设置。

现在就使用这个 web.config 文件来为网站配置主题。打开这个配置文件，就会发现里面有很多节点。照做下面的配置，将设置整个网站的主题：

```
<configuration>
  <system.web>
    <pages theme="MyTheme" />
  </system.web>
</configuration>
```

除了使用 theme 之外，还可以使用 styleSheetTheme 来应用一个样式表主题，代码如下：

```
<configuration>
  <system.web>
    <pages styleSheetTheme="MyTheme" />
  </system.web>
</configuration>
```

当在 web.config 配置文件中指定了一个主题后，指定的主题将应用到整个网站，如果开发人员需要为特定的页面应用不同的主题，那么可以直接在页面级别指定 Theme 或者是 StyleSheetTheme 属性，在页面中指定的设置将覆盖在 web.config 中指定的设置。

使用 web.config 中的配置技术，开发人员可以为应用程序的不同文件夹来指定不同的主题设置，只需要在子文件夹中创建一个 web.config 配置文件，然后使用<pages>配置元素定义不同的主题设置即可。也可以在页面级别使用 EnableTheming 属性来禁用某个页面的主题，这样将没有任何主题会被应用到该页面。

6.5 使用用户控件

与母版页一样，用户控件可以帮开发人员省去不少工夫。例如，制作一个登录界面，可能很多页面都要用到，这时就没必要写重复代码了，做成用户控件，往页面中拖入就行了。

用户控件与普通的 ASP.NET 页面非常相似，同时具有用户界面和后置代码文件，其创建过程也与 ASP.NET 页非常相似，开发人员可在用户界面的页面上添加控件，响应事件代码，增加属性等。本节将介绍如何使用用户控件。

6.5.1 添加用户控件

与添加其他文件一样，添加用户控件也可以在添加新项窗口中找到，即选择“Web 用户控件”。可以发现，用户控件的扩展名是“.ascx”。添加之后，就会发现 VS 只生成了如下代码：

```
<%@ Control Language="C#" AutoEventWireup="true" CodeFile="Login.ascx.cs"
Inherits="Login" %>
```

如代码所示，用户控件是以@Control 开头，而普通页面是以@Page 开头的。那么，用户控件与 ASP.NET 页面有什么区别呢？归纳如下。

- 用户控件的文件扩展名为“.ascx”，而 ASP.NET 页面的扩展名为“.aspx”。
- 用户控件中没有@Page 指令，取而代之的是包含@Control 指令，该指令对配置及其他属性进行定义。
- 用户控件不能作为独立文件运行。而必须像处理任何控件一样，将其添加到 ASP.NET 页中，也就是说，用户不能直接请求一个用户控件页面，而必须请求包含用户控件的 ASP.NET 页面。

- 用户控件中没有 html、body 或 form 元素，这些元素必须位于宿主页中。
- 用户控件派生自 System.Web.UI.UserControl 类，而 ASP.NET 页面派生自 Page 在。事实上 UserControl 类和 Page 类都派生自同样的 TemplateControl 类，这也是为什么其共享了很多相同的方法和事件的原因。
- 当创建一个用户控件后，可以使用与在 ASP.NET 网布上所使用的相同的 HTML 元素和 Web 控件，使用相同的后置代码模型，用户控件也可以获取与 ASP.NET 页面相同的事件，如 Page_Load 等，并且也公开了相同的 ASP.NET 内置对象集合，如 Application、Session、Request 和 Response 等（关于 ASP.NET 内置对象，下一章会讲解）。

6.5.2　制作登录用户控件

现在添加一个 Login.ascx 用户控件，用来实现登录。首先，需要在源设计页面上拖放两个文本框，一个用于输入用户名，另一个用于输入密码。然后要拖放 3 个验证控件，要求用户名、密码不为空，用户名长度为 2～18 个字符。当然，页面上还需要一个登录按钮。具体代码如代码 6-8 所示。

代码 6-8　登录用户控件：Login.ascx

```
01 <%@ Control Language="C#" AutoEventWireup="true" CodeFile="Login.ascx.cs"
02 Inherits="Login" %>
03 <style type="text/css">
04     .style1
05     {
06         text-align: center;
07     }
08     .style2
09     {
10         text-align: left;
11     }
12     .style3
13     {
14         text-align: left;
15         width: 99px;
16     }
17     .style4
18     {
19         text-align: left;
20         width: 79px;
21     }
22 </style>
23 <table border="0" style="border: #DC7232 solid 1px; font-size: 12px">
24     <tr>
25         <td class="style4">
26              
27         </td>
28         <td class="style1 " align="center"
29         style="font-family: 隶书; font-size: large">
30             登 录
```

```
31          </td>
32          <td class="style3">
33               
34          </td>
35      </tr>
36      <tr>
37          <td class="style4">
38              <asp:Label ID="UserNameLabel" runat="server"
39              Style="text-align: right" Text="用户名: "
40                  Width="60px"></asp:Label>
41          </td>
42          <td class="style2">
43              <asp:TextBox ID="UserName" SkinID="TextBoxSkinLogin"
44              runat="server"></asp:TextBox>
45          </td>
46          <td class="style3">
47              <asp:RequiredFieldValidator ID="valrUserName" runat="server"
48              ControlToValidate="UserName"
49                  ErrorMessage="用户名不能为空! " SetFocusOnError="True">*
50                  </asp:RequiredFieldValidator>
51          </td>
52      </tr>
53      <tr>
54          <td class="style4">
55              <asp:Label ID="PwdLabel" runat="server" Style="text-align: right"
56              Text="密  码: " Width="60px"></asp:Label>
57          </td>
58          <td class="style2">
59              <asp:TextBox ID="Pwd" runat="server" TextMode="Password">
60              </asp:TextBox></td>
61          <td class="style3">
62              <asp:RequiredFieldValidator ID="valrPwd"
63              runat="server" ControlToValidate="Pwd"
64                  ErrorMessage="密码不能为空! " SetFocusOnError="True">*
65                  </asp:RequiredFieldValidator>
66          </td>
67      </tr>
68      <tr>
69          <td class="style4">
70               
71          </td>
72          <td class="style1">
73              <asp:RegularExpressionValidator ID="valEUserName" runat="server"
74               ControlToValidate="UserName"
75                  ErrorMessage="用户名无效, 长度必须在 2 到 18 之间! "
76                  ValidationExpression="^([\w\d_]|[\u4e00-\u9fa5]){2,18}$"
77                  SetFocusOnError="True"></asp:RegularExpressionValidator>
78              <br />
```

```
79          </td>
80          <td class="style3">
81               
82          </td>
83      </tr>
84      <tr>
85          <td class="style4">
86               
87          </td>
88          <td class="style1">
89              <asp:ImageButton ID="btnLogin" runat="server"
90              ImageUrl="~/images/l.jpg" OnClick="btnLogin_Click"
91                  Style="text-align: right" />
92          </td>
93          <td class="style3">
94          </td>
95      </tr>
96      <tr>
97          <td colspan="3" align="center">
98              <asp:Label ID="lblWarn" runat="server" ForeColor="Maroon"
99              Font-Size="Large"></asp:Label>
100         </td>
101     </tr>
102 </table>
```

解析：本段代码用于定义登录用户控件。在代码的第 1 行，使用 Control 指令定义了该用户控件。在该控件中，拖入了 2 个文本框、3 个验证控件和 1 个按钮，组合成了登录界面。

登录用户控件做好了，在源设计窗口也看到效果了，可谓是立竿见影，但是不可以直接在浏览器上查看，必须先将该用户控件添加到 ASP.NET Web 页面上。

6.5.3　使用登录用户控件

由于用户不可以直接访问这个用户控件，下面将这个用户控件添加到 ASP.NET 页面上来查看用户控件的效果。当将该用户控件拖入页面之中时，就会发现 VS 生成了如下代码，如代码 6-9 所示。

代码 6-9　用户控件示例：WebUserControlSample.aspx

```
01  <%@ Page Language="C#" AutoEventWireup="true"
02  CodeFile="WebUserControlSample.aspx.cs"
03      Inherits="WebUserControlSample" %>
04  <%@ Register Src="Login.ascx" TagName="Login" TagPrefix="uc1" %>
05  <!DOCTYPE html PUBLIC "-//W3C//DTD XHTML 1.0 Transitional//EN"
06  "http://www.w3.org/TR/xhtml1/DTD/xhtml1-transitional.dtd">
07  <html xmlns="http://www.w3.org/1999/xhtml">
08  <head runat="server">
09      <title>使用登录用户控件</title>
10  </head>
11  <body>
```

```
12      <form id="form1" runat="server">
13      <div>
14          <uc1:Login ID="Login1" runat="server" />
15      </div>
16      </form>
17  </body>
18  </html>
```

解析：本段代码用于演示在 ASP.NET 页面上使用用户控件。在代码的第 4 行，使用了 Register 指令来注册该用户控件。注册之后，在代码的第 14 行，就可以使用该用户控件了。运行之后，就能看到如图 6-16 所示的登录界面。

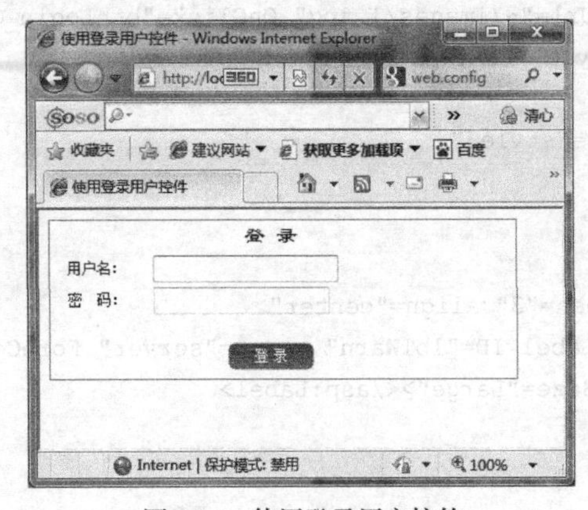

图 6-16　使用登录用户控件

刚才使用到了 Register 指令，对于 Register 指令，包含了 3 个属性，其含义分别如下。

- Src：指定 ASP.NET 用户控件文件的位置，在本示例中 SimpleUserControl.ascx 与 Default.aspx 位于同一文件夹。
- TagName：指定与该类相关联的任意别名，将在用户控件声明时使用。
- TagPrefix：标记前缀，提供对包含指令的文件中所属性的标记的命名空间的短引用。

TagName 一般和 TagPrefix 成对使用，一般使用 TagPrefix:TagName 的语法来声明用户控件，因此应该给用户控件一个易于更解的名称。

除了使用自定义的 tagname 和 tagprefix 来与 ASP.NET 内置控件进行区分之外，用户控件的声明方式与普通的 ASP.NET 控件相似，需要指定一个用于识别该用户控件的唯一的 ID 编号，以及“Runat="server"”属性来区分服务器控件。

6.5.4　在 web.config 中注册用户控件

前面学习了在 web.config 文件中配置主题，同样的，web.config 文件还能注册用户控件。在上一节中，在页面的顶部使用 Register 指令指定在页面中注册了一个用户控件，为了能在整个应用程序中注册用户控件，使注册的用户控件能够在整个应用程序中使用，可以在应用程序的 web.config 配置文件中注册用户控件，如上面的示例中的注册过程可以使用如下的代码在 web.config 配置文件中进行注册：

```
<configuration>
  <system.web>
```

```
      <pages>
        <controls>
          <add
          tagPrefix=" Login"
          tagName="uc1"
          src=" ~/UserControls/Login.ascx "/>
        </controls>
      </pages>
    </system.web>
  </configuration>
```

现在，可以去掉在前一个示例中添加的 egiste 指令和用户控件的声明指定，然后从解决方案资源管理器中拖动 Login.ascx 用户控件到页面上，则 VS 会根据在 web.config 中注册的 TagName 和 TagPrefix 来声明用户控件。

注意　当使用 web.config 配置文件注册用户控件时，用户控件与所使用的页面不能在同一个目录下，必须将用户控件放在一个子目录或其他的目录中。否则在编译时，VS2008 将提示一个异常。

6.5.5　转换现有页为用户控件

假定有一些 ASP.NET 页面中的内容经常需要被重复，此时可以考虑将这些已有的页面转换为一个用户控件。或者，开发人员想先在一个 Web 页面上开发一些将用作用户控件的元素和逻辑，并在测试通过后转换为用户控件。再或者，开发人员可能想从已有的 Web 页面中提取一些内容来转换成用户控件，以便于在多个页面中重用，所有这些过程都是些直观的剪切和粘贴的过程，但是需要注意如下几点。

- 移除所有的<html>、<head>、<body>和<form>标签，这些标签只能用于 ASP.NET 页面，不能被放置在用户控件中。因为在一个 ASP.NET 页面中只能出现一次，并且也需要移除文档类型定义<!DOCTYPE>标签。
- 将 Page 指令替换为 Control 指令，并且要移除一些 Control 指令所不支持的属性，比如 AspCompat、Buffer、ClientTarget、CodePage、Culture、EnableSessionState、EnableViewStateMac、Errorpage、LCID、ResponseEncoding、Trace、TraceMode 和 Transaction。
- 如果没有使用代码后置模型，确保仍然在 Control 指令中使用 ClassName 属性包含一个类名，这使使用用户控件的页面能够加强类型用户控件，这样允许访问添加到用户控件中的属性和方法。如果使用后置代码模型，需要将后置类由从 Page 类继承更改为从 UserControl 类继承。
- 最后需要将扩展名由.aspx 更改为.ascx。

6.6　用户控件进阶

在上一节的用户控件示例中，仅共享了静态的 Web 页面元素，比如制作的登录的用户控件，不能在宿主页中编程调整，不能响应其事件，只能作为一个可重用的静态页面元素。这显然大大局限了用户控件的作用，当然这也不是创建用户控件的目的。在 ASP.NET 中，可以为用户控件添加属性、事件和方法或者是添加一些客户端能访问的功能，本节将讨论如何编程操作用户控件。

6.6.1 公开用户控件中的属性

假定需要在宿主页中访问或者是设置登录用户控件中，TextBox 控件的 SkinID 属性。默认情况下，当将一个用户控件添加到宿主页面后，将不能获得对 TextBox 控件的对象实例进行交互，要获得这种功能，可以考虑将用户控件中所需要进行设置的属性进行公开，成为用户控件属性。

下面在 Login.ascx 的后置代码中,添加如代码 6-10 所示的属性来允许宿主页面与之进行交互。

代码 6-10　与宿主页面交互：Login.ascx

```
01  using System;
02  using System.Collections.Generic;
03  using System.Linq;
04  using System.Web;
05  using System.Web.UI;
06  using System.Web.UI.WebControls;
07  public partial class Login : System.Web.UI.UserControl
08  {
09      private string setTxtSkinID = "";
10      public string SetTxtSkinID
11      {
12          get { return setTxtSkinID; }
13          set { setTxtSkinID = value; }
14      }
15      //当用户控件加载时，根据用户控件公开的属性设置 TextBox 控件的 SkinID 属性
16      protected void Page_Load(object sender, EventArgs e)
17      {
18          if (setTxtSkinID != "")
19          {
20              UserName.SkinID = setTxtSkinID;
21              Pwd.SkinID = setTxtSkinID;
22          }
23      }
24      //单击“登录”按钮时，弹出“登录成功！”消息框
25      protected void btnLogin_Click(object sender, ImageClickEventArgs e)
26      {
27          //在客户端弹出消息框
28          Page.ClientScript.RegisterClientScriptBlock(Page.GetType(),
29              "msg", "alert('登录成功！');", true);
30      }
```

解析：在代码的第 9 行～第 14 行，定义了属性 SetTxtSkinID。在代码的第 16 行～第 23 行，设置了 TextBox 控件“UserName”和“Pwd”的属性 SkinID。在代码的第 25 行～第 30 行，使用 Page.ClientScript. RegisterClientScriptBlock 方法用于将 JavaScipt 函数嵌入到 ASP.NET 页面。在这里，这段脚本用于弹出一个消息框。

当在用户控件中定义了 public 级别的属性之后，有 3 种方式可以在用户控件宿主页面中设置属性。一种是选中用户控件，在属性窗口中设置属性，如图 6-17 所示。

图 6-17　在“属性”面板中设置用户控件的属性

第二种是直接在声明代码中设置属性，代码如下：

```
<uc1:Login ID="Login1" runat="server" SetTxtSkinID="TextBoxSkin" />
```

当然，也可以通过编程的方式来设置用户控件的属性，这给用户控件的使用带来了较大的灵活性，代码如下：

```
protected void Button1_Click(object sender, EventArgs e)
{
    this.Login1.SetTxtSkinID = "WaterSkin";
}
```

当添加了属性到用户控件中之后，理解其事件的顺序变得相当重要，本质上来说，页面使用如下的顺序来初始化。

（1）页面被请求。

（2）用户控件被创建，如果为变量指定了默认值，或者是在类构造函数中进行了初始化操作，那么这一步将被应用。

（3）应用在用户控件标签中的任何属性。

（4）页面上的 Page_Load 事件被执行，并潜在地初始化用户控件。

（5）用户控件上的 Page_Load 事件被执行，潜在地初始化用户控件。

理解了这个顺序，将会理解到，如果在用户控件的 Page_Load 事件中进行初始化设置，这些设置有可能覆盖客户端指定的设置。

6.6.2　动态创建用户控件

用户控件的创建与普通的 Web 服务器的创建的一个最大的不同是不能直接地创建用户控件对象，因为用户控件并不是完全基于代码，其包含定义在.ascx 文件中的控件标签，为了使用一个用户控件，ASP.NET 需要处理这个文件并初始化相应的子控件对象。为实现这个步骤，需要调用 Page_LoadControl 方法，该方法接收一个.ascx 的文件名称，并返回一个 Control 对象实例。然后，可以将该用户控件添加到页面上，并使用强制类型转换为特定的用户控件类型来访问该用户控件的特定功能。

下面添加一个 CreateLoginUserControl.aspx 的页面，在该页面中放置一个 PlaceHolder 对象，在本书的前面曾经介绍过，PlaceHolder 对象是一个不产生任何用户界面元素的占位符对象，本节示例将演示如何动态地创建用户控件并添加到 PlaceHolder 对象中，页面的声明代码如下：

```
<form id="form1" runat="server">
<div>
    <asp:PlaceHolder ID="plAddUserControls" runat="server"></asp:PlaceHolder>
</div>
</form>
```

从上面代码可以看出，页面中除了 PlaceHolder 控件之外，并没有其他控件。接下来，将在页面的 Page_Load 事件中，动态创建一个登录用户控件，并将其添加到 PlaceHolder 控件集合之中，如代码 6-11 所示。

代码 6-11　动态加载用户控件：CreateLoginUserControl.aspx

```
01      protected void Page_Load(object sender, EventArgs e)
02      {
03          Control loginUserControl = Page.LoadControl("~/Login.ascx");
04          loginUserControl.ID = "loginUserControl";
05          plAddUserControls.Controls.Clear();
06          plAddUserControls.Controls.Add(loginUserControl);
07      }
```

解析：本段代码用于演示动态创建用户控件，并将其添加到 PlaceHolder 容器控件中。在代码的第 3 行，使用了 Page 对象的 LoadControl 方法加载指定位置的用户控件。在代码的第 4 行，为用户控件对象指定唯一 ID。在代码的第 5 行，清空了 PlaceHolder 的控件集合。在代码的第 6 行，将创建好的“loginUserControl”用户控件加载到了 PlaceHolder 的控件集合中。运行之后，效果如图 6-18 所示。

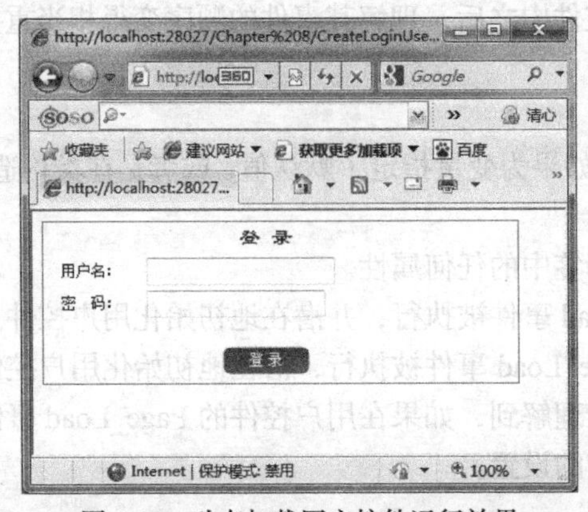

图 6-18　动态加载用户控件运行效果

6.7　Web 窗体的处理过程

一个 Web 窗体页面从实例化分配内存空间到处理结束释放内存，一般经历下面 10 个阶段：页面初始化、视图状态加载、回传数据处理、页面加载、回传数据变化检查、回传事件处理、页面预返回、保存视图状态、页面返回、页面卸载，有一些阶段会触发 Page 对象的事件，这些事件各自有不同的事件处理程序。

- 页面初始化：初始化页面生命周期内所需的设置，并生成控件树。初始化会触发 Page 对象的第一个事件 Page_Init，用户可以利用这个事件处理过程重置控件的属性。但需要注意的是，Page_Init 事件只是在第一次调入页面的时候被调用，重新载入页面的时候并不触发该事件。实际应用的时候，一般都跳过 Page_Init 事件，直接使用 Page_OnLoad 事件。
- 视图状态加载：在此期间读取隐藏窗体字段的值，恢复控件的 ViewState 属性，也就是页面状态。在此阶段没有相关联的用户事件。

- 回传数据处理：页面加载在 Request 对象中缓存的窗体数据，然后更新页面和控件属性。Request 对象中缓存的窗体数据，是由于用户在客户端操作复选框等控件而回传的数据。在这个阶段窗体和控件被更新，以反映由于用户操作而引起的客户变化。此阶段没有相关联的事件。
- 页面加载：在此阶段创建控件树中的服务器控件，初始化这些控件并恢复状态。此阶段会触发 Page 对象的 Load 事件。在这个事件处理过程中，用户可以根据 Page.IsPostBack 属性检查页面是不是第一次被处理，在第一次处理页面时执行数据捆绑，或者在以后的循环过程中重新判断数据捆绑表达式。
- 回传数据变化检查：在此阶段检查当前回传和前一次回传之间的状态改变，并发送通知，引发更改事件（RaisePostDataChangeEvent）。
- 回传事件处理：执行与导致回传的客户端事件相关联的.aspx 服务器端代码。回传事件是由客户端动作导致的页面请求。例如，单击一个按钮，页面回传，在此阶段就执行与单击“提交”事件相关联的服务端 OnClick 事件代码。第 5、第 6 阶段是 ASP.NET 事件驱动模型的核心阶段。
- 页面预返回：在页面输出之前，执行任何更新处理。与这个阶段相关联的 Page 对象事件是 PreRender 事件。
- 保存视图状态：在此阶段，页面将 ViewSate 属性的内容序列化为一个字符串，这个字符串将作为一个隐藏域被附加到 HTML 页面。
- 页面返回：在此阶段创建呈现在客户端的 HTML 输出。
- 页面卸载：这个阶段发生于一个窗体完成其任务并且准备卸载的时候，这时引发页面的 Unload 事件。Unload 事件完成最后的资源清理工作，如关闭文件，关闭数据库连接，丢弃对象。

在这里，顺便告诉大家一个技巧。在 ASP.NET 中，可以通过设置 Page 指令的 Trace 属性，以了解网页的执行情况。笔者打开 CreateLoginUserControl.aspx 文件，在 Page 指令中，设置 Trace 属性为 true。在浏览器中查看该页面，就能看到如图 6-19 所示的效果了。

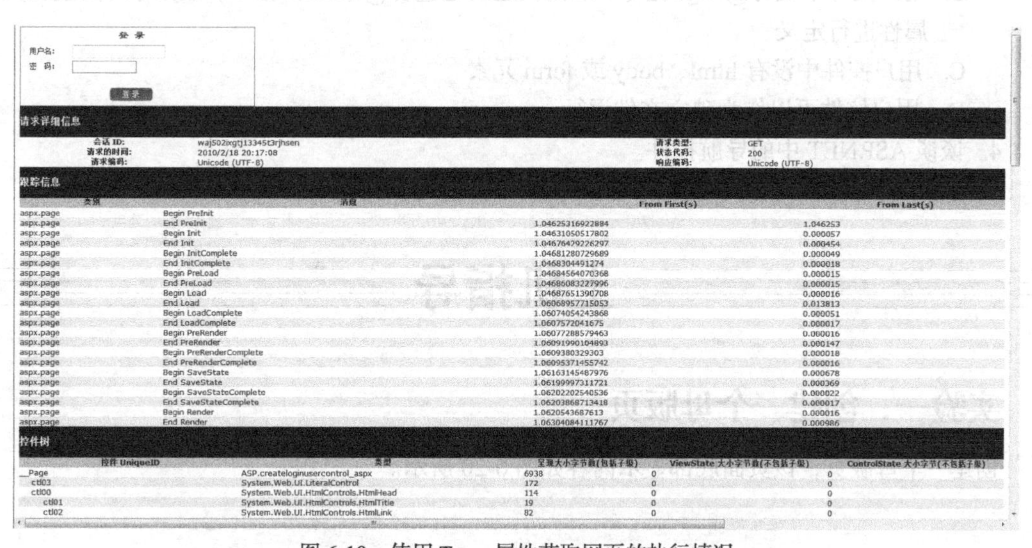

图 6-19　使用 Trace 属性获取网页的执行情况

如果 trace 属性的值设置为 true，由 ASPX 文件生成的 Web 页就会显示出来，除了网页本身外，关于该页的大量其他信息也会显示出来。

小　结

如果读者用 ASP.NET 来做网站，则本章是读者优先要学好的一章，因为所有的网站样式基本都是统一的，颜色、外观、字体和配图等基本都是统一格调。像目前我们常看的微博、博客、论坛等，都是统一好了风格的，所以读者要细细研读这一章。

习　题

1. 以下属于导航控件的是________。
   A. Menu 控件
   B. TreeView 控件
   C. SiteMapPath 控件
   D. 以上都是
2. 母版页的扩展名是________。
   A. .master
   B. .ascx
   C. .sitemap
   D. .csproj
3. 以下关于用户控件的说法错误的是________。
   A. 用户控件的文件扩展名为.ascx
   B. 用户控件中没有@Page 指令，取而代之的是包含@Control 指令，该指令对配置及其他属性进行定义
   C. 用户控件中没有 html、body 或 form 元素
   D. 用户控件可以作为独立文件运行
4. 谈谈 ASP.NET 中的导航控件。
5. 谈谈如何使用母版页和用户控件。

上机指导

实验一：创建一个母版页

创建一个母版页，该页面底部显示内容如图 6-20 所示。

常见问题 - 意见反馈 - 隐私权政策 - 广告计划 - Google大全 - Google.com in English - 使用导览

©2010 Google

图 6-20　创建母版页

实验二：添加一个内容页

在上题的基础上，添加一个内容页。

实验三：创建一个用户控件

创建如图 6-21 所示的用户控件，并在其他页面上使用。

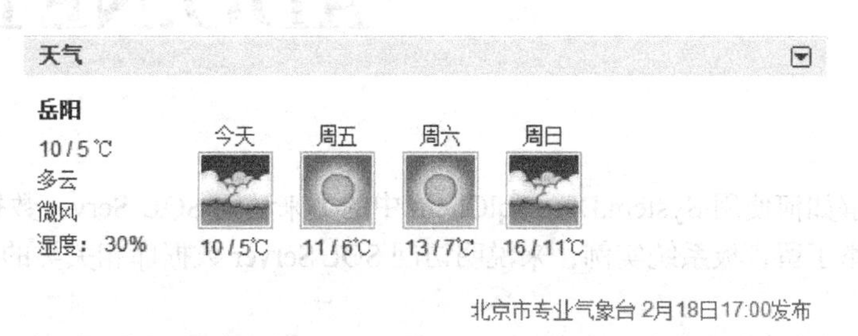

图 6-21　创建用户控件

第 7 章 ADO.NET 编程

本章主要讲解如何使用 System.Data.SqlClient 中的类来访问 SQL Server 数据库。同时在本章的后半部分还列举了留言板系统实例，来说明访问 SQL Server 数据库相关类的实际应用。

7.1 SQL Server 概述

SQL Server 是 Microsoft 公司推出的一套数据库系统软件平台，为了使数据获得安全有效的传输。本节将会详细讲述 SQL Server 的安装配置。

7.1.1 SQL Server 简介

SQL Server 是一个全面的集成的端到端的数据解决方案，它为企业中的用户提供了一个安全、可靠和高效的平台用于企业数据管理和商业智能应用。SQL Server 为 IT 专家和信息工作者带来了强大的、熟悉的工具，同时减少了在从移动设备到企业数据系统的多平台上创建、部署、管理及使用企业数据和分析应用程序的复杂度。通过全面的功能集、现有系统的集成性以及对日常任务的自动化管理能力，SQL Server 为不同规模的企业提供了一个完整的数据解决方案。SQL Server 数据平台包括以下工具。

- 关系型数据库：安全、可靠、可伸缩、高可用的关系型数据库引擎，提升了性能且支持结构化和非结构化（XML）数据。
- 复制服务：数据复制可用于数据分发、处理移动数据应用、系统高可用、企业报表解决方案的后备数据可伸缩存储、与异构系统的集成等，包括已有的 Oracle 数据库等。
- 通知服务：用于开发、部署可伸缩应用程序的先进的通知服务，能够向不同的连接和移动设备发布个性化、及时的信息更新。
- 集成服务：可以支持数据仓库和企业范围内数据集成的抽取、转换和装载能力。
- 分析服务：联机分析处理（OLAP）功能可用于多维存储的大量复杂的数据集的快速高级分析。
- 报表服务：全面的报表解决方案可创建、管理和发布传统的可打印的报表和交互的基于 Web 的报表。
- 管理工具：SQL Server 包含的集成管理工具可用于高级数据库管理和调谐，它也和其他 Microsoft 工具，如 MOM 和 SMS 紧密集成在一起。标准数据访问协议大大减少了 SQL Server 和现有系统间数据集成所花的时间。此外，构建于 SQL Server 内的内嵌 Web Service 支持确保了和其他应用及平台的互操作能力。

• 开发工具：SQL Server 为数据库引擎、数据抽取、转换和装载（ETL）、数据挖掘、OLAP 和报表提供了和 Microsoft Visual Studio® 相集成的开发工具，以实现端到端的应用程序开发能力。SQL Server 中每个主要的子系统都有自己的对象模型和 API，能够以任何方式将数据系统扩展到不同的商业环境中。

7.1.2 SQL Server 安装

读者可以从官方网站下载 SQL Server 2005 的试用版，或者购买正式版。SQL Server 2005 的安装相对简单，具体步骤如下。

（1）将 SQL Server 2005 安装盘插入光驱中，出现“开始 SQL Server 2005 安装”对话框，如图 7-1 所示。

图 7-1 开始安装 SQL Server 2005

（2）根据本地计算机的硬件结构，选择“基于 x86 的操作系统”或者“基于 x64 的操作系统”安装。

（3）选择安装之后出现“准备安装”对话框，如图 7-2 所示。

图 7-2 准备安装

（4）单击“服务器组件、工具、联机丛书和示例”选项，出现“最终用户许可协议”界面，如图 7-3 所示。

（5）勾选“我接受许可条款和条件”复选框，单击“下一步”按钮，出现“安装必备组件”界面，如图 7-4 所示。

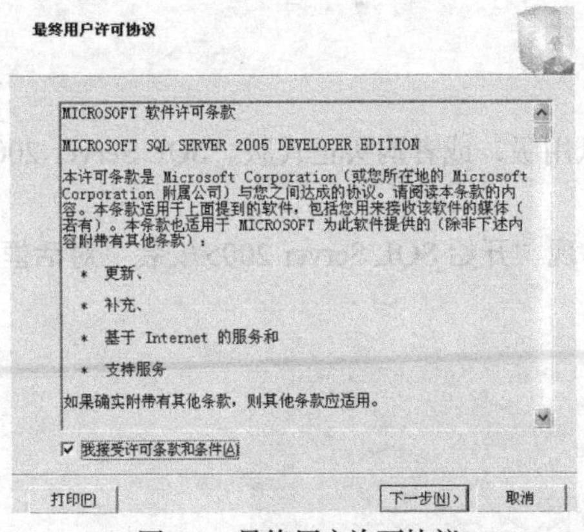

图 7-3　最终用户许可协议

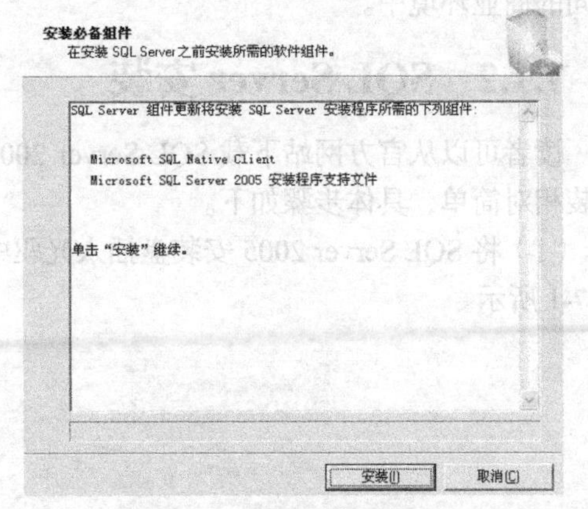

图 7-4　安装必备组件

（6）单击“安装”按钮，开始安装必要组件。安装完成后，出现“成功安装所需的组件”界面，如图 7-5 所示。

（7）单击“下一步”按钮，出现“欢迎使用 Microsoft SQL Server 安装向导”界面，如图 7-6 所示。

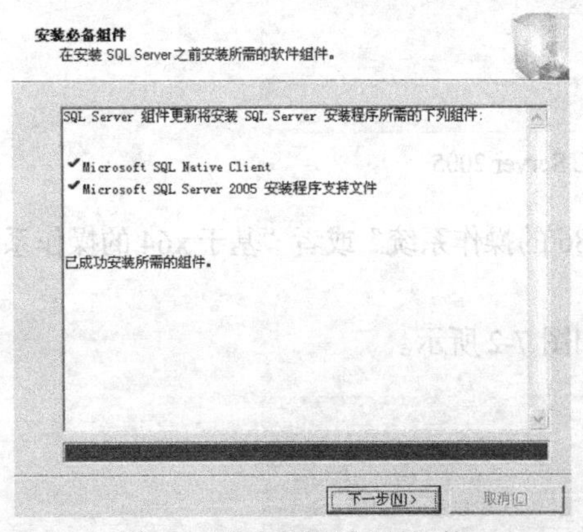

图 7-5　成功安装所需的组件

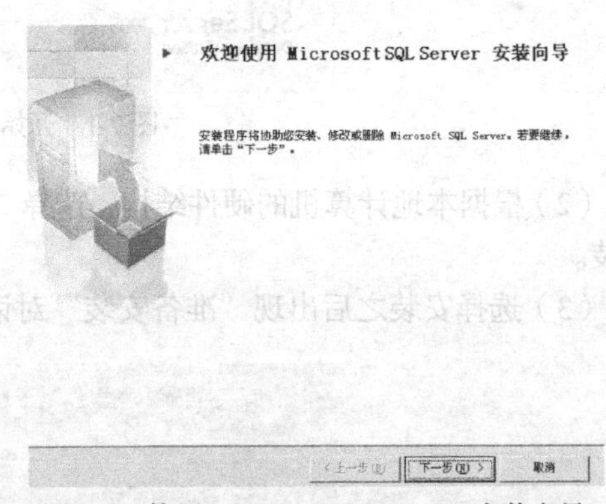

图 7-6　使用 Microsoft SQL Server 安装向导

（8）单击“下一步”按钮，出现“系统配置检查”界面，如图 7-7 所示。系统会自动检查本地计算机的配置。

（9）检查完毕后，单击“下一步”按钮，出现“注册信息”对话框，如图 7-8 所示。在这个对话框中填写姓名、公司以及产品密钥。

（10）单击“下一步”按钮，出现“要安装的组件”界面，如图 7-9 所示。勾选需要安装的组件。

（11）单击“高级”按钮，出现“功能选择”界面，如图 7-10 所示。在这个对话框中，用户可以自定义功能选项和安装目录。

（12）单击“下一步”按钮，出现“实例名”界面，如图 7-11 所示。

（13）单击“下一步”按钮，出现“服务账户”界面，如图 7-12 所示。在其中填写服务账户信息。

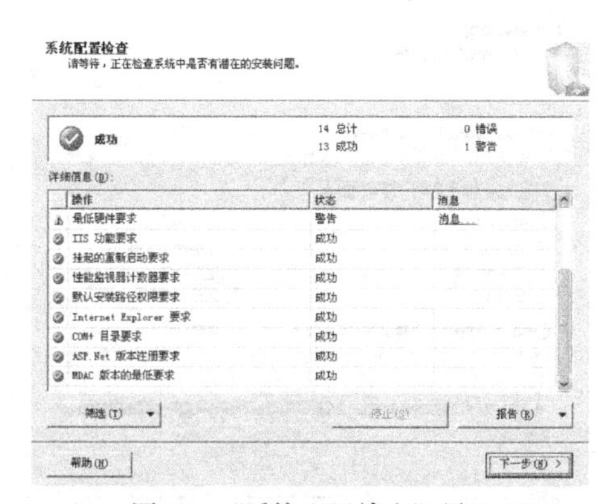

图 7-7　“系统配置检查”界面

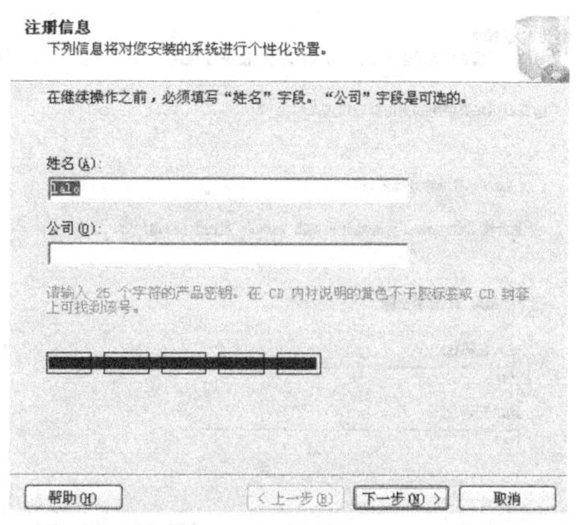

图 7-8　“注册信息”界面

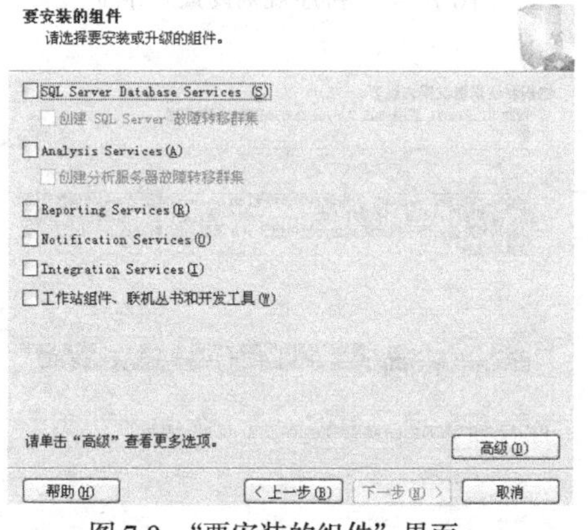

图 7-9　“要安装的组件”界面

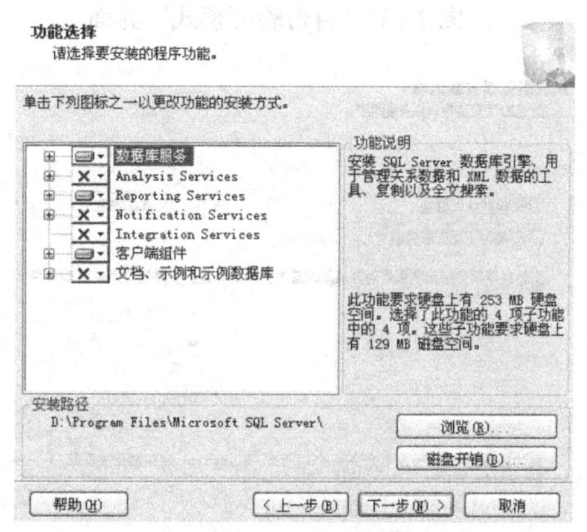

图 7-10　“功能选择”界面

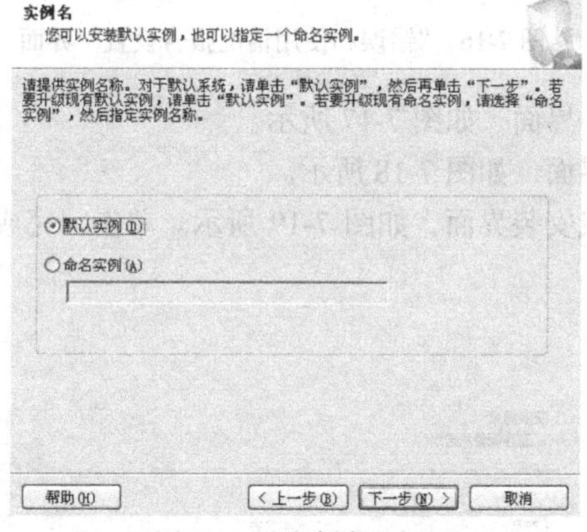

图 7-11　“实例名”界面

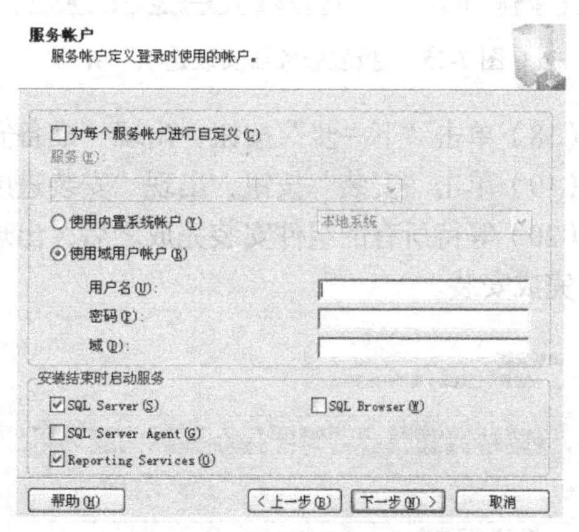

图 7-12　“服务账户”界面

（14）单击“下一步”按钮，出现“身份验证模式”界面，如图 7-13 所示。在身份验证模式选项中，选择“混合模式”，并输入 sa 账号的密码。

（15）单击“下一步”按钮，出现“排序规则设置”界面，如图 7-14 所示。

（16）选择默认设置，单击“下一步”按钮，出现“报表服务器安装选项”界面，如图 7-15 所示。

（17）单击“下一步”按钮，出现“错误和使用情况报告设置”界面，如图 7-16 所示，选择默认即可。

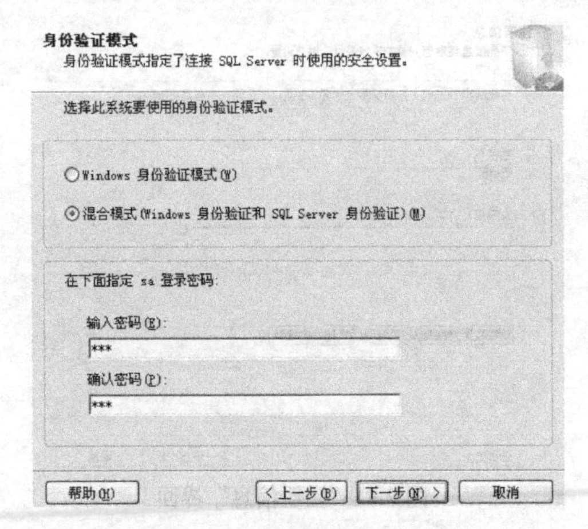

图 7-13 “身份验证模式”界面

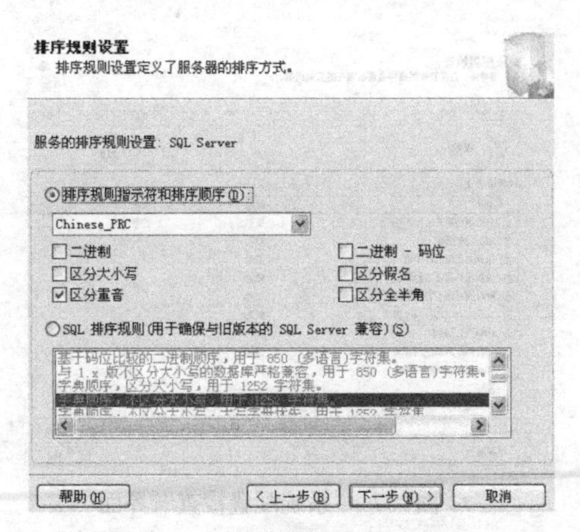

图 7-14 “排序规则设置”界面

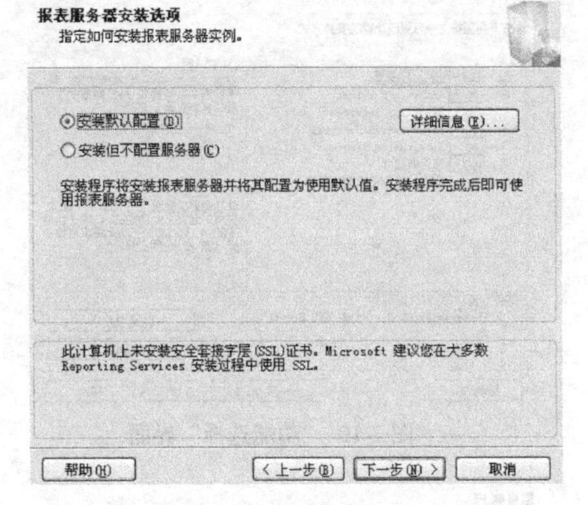

图 7-15 “报表服务器安装选项”界面

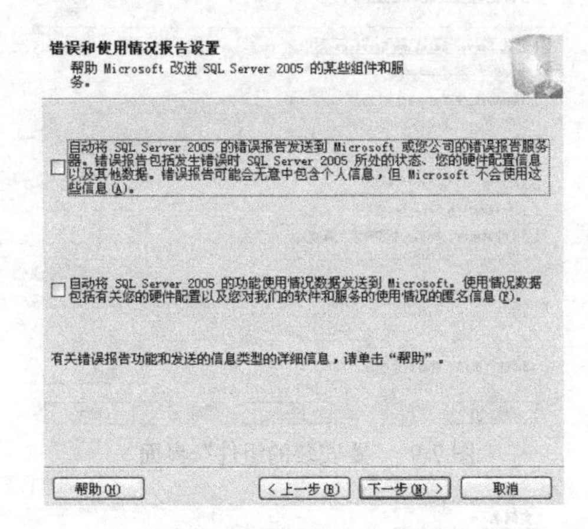

图 7-16 “错误和使用情况报告设置”界面

（18）单击“下一步”按钮，出现“准备安装”界面，如图 7-17 所示。

（19）单击“安装”按钮，出现“安装进度”界面，如图 7-18 所示。

（20）等待所有的组件安装完成之后，出现完成安装界面，如图 7-19 所示。单击“完成”按钮，完成安装。

图 7-17 “准备安装”界面

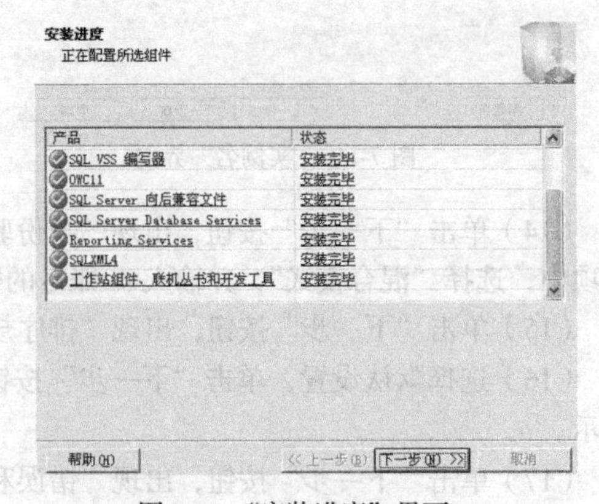

图 7-18 “安装进度”界面

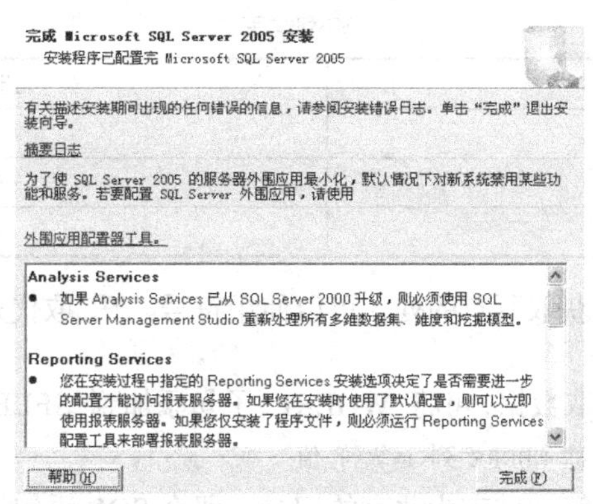

图 7-19　完成安装界面

7.1.3　SQL 简介

SQL 全称是结构化查询语言（Structured Query Language），最早的是 IBM 的圣约瑟研究实验室为其关系数据库管理系统 SYSTEM R 开发的一种查询语言，它的前身是 SQUARE 语言。SQL 语言结构简洁，功能强大，简单易学，所以自从 IBM 公司 1981 年推出以来，SQL 得到了广泛的应用。如今无论是像 Oracle 、Sybase、Informix、SQL Server 这些大型的数据库管理系统，还是像 Visual Foxpro、PowerBuilder 这些微机上常用的数据库开发系统，都支持 SQL 作为查询语言。

SQL 包含以下 4 个部分。

（1）数据查询语言 DQL-Data Query Language SELECT。

（2）数据操纵语言 DQL-Data Manipulation Language INSERT, UPDATE, DELETE。

（3）数据定义语言 DQL-Data Definition Language CREATE, ALTER, DROP。

（4）数据控制语言 DQL-Data Control Language COMMIT WORK, ROLLBACK WORK。

1. SELECT 语句

SELECT 语句用于从表中选取数据。表格式的结构被存储在一个结果表中（称为结果集）。其语法如下：

```
SELECT 列名称 FROM 表名称
```

假设在数据库中已经存在了一张记录个人信息的表，表名为“Persons”。表结构及记录如表 7-1 所示。

表 7-1　Persons 表

LastName	FirstName	Address	City
Adams	John	Oxford Street	London
Bush	George	Fifth Avenue	New York
Carter	Thomas	Changan Street	Beijing

从名为“Persons”的数据库表中，如需获取名为“LastName”和“FirstName”的列的内容，可以使用类似如下所示的 SELECT 语句：

```
SELECT LastName,FirstName FROM Persons
```

执行上述 SQL 语句之后，查询的结果就会显示只有“LastName”和“FirstName”两列的内容。查询的结果如表 7-2 所示。

表 7-2　　查询结果

LastName	FirstName
Adams	John
Bush	George
Carter	Thomas

如需从“Persons”表中获取所有的列，可以使用符号“*”取代列的名称，SQL 语句如下：

```
SELECT * FROM Persons
```

如需有条件地从表中选取数据，可将 WHERE 子句添加到 SELECT 语句。其语法格式如下：

```
SELECT 列名称 FROM 表名称 WHERE 列 运算符 值
```

如需从“Persons”表中筛选城市为北京的记录，那么 SQL 语句如下：

```
SELECT * FROM Persons WHERE City='Beijing'
```

执行上述 SQL 语句之后，查询的结果只有一条城市为北京的记录。

2. INSERT INTO 语句

INSERT INTO 语句用于向表格中插入新的行。其语法格式如下：

```
INSERT INTO 表名称 VALUES (值1, 值2,...)
```

也可以指定所要插入数据的列，其语法格式如下：

```
INSERT INTO table_name (列1, 列2,...) VALUES (值1, 值2,...)
```

如需在名为“Persons”的数据库表中插入一条记录，那么其 SQL 语句可以是如下内容：

```
INSERT INTO Persons VALUES ('Gates', 'Bill', 'Xuanwumen 10', 'Beijing')
```

执行上述 SQL 语句之后，查询的结果就新增加了一条记录。查询的结果如表 7-3 所示。

表 7-3　　插入一条新记录

LastName	FirstName	Address	City
Adams	John	Oxford Street	London
Bush	George	Fifth Avenue	New York
Carter	Thomas	Changan Street	Beijing
Gates	Bill	Xuanwumen 10	Beijing

同时，还可以向指定的列插入指定的内容，SQL 语句如下：

```
INSERT INTO Persons (LastName, Address) VALUES ('Wilson', 'Champs-Elysees')
```

执行上述 SQL 语句的结果如表 7-4 所示。

表 7-4　　插入一条新记录

LastName	FirstName	Address	City
Adams	John	Oxford Street	London
Bush	George	Fifth Avenue	New York
Carter	Thomas	Changan Street	Beijing
Gates	Bill	Xuanwumen 10	Beijing
Wilson		Champs-Elysees	

3. UPDATE 语句

UPDATE 语句用于修改表中的数据。其语法格式如下：

```
UPDATE 表名称 SET 列名称 = 新值 WHERE 列名称 = 某值
```

如需在名为“Persons”的数据库表中修改字段“LastName”值为“Wilson”的记录，添加

"FirstName"字段的值为"Fred"。SQL 语句如下：

```
UPDATE Person SET FirstName = 'Fred' WHERE LastName = 'Wilson'
```

执行语句，更新后的记录如表 7-5 所示。

表 7-5　　更新表的记录

LastName	FirstName	Address	City
Adams	John	Oxford Street	London
Bush	George	Fifth Avenue	New York
Carter	Thomas	Changan Street	Beijing
Gates	Bill	Xuanwumen 10	Beijing
Wilson	Fred	Champs-Elysees	

我们还可以同时修改多个数据，如需修改地址（Address）并添加城市名称（City），SQL 语句如下：

```
UPDATE Person SET Address = 'Zhongshan 23', City = 'Nanjing'
WHERE LastName = 'Wilson'
```

执行上述 SQL 语句之后，"Wilson"的这条记录的地址将会更新，同时会添加一个城市名称。查询的结果如表 7-6 所示。

表 7-6　　更新表的多个记录

LastName	FirstName	Address	City
Adams	John	Oxford Street	London
Bush	George	Fifth Avenue	New York
Carter	Thomas	Changan Street	Beijing
Gates	Bill	Xuanwumen 10	Beijing
Wilson	Fred	Zhongshan 23	Nanjing

4. DELETE 语句

DELETE 语句用于删除表中的行，其语法格式如下：

```
DELETE FROM 表名称 WHERE 列名称 = 值
```

如需在名为"Persons"的数据库表中删除名字（LastName）是"Wilson"的记录，那么 SQL 语句如下：

```
DELETE FROM Person WHERE LastName = 'Wilson'
```

执行上述 SQL 语句之后就会删除名字（LastName）是"Wilson"的记录，查询的结果如表 7-7 所示。

表 7-7　　删除表的记录

LastName	FirstName	Address	City
Adams	John	Oxford Street	London
Bush	George	Fifth Avenue	New York
Carter	Thomas	Changan Street	Beijing
Gates	Bill	Xuanwumen 10	Beijing

可以在不删除表的情况下删除所有的行，这意味着表的结构、属性和索引都是完整的。删除所有行的记录的 SQL 语句如下：

```
DELETE FROM table_name
```

或者，也可以这样写：

```
DELETE * FROM table_name
```

7.2 访问 SQL Server 数据库

MS SQL Server 是一个大型的数据库服务器系统。相对于其他小型的数据库系统来说，在稳定性、安全性、数据处理等多方面都具有一定的优势。SQL Server 数据库服务器主要应用于大型的软件系统中，能够处理大数据量的数据交互和存储。

7.2.1 System.Data.SqlClient 命名空间简介

System.Data.SqlClient 命名空间是用于 SQL Server 的.NET Framework 数据提供程序，描述了一个用于访问托管空间中的 SQL Server 数据库的类集合。System.Data.SqlClient 命名空间中的常用类如表 7-8 所示。

表 7-8 System.Data.SqlClient 命名空间

类	说　明
SqlConnection	表示 SQL Server 数据库的一个打开的连接。无法继承此类
SqlCommand	表示要对 SQL Server 数据库执行的一个 Transact-SQL 语句或存储过程。无法继承此类
SqlDataAdapter	表示用于填充 DataSet 和更新 SQL Server 数据库的一组数据命令和一个数据库连接。无法继承此类
SqlDataReader	提供一种从 SQL Server 数据库读取行的只进流（只前进的读取数据方式）的方式。无法继承此类
SqlParameter	表示 SqlCommand 的参数，也可以是它到 DataSet 列的映射。无法继承此类
SqlTransaction	表示要在 SQL Server 数据库中处理的 Transact-SQL 事务。无法继承此类

7.2.2 打开和关闭连接

访问数据库的第一步就是创建与数据库的连接，创建连接所涉及的类就是 SqlConnection。在 SqlConnection 构造函数中只有一个参数，表示指定的连接字符串。其表达形式如下：

```
Persist Security Info=False;Integrated Security=true;Initial Catalog= Northwind;
server=(local)
```

其常用的连接字符串的关键字如表 7-9 所示。

表 7-9 常用的连接字符串的关键字

关 键 字	说　明
Data Source 或 Server 或 Address 或 Addr 或 Network Address	要连接的 SQL Server 实例的名称或网络地址。可以在服务器名称之后指定端口号： server=tcp:servername, portnumber 指定本地实例时，始终使用（local）。若要强制使用某个协议，请添加下列前缀之一： np:(local), tcp:(local), lpc:(local)

续表

关　键　字	说　　明
Initial Catalog 或 Database	数据库的名称
Integrated Security 或 Trusted_Connection	当为 false 时，将在连接中指定用户 ID 和密码。当为 true 时，将使用当前的 Windows 账户凭据进行身份验证 可识别的值为 true、false、yes、no 以及与 true 等效的 sspi（强烈推荐）
Password 或 Pwd	SQL Server 账户登录的密码，建议不要使用。为保持高安全级别，我们强烈建议用户使用 Integrated Security 或 Trusted_Connection 关键字
Persist Security Info	当该值设置为 false 或 no（强烈推荐）时，如果连接是打开的或者一直处于打开状态，那么安全敏感信息（如密码）将不会作为连接的一部分返回。重置连接字符串将重置包括密码在内的所有连接字符串值。可识别的值为 true、false、yes 和 no
User ID	SQL Server 登录账户，建议不要使用。为保持高安全级别，我们强烈建议用户使用 Integrated Security 或 Trusted_Connection 关键字

创建一个 SqlConnection 类的对象实例的代码如下：

```
// 创建连接字符串
string connStr = " Data Source=(local);Database=MSG;User ID=sa;Pwd=123";
SqlConnection conn = new SqlConnection (connStr);
```

此数据库服务器在本地，用户名和密码分别是“sa”和“123”，数据库名称是“MSG”。

在 SqlConnection 类中，有两个方法是经常会用到的，它们是 open()和 close()。open()方法用于打开与数据源的连接，close()方法用于关闭与数据源的连接。打开和关闭连接的示例代码如下：

```
// 创建连接字符串
string connStr = " Data Source=(local);Database=MSG;User ID=sa;Pwd=123";
SqlConnection conn = new SqlConnection (connStr);
// 打开连接
conn.Open();
// 关闭连接
conn.Close();
```

通过在 Using 语句中使用 SqlConnection 对象也可以显式关闭与数据源的连接，就不需要 close()方法。代码如下：

```
//创建连接字符串
using (SqlConnection conn = new SqlConnection (CONN_STRING))
{
      //打开连接
      conn.Open();
      //处理数据
}
```

7.2.3　读取数据

读取数据库有两种常用的方法：一种是使用 SqlDataReader 类，以数据行的只进流的方式读取；另一种是使用 SqlDataAdapter 类，把数据填充到 DataSet 对象的数据集中。

1. 使用 SqlDataReader 类

若要创建 SqlDataReader，必须调用 SqlCommand 对象的 ExecuteReader 方法，而不能直接使

用构造函数。示例代码如下：

```
//创建连接字符串
string connStr = " Data Source=(local);Database=MSG;User ID=sa;Pwd=123";
SqlConnection conn = new SqlConnection(connStr);
//打开连接
conn.Open();

//创建查询命令
SqlCommand cmd = new SqlCommand("select * from MsgView", conn);
//创建 OleDbDataReader 对象
SqlDataReader reader = cmd.ExecuteReader();
//读取数据
while (reader.Read())
{
    //遍历数据
}
//关闭连接
reader.Close();

//关闭连接
conn.Close();
```

2. 使用 SqlDataAdapter 类

SqlDataAdapter 充当 DataSet 和数据源之间的桥梁，用于检索和保存数据。SqlDataAdapter 通过以下方法提供这个桥接器：使用 Fill()方法将数据从数据源加载到 DataSet 中，并使用 Update 将 DataSet 中所做的更改发回数据源。示例代码如下：

```
//创建连接字符串
string connStr = " Data Source=(local);Database=MSG;User ID=sa;Pwd=123";
//创建连接字符串
SqlConnection conn = new SqlConnection(connStr);
//打开连接
conn.Open();

//创建查询命令
SqlCommand cmd = new SqlCommand("select * from MsgView ", conn);
//创建数据适配器
SqlDataAdapter adp = new SqlDataAdapter(cmd);
//定义数据集
DataSet ds = new DataSet();
//填充数据集
adp.Fill(ds);

//关闭连接
conn.Close();
```

7.2.4 使用 SQL 语句操作数据

使用 SQL 语句是操作数据的主要方法之一。操作数据包括写入数据、修改或更新数据和删除数据等。使用 SQL 语句操作数据主要通过 SqlCommand 类来实现，在 SqlCommand 的构造函数中有两个参数，第一个参数表示操作数据的 SQL 语句，第二个参数表示 SqlConnection 对象的实例。示例代码如下：

```
//创建连接字符串
string connStr = " Data Source=(local);Database=MSG;User ID=sa;Pwd=123";
//SQL 语句
string strSql = "";

//创建连接字符串
SqlConnection conn = new SqlConnection(connStr));
//打开连接
conn.Open();

//设置 SqlCommand 的属性
cmd.Connection = conn;
cmd.CommandType = CommandType.Text;
cmd.CommandText = strSql;
//执行添加语句
cmd.ExecuteNonQuery();

//关闭连接
conn.Close();
```

还可以使用 SqlParameter 类，将参数传入 SqlCommand 对象中，示例代码如下：

```
//创建连接字符串
string connStr = " Data Source=(local);Database=MSG;User ID=sa;Pwd=123";
//SQL 语句
string strSql = "";
//传入的参数的值
string strParm = "";

//创建连接字符串
SqlConnection conn = new SqlConnection(connStr))
//打开连接
conn.Open();

//创建 SqlCommand 对象
SqlCommand cmd = new SqlCommand();
//获取缓存的参数列表
SqlParameter parm = new SqlParameter(strParm, SqlType.VarChar, 30);
//设置参数的值
parm.Value = "";
//将参数添加到 SQL 命令中
cmd.Parameters.Add(parm);

//设置 SqlCommand 的属性
cmd.Connection = conn;
cmd.CommandType = CommandType.Text;
cmd.CommandText = strSql;
//执行添加语句
cmd.ExecuteNonQuery();
//清空参数列表
```

```
cmd.Parameters.Clear();

//关闭连接
conn.Close();
```

7.3 创建留言板

本节创建一个功能相对简单的留言板，并且使用的是 SQL Server 数据库来存储数据。留言板的实现流程如图 7-20 所示。

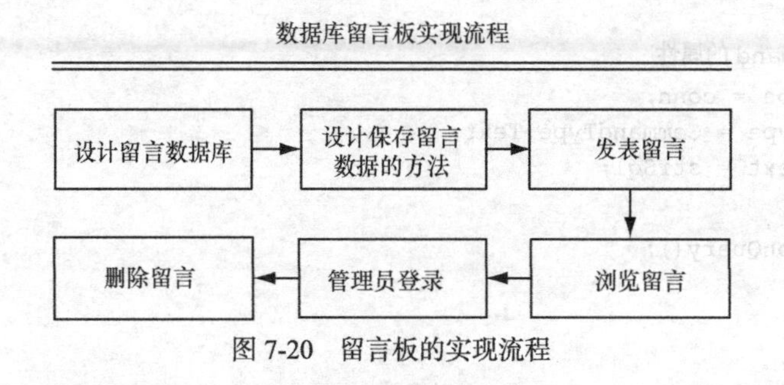

图 7-20 留言板的实现流程

7.3.1 设计保存留言内容的数据库

打开 SQL Server 数据库服务器，创建一个新的数据库，名称为“MSG”。在数据库“MSG”中创建数据表“MsgView”。要创建的数据表结构如表 7-10 所示。

表 7-10 保存留言信息的表

字段名	字段类型	说　明
MsgID	Int	唯一标识（自增长类型）
Name	Nvarchar(20)	用户名
Mail	Nvarchar(20)	邮箱
Url	Nvarchar(20)	网址
MsgContent	Nvarchar(100)	留言内容

因为留言板中还需要有管理员信息表，虽然这个表可以在 Visual Studio 中自动生成，但其实是生成在表“ASPNETDB”中，那么该如何将此信息生成在自己设计的数据库中呢?

7.3.2 部署数据库提供程序

要实现在自己的数据库中创建用户信息等内容，需要将数据库提供程序设置为指向自己创建的库，实现步骤如下。

（1）单击 Windows 系统的“开始”|“所有程序”|“VS2010”|“Visual Studio Tools”|“Visual Studio 2010 命令提示”菜单命令。

（2）在打开的 DOS 窗口中，输入“aspnet_regsql.exe”来配置自己的数据库。此时系统打开一个向导窗口，如图 7-21 所示。

（3）单击“下一步”按钮，打开“选择安装选项”窗口，如图 7-22 所示。

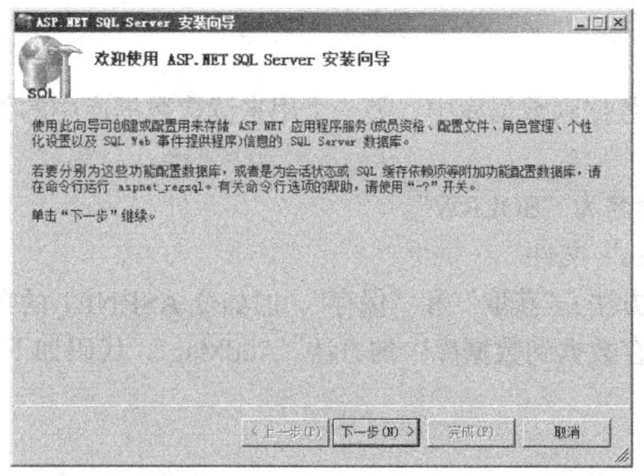

图 7-21　ASP.NET 安装 SQL Server 数据库向导

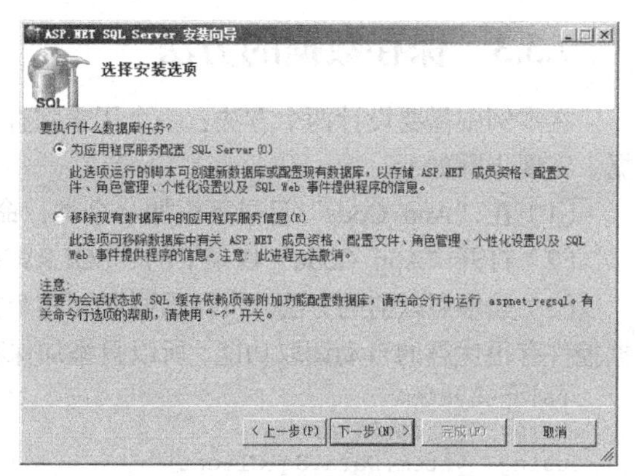

图 7-22　“选择安装选项”窗口

（4）选择第一项“为应用程序服务配置 SQL Server”，单击“下一步”按钮，打开“选择服务器和数据库”窗口，如图 7-23 所示。

（5）服务器名输入自己机器的注册实例名，数据库选择前面创建的“MSG”。单击“下一步”按钮，弹出“请确认您的设置”窗口，如图 7-24 所示。

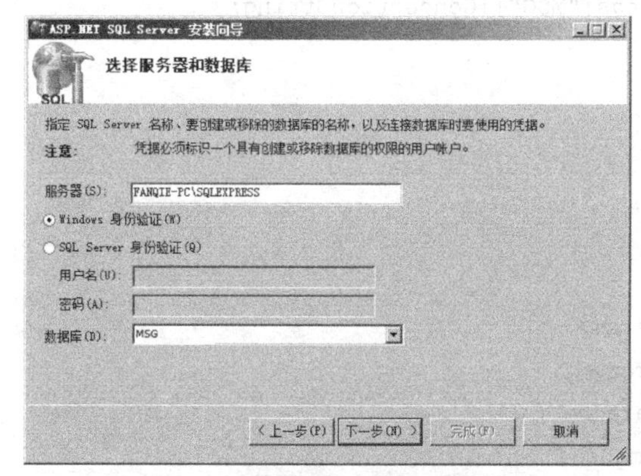

图 7-23　“选择服务器和数据库”窗口

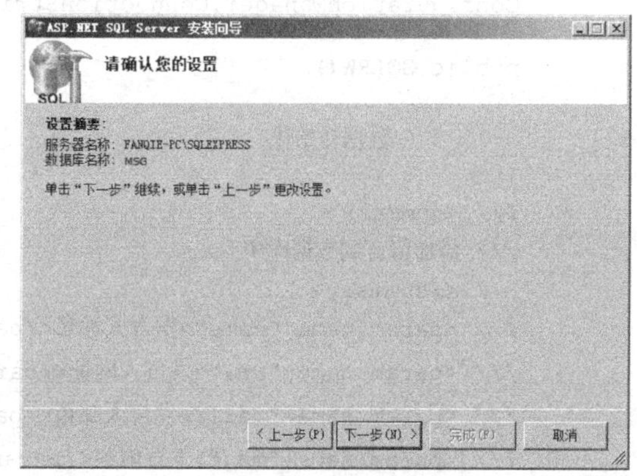

图 7-24　配置确认

（6）单击“下一步”按钮，再单击“完成”按钮，完成数据库的配置。

（7）返回到 SQL Server 数据库中，打开“MSG”数据库中的表，会发现大部分的表全都是以“aspnet_”开头，这些表用来存储用户的一些个性信息。

（8）创建完成后，在项目中还需要修改配置文件，让系统知道数据库的提供者发生了变化。在 Visual Studio 中创建一个网站“DatabaseMessage”。

（9）打开“Web.Config”配置文件，在“configuration”节点下添加代码如下：

```
<connectionStrings>
     <remove name="LocalSqlServer"/>
     <add name="LocalSqlServer"
      connectionString="Data Source=localhost;
        Initial Catalog=MSG;
        Integrated Security=True"
        providerName="System.Data.SqlClient"/>
</connectionStrings>
```

这样就可以使用自己的数据库来保存站点内所有的数据资料了，无论是使用系统工具创建用户还是角色，都会保存在自己的数据库中。

7.3.3 保存数据的方法

在本例中需要设计两个方法：一个用来保存数据到数据库中，另一个用来读取数据库中的数据。实现步骤如下。

（1）在“App_Code”目录下添加一个类，命名为“SQLRW”。

（2）打开“App_Code”目录下的“SQLRW.cs”文件。

（3）如果照以前的方法，本例需要添加两个方法：“获取”和“保存”，但如今 ASP.NET 的数据控件有很优越的自动读取功能，所以只添加保存数据到数据库中的方法“AddMsg”。代码如下：

```
using System;
using System.Data;
using System.Data.SqlClient;
/// <summary>
/// 数据库保存方法
/// </summary>
public class SQLRW
{
    //数据库连接字符串
        private string CONN_STRING =
    ConfigurationManager.ConnectionStrings["MSG"].ConnectionString;

    public SQLRW()
    {
        //数据初始化
    }
    /// <summary>
    /// 添加留言到数据库中
    /// </summary>
    /// <param name="name">发言人姓名</param>
    /// <param name="url">发言人网址</param>
    /// <param name="mail">发言人邮箱</param>
    /// <param name="msg">发言内容</param>
    public void AddMsg(string name,string url,string mail,string msg )
    {
        string sql = "INSERT INTO msgView VALUES('" + name + "','" + mail
    + "','" + url + "','" + msg + "')";
        SqlCommand cmd = new SqlCommand();
        //定义对象资源保存的范围，一旦 using 范围结束，将释放对方所占的资源
        using (SqlConnection conn = new SqlConnection(CONN_STRING))
        {
            conn.Open();
            //设定 SqlCommand 的属性
            cmd.Connection = conn;
            cmd.CommandType = CommandType.Text;
            cmd.CommandText = sql;
            //执行 SqlCommand 命令
            cmd.ExecuteNonQuery();
        }
    }
}
```

（4）按 Ctrl+S 快捷键保存代码的设计。

（5）按 F5 快捷键运行程序，测试代码有没有语法错误。

7.3.4　发表留言功能

设计发表留言功能的具体步骤如下。

（1）在网站根目录下添加一个 Web 窗体，命名为“SendMSG”。

（2）切换到窗体的设计视图。

（3）在视图中添加需要的控件，如图 7-25 所示。其中用于输入留言内容的“TextBox”控件的属性“TextMode”为“MultiLine”，“Rows”属性为“8”。

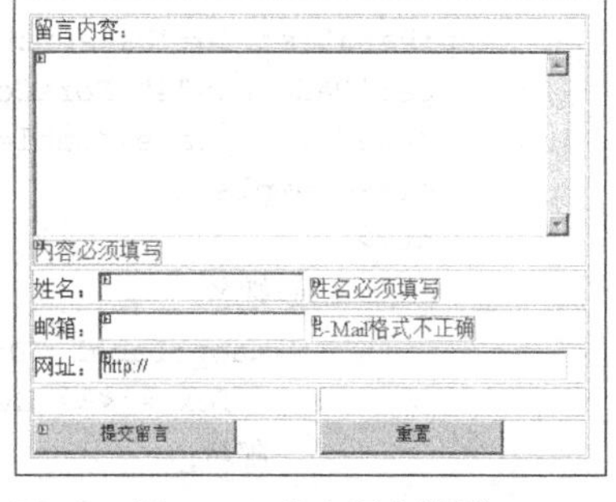

图 7-25　发表留言视图

（4）图中用到了 3 个验证控件，两个为“RequiredFieldValidator”，表示姓名和留言内容文本框必须填写；一个“RegularExpressionValidator”，用来验证用户输入的邮箱是否正确，验证表达式为“\w+([-+.']\w+)*@\w+([-.]\w+)*\.\w+([-.]\w+)*”。

（5）双击“提交留言”按钮，切换到窗体的代码视图。

（6）在按钮的 Click 事件中，书写完成提交功能需要的代码如下：

```
protected void Button1_Click(object sender, EventArgs e)
{
    //初始化数据库操作类
    SQLRW myrw = new SQLRW();
    //调用添加方法并赋值
    myrw.AddMsg(txtname.Text, txturl.Text, txtmail.Text, txtcontent.Text);
    //导航到显示留言列表窗口
    Response.Redirect("Default.aspx");
}
```

提交后要转到浏览页面。

（7）按 Ctrl+S 快捷键保存设计和代码。

（8）将此页设置为起始页。

（9）按 F5 键运行程序，测试能否正常提交留言信息。

（10）打开数据库，查看留言信息是否正确保存。

7.3.5　浏览所有留言功能

用户打开留言板的模块时，首先看到的是所有的留言内容列表，实现浏览功能的具体步骤如下。

（1）打开“Default.aspx”页面。

（2）切换到页面的设计视图。

（3）ASP.NET 提供了 DataList 控件，它不仅可以实现分页，还允许使用模板来设计列表的显示样式。在视图中拖放一个 DataList 控件。

（4）单击 DataList 控件的任务列表，在“选择数据源”下拉框中，选择“新建数据源”选项，打开数据源配置向导。

（5）数据源类型选择“数据库”，数据表选择“MsgView”，字段选择“*”。

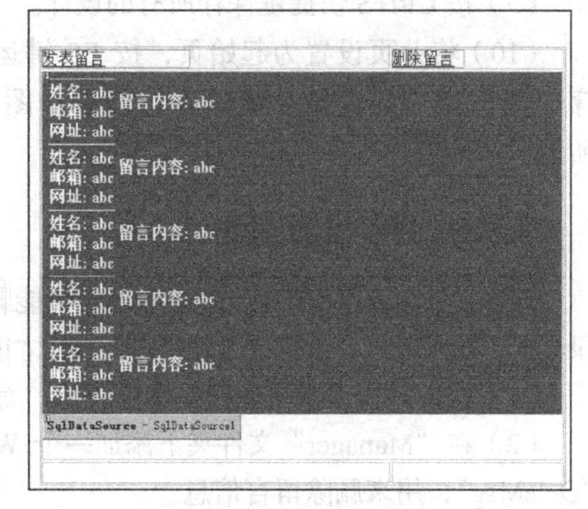

图 7-26　浏览留言视图

（6）在页面上添加发表留言和删除留言的按钮功能，最终视图效果如图 7-26 所示。

（7）“发表留言”链接的“NavigateUrl”属性为“~/SendMSG.aspx”。

（8）按 Shift+F7 快捷键切换到源代码视图，设计“DataList”控件的模板如下：

```
<asp:DataList ID="DataList1" runat="server" DataSourceID="SqlDataSource1"
    CellPadding="4" ForeColor="#333333" Width="534px">
    <HeaderTemplate><table></HeaderTemplate>
    <ItemTemplate>
    <tr>
        <td>姓名:
            <asp:Label ID="NameLabel" runat="server"
              Text='<%# Eval("Name") %>'></asp:Label><br />
            邮箱:
            <asp:Label ID="MailLabel" runat="server"
              Text='<%# Eval("Mail") %>'></asp:Label><br />
            网址:
            <asp:Label ID="UrlLabel" runat="server"
              Text='<%# Eval("Url") %>'></asp:Label><br />
        </td>
        <td>
            留言内容:
            <asp:Label ID="MsgContentLabel" runat="server"
              Text='<%# Eval("MsgContent") %>'>
            </asp:Label><br /><br />
        </td>
    </tr>
    </ItemTemplate>
    <FooterTemplate></table></FooterTemplate>
    <FooterStyle BackColor="#5D7B9D" Font-Bold="True" ForeColor="White" />
    <SelectedItemStyle BackColor="#E2DED6"
Font-Bold="True" ForeColor="#333333" />
    <AlternatingItemStyle BackColor= "White"
ForeColor="#284775" />
    <ItemStyle BackColor="#F7F6F3" ForeColor=
"#333333" />
    <HeaderStyle BackColor="#5D7B9D" Font-Bold=
"True" ForeColor="White" />
</asp:DataList>
```

（9）按 Ctrl+S 快捷键保存所有的设计。

（10）将此页设置为起始页，按 F5 键运行程序，测试留言的浏览功能。运行效果如图 7-27 所示。

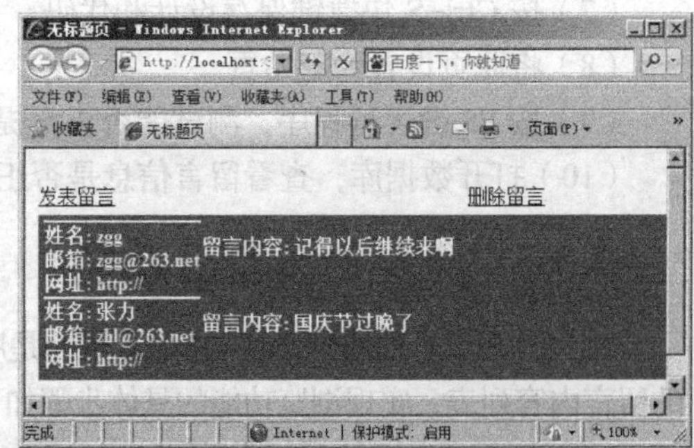

图 7-27　浏览留言运行效果图

7.3.6　管理员登录功能

根据设计，普通用户只允许发表留言不能删除留言。如果用户选择了删除留言功能，则会出现登录界面，要求输入登录用户名和密码，这样才能保证留言不会被随意删除。本功能的实现步骤如下。

（1）在网站根目录下新建一个文件夹，命名为“Manager”。

（2）在“Manager”文件夹下添加一个 Web 窗体，命名为“Login”。同时，再添加一个窗体“DeleMsg”，用来删除留言信息。

（3）在 Login 窗体中拖放一个“Login”控件到视图中。

（4）ASP.NET 的登录控件可以自己完成验证的过程，所以此处不做任何修改，登录视图如图 7-28 所示。

（5）按 Ctrl+S 快捷键保存视图的设计。

（6）单击 Visual Studio 的“网站”|“ASP.NET 配置”菜单命令，打开 ASP.NET 网站管理工具。

（7）切换到“安全”选项卡界面，通过其提供的添加用户的方法，为本实例添加一个管理员用户，名字为“admin”，密码为“admin@pass”。

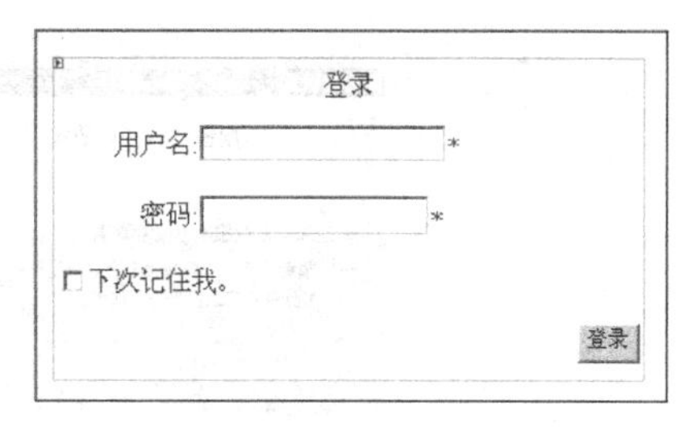

图 7-28　登录视图

（8）打开配置文件“Web.Config”，实现用户单击“删除留言”时出现登录窗口的配置。修改结果如下所示。注意，使用“Location”节点，用来控制使用验证的目录。

```
<?xml version="1.0"?>
<configuration>
     <system.web>
         <compilation debug="true"/>
         <authentication mode="Forms">
             <forms  loginUrl="manager/Login.aspx"  protection="None"   path= "/">
</forms>
         </authentication>
     </system.web>
     <location path="Manager">
         <system.web>
             <authorization>
                  <deny users="?" />
             </authorization>
         </system.web>
     </location>
</configuration>
```

（9）打开“Default.aspx”页，切换到设计视图，修改“删除留言”链接的“NavigateUrl”属性为“~/Manager/DeleMsg.aspx”。

（10）按 F5 键运行程序，单击“删除留言”链接，测试是否出现登录窗口。

7.3.7　删除留言功能

要实现留言的删除功能，本例将采用 ASP.NET 中的 GridView 控件，无代码实现留言删除功能。具体步骤如下。

（1）在“Manager”文件夹下添加一个 Web 窗体，命名为“DeleMSG”。

（2）切换到窗体的设计视图。

（3）拖放一个“GridView”控件到视图中。

（4）配置“GridView”控件的数据源。

（5）数据源类型选择“数据库”，当数据源配置向导进行到“配置 Select 语句”界面时要注意操作步骤，选中第一项“指定自定义 SQL 语句或存储过程”，如图 7-29 所示。

（6）单击“下一步”按钮，打开“定义自定义语句或存储过程”对话框，如图 7-30 所示。

（7）因为本例要实现删除功能，所以单击“DELETE”标签，输入 SQL 语句如下：

```
DELETE FROM [msgView] WHERE  [msgID]=@msgID
```

（8）一直单击“下一步”按钮，直至完成向导。

（9）单击 GridView 的任务列表，选中“启用删除”复选框。

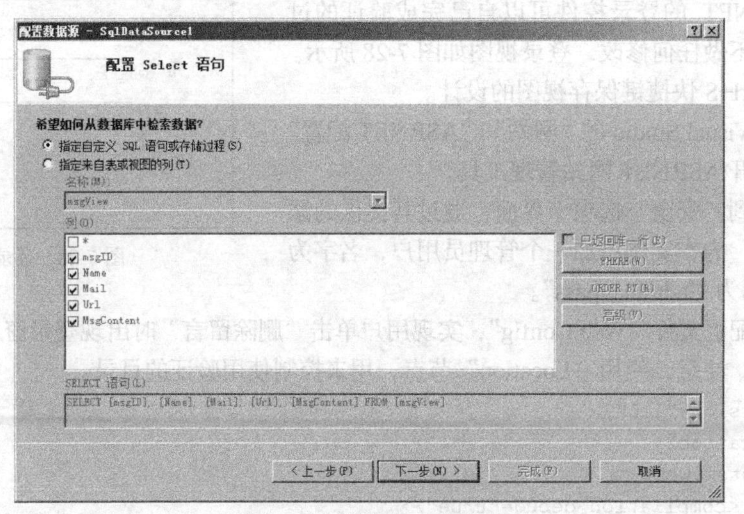

图 7-29　配置 Select 语句

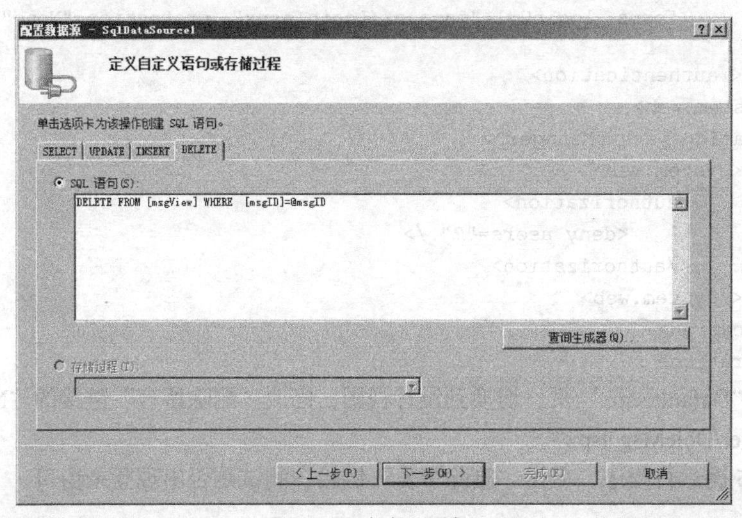

图 7-30　自定义语句

（10）在 GridView 任务列表中，单击“编辑列”菜单命令，修改各个列的标题项。

（11）按 Ctrl+S 快捷键保存所有的设计。

（12）按 F5 键运行程序，测试留言的删除功能。运行效果如图 7-31 所示。

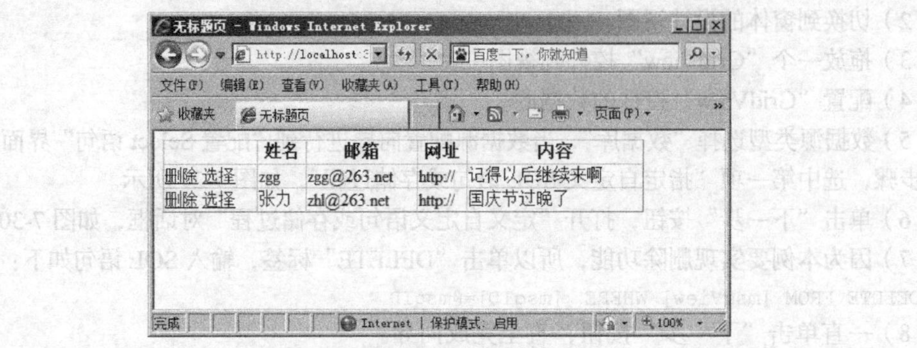

图 7-31　删除留言功能运行效果图

7.3.8　小结

本节通过实现一个留言板的功能，讲解了如何访问 SQL Server 数据库。在浏览留言板的功能中，还涉及 DataList 数据网格列表控件的使用。

DataList 控件以网格的形式来显示数据，其使用方法如下。

在工具箱“数据”中通过鼠标拖放或双击操作添加“DataList”对象。添加之后的效果如图 7-32 所示。

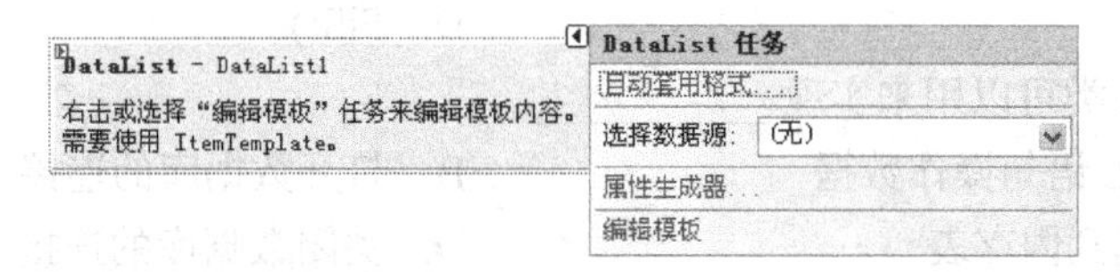

图 7-32　GridView 控件

初始添加的 DataList 不包含选项，可以通过编辑其 Expressions 属性来添加，具体步骤如下。

（1）右键单击添加的下拉框控件，单击“属性”菜单，转到属性窗口。

（2）右键单击 DataList 控件，在上下文菜单中选择“编辑模板”|“项模板”命令，如图 7-33 所示。

（3）在相应的模板列里可以添加该项的值。

图 7-33　为 DataList 添加选项

小　结

本章通过一个相对简单的留言板，介绍了如何使用 SQL Server 数据库服务器存储数据。其中，详细地介绍了数据库的连接、数据的读取以及使用 SQL 语句操作数据。通过本章的学习，读者可以使用 SQL Server 数据库服务器创建一个功能完整的较大型的系统。

习　题

1. 用于 SQL Server 的.NET Framework 数据提供程序的命名空间是__________。
2. 打开与 SQL Server 数据库的连接的方法是__________。

   A. Close()　　　　B. Open()

   C. Read()　　　　D. Fill()

3. SqlCommand 类可以用来实现__________。

   A. 使用 SQL 语句操作数据　　　　B. 打开数据库的连接

   C. 填充数据到内存表　　　　D. 关闭数据库的连接

上机指导

本章通过构建一个留言板系统，重点讲解了如何访问 SQL Server 数据库。

实验一：从 SQL Server 数据库中读取数据

实验目的

巩固知识点——读取数据。读取数据库有两种常用的方法：一种是使用 SqlDataReader 类，以数据行的只进流的方式读取；另一种是使用 SqlDataAdapter 类，把数据填充到 DataSet 对象的数据集中。

实现思路

在 7.2.3 小节中讲述了读取数据的两种方法：一种是使用 SqlDataReader 类，一次读取一行数据；另一种是使用 SqlDataAdapter 类，把数据填充到 DataSet 对象的数据集中。

自己创建一个 SQL Server 数据库，并在其中创建一张数据表，使用上述两种方法读取数据库中的数据。

实验二：留言板系统

实验目的

巩固知识点——访问 SQL Server 数据库。使用 System.Data.SqlClient 命名空间中的相关类访问 SQL Server 数据库。

实现思路

结合 SQL Server 数据库，构建一个留言板系统。实现过程如下。

（1）创建一个保存留言内容的数据库，在数据库中创建一张表。

（2）创建发表留言功能的页面，具体页面布局和功能代码参见 7.3.4 小节。

（3）创建浏览留言功能的页面，具体页面布局和功能代码参见 7.3.5 小节。

（4）创建管理员登录功能页面，具体页面布局和功能代码参见 7.3.6 小节。

第 8 章 XML 访问

本章主要讲解如何使用 XML 相关类访问 XML 数据。同时，在后续部分还列举了 XML 留言板系统实例，用来说明 XML 相关类的实际应用。

8.1 XML 技术

XML 是一种标准数据交换格式，主要用于在不同系统中交换数据，以及在网络上传递大量的结构化数据。

8.1.1 理解 XML

像 HTML 一样，可扩展标记语言（Extensible Markup Language，XML）也是一种标记语言，依赖于标签发挥其功能。XML 的核心归根结底还是标记，不过 XML 比 HTML 的功能要强大得多。

下面给出一个使用 XML 的例子：个人通信录。建立通信录的目的是记录所有的朋友信息，如姓名、电话等。为了做到这一点，XML 首先定义一些标签，如<姓名>、<电话>等。这些标签类似于 HTML 中的标记，同时还可以代表一定的语意，用它们可以标记所有的数据。一个用这种思想实现的 XML 通信录如下：

```
<?xml version="1.0" encoding="GB2312"?>
    <联系人列表>
    <联系人>
        <姓名>张三</姓名>
        <编号>001</编号>
        <公司>A 公司</公司>
        <电子邮件>zhangsan@php.com</电子邮件>
        <电话>12345678</电话>
        <地址>
                <街道>经十路 11#</街道>
                <城市>济南市</城市>
                <省份>山东</省份>
                <邮政编码>250001</邮政编码>
            </地址>
```

```
        </联系人>

        <联系人>
            <姓名>李四</姓名>
            <编号>002</编号>
            <公司>B 公司</公司>
            <电子邮件>lisi@zend.org</电子邮件>
            <电话>123987654</电话>
            <地址>
                <街道>中关村大街 88 号</街道>
                <城市>北京</城市>
                <省份>北京</省份>
                <邮编>100801</邮编>
            </地址>
        </联系人>
    </联系人列表>
```

这是一个非常简单的 XML 文件，和 HTML 非常相似，但其标签代表的不再是显示格式，而是对于客户信息数据的语意解释（当然，XML 标记也可以没有任何意义）。不难看出，XML 通过自定义的标签以及确定标签解释的规则结构化存储标准数据。

上面给出了一个 XML 文档的简单示例，XML 文档结构具有很强的层次性，很容易转化为类似于如图 8-1 所示的具有层次结构的树。

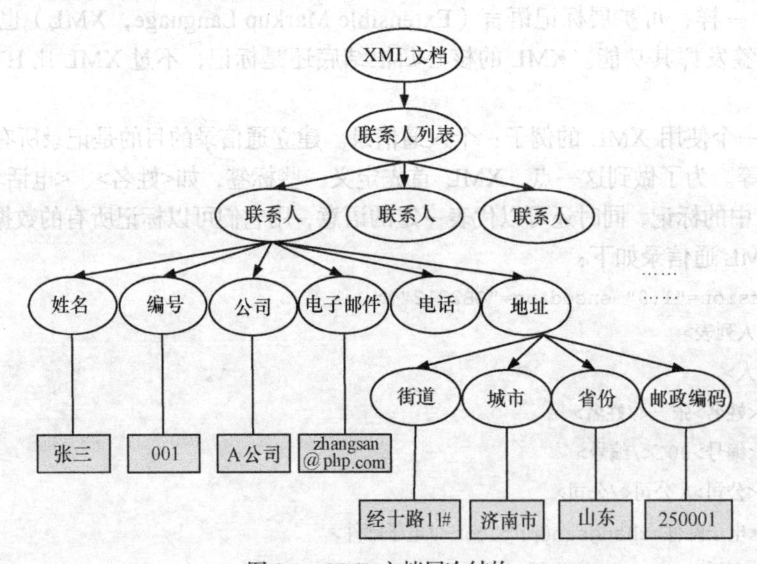

图 8-1　XML 文档层次结构

8.1.2　XML 相关类

XML 文档对象模型（DOM）将 XML 数据作为一组标准的对象对待，用于处理内存中的 XML 数据。在.NET 框架中，操作 DOM 模型的类位于 System.Xml 命名空间中，其中常用的类如表 8-1 所示。

表 8-1　　System.Xml 命名空间中的常用类

类	说　明
XmlDocument	表示 XML 文档
XmlDataDocument	允许通过相关的 DataSet 存储、检索和操作结构化数据
XmlEntity	表示实体声明，例如<!ENTITY... >
XmlNode	表示 XML 文档中的单个节点
XmlNodeList	表示排序的节点集合
XmlText	表示元素或属性的文本内容
XmlTextReader	表示提供对 XML 数据进行快速、非缓存、只进访问的读取器
XmlReader	是所有 XML 读取器的基类，XmlTextReader，XmlValidatingReader 和 XmlNodeReader 类都继承自 XmlReader 类
XmlWriter	表示一个编写器，该编写器提供一种快速、非缓存和只进的方式来生成包含 XML 数据的流或文件
XmlTextWriter	表示提供快速、非缓存、只进方法的编写器，该方法生成包含 XML 数据（这些数据符合 W3C 可扩展标记语言（XML）1.0 和“XML 中的命名空间”建议）的流或文件
XmlElement	表示一个元素
XmlNodeReader	表示提供对 XmlNode 中的 XML 数据进行快速、非缓存的只进访问的读取器
XmlDocumentType	表示文档类型声明
XmlNotation	表示一个表示法声明，例如<!NOTATION... >
XmlAttribute	表示一个属性。此属性的有效值和默认值在文档类型定义（DTD）或架构中进行定义

在这里，有如下几点需要注意。

（1）XmlDocument 对象表示整个 DOM 树，提供了查看和操作整个 XML 文档中所有节点的方法。

（2）XmlNode 对象是 DOM 树中的基本对象，表示 DOM 树中的一个节点。

（3）XmlText 对象表示 DOM 数中的叶子节点，是某个属性的值。

（4）XmlWriter、XmlReader 等提供了读写 XML 文档的方法。

8.1.3　XML 数据的访问

.NET 支持多种方式读取 XML 文档，包括字符串流、URL、文本读取器或者 XmlRreader 等方式。

1. 使用 XmlDocument 读取 XML

使用 XmlDocument 对象的 Load 方法可以从指定的字符串加载 XML 文档，形式如下：

```
public virtual void Load(string filename);
```

参数 filename 表示文件的 URL 地址或其带路径的文档名，该文件包含要加载的 XML 文档。在下面的示例中读取示例 XML 文档 test.xml，并输出在屏幕上。

```
//创建 XmlDocument 对象
XmlDocument xdoc=new XmlDocument();
//XML 文档路径，当前路径为工程项目下的\bin\Debug 目录
string strFileName="..\\..\\TestDocs\\test.xml";    //相对路径
//读取 XML
xdoc.Load(strFileName);
```

```
//输出 XML 文档
Console.WriteLine(xdoc.InnerXml);
```

代码首先在第 2 行实例化了一个 XmlDocument 对象；然后使用其 Load 方法读取 XML 文档，输入参数为带相对路径的 XML 文档名；最后在第 8 行使用 XmlDocument 的 InnerXml 属性输出了 XML 文档的内容。此时，在内存中已经存在了一个 DOM 对象 xdoc，这个对象表示了一个 XML 文档。这样就可以对其进行进一步的操作了。

2. 使用 XmlReader 读取 XML

XmlReader 是一个抽象类，提供对 XML 数据快速、非缓存、只进的访问。它能够高效地读取 XML 文档中的单个节点，常用属性和方法的简单说明如表 8-2 所示。

表 8-2　XmlReader 常用属性和方法

属性/方法	说　明
AttributeCount	获取当前节点上的属性数
EOF	获取一个值，该值指示此读取器是否定位在流的结尾
Item	获取此属性的值
NodeType	获取当前节点的类型
ReadState	获取读取器的状态
Value	获取当前节点的文本值
GetAttribute	获取属性的值
Read	读取下一个节点
ReadInnerXml	以字符串形式读取所有内容（包括标记）
ReadString	将元素或文本节点的内容当做字符串读取
MoveToAttribute	移动到指定的属性
Close	将 ReadState 更改为 Closed
MoveToElement	移动到包含当前属性节点的元素
ReadAttributeValue	将属性值解析为一个或多个 Text、EntityReference 或 EndEntity 节点
ReadElementString	读取简单纯文本元素
ReadOuterXml	读取表示该节点和所有子级的内容（包括标记）
Skip	跳过当前节点的子级

作为抽象基类，XmlReader 有 3 个具体实现的扩展类：XmlTextReader、XmlValidatingReader 和 XmlNodeReader。

（1）XmlTextReader：读取字符流是一个只进读取器，具有返回有关内容和节点类型的数据方法。

（2）XmlValidatingReader：提供 XML 文档对象模型（DOM）API（如 XmlNode 树）的分析器。获取一个 XmlNode，返回在 DOM 树中查找到的任何节点，包括实体引用节点。

（3）XmlNodeReader：提供验证或非验证 XML 的分析器。

在下面的示例中，使用 XmlTextReader 读取示例 XML 文档 test.xml，并以更加直观的方式输出其中的联系人信息。

```
// 加载 XML 文档，并忽略所有的空格
string filename="..\\..\\TestDocs\\test.xml";
XmlTextReader xreader = new XmlTextReader(filename);
```

```
xreader.WhitespaceHandling = WhitespaceHandling.None;   //忽略空格

// 解析 XML 文档，并输出所有节点
while (xreader.Read())
{
    for(int i=0;i<xreader.Depth;i++)
    Console.Write("\t");
    switch (xreader.NodeType)     //判断节点类型
    {
        case XmlNodeType.Element:     //元素
            Console.WriteLine("<{0}>", xreader.Name);
            break;
        case XmlNodeType.Text:     //内容
            Console.WriteLine("{0}",xreader.Value);
            break;
        case XmlNodeType.EndElement:     //元素结束标记
            Console.WriteLine("</{0}>", xreader.Name);
            break;
        case XmlNodeType.Comment:     //注释
            Console.WriteLine("<!--{0}-->", xreader.Value);
            break;
        case XmlNodeType.XmlDeclaration:     //XML 声明
            Console.WriteLine("<?xml version='1.0'?>");
            break;
        case XmlNodeType.Document:     //根节点
            break;
        case XmlNodeType.DocumentType:     //文档类型声明
            Console.WriteLine("<!DOCTYPE {0} [{1}]", xreader.Name, xreader. Value);
            break;
    }
}
//关闭 XmlTextReader
if (xreader!=null)
    xreader.Close();
```

代码首先在第 3 行实例化了一个 XmlTextReader 对象，并指定了所要读取的文件。第 4 行使用其 WhitespaceHandling 设置在读取的过程中忽略文档中节点之间的空格和制表符。

第 6 行的 While 循环中使用了 XmlTextReader 的 Read()方法，不断读取 XML 文档中的下一个节点，这些节点包括标记、内容、注释等。.NET 提供了一个枚举结构 System.Xml.XmlNodeType 来管理这些节点类型，定义了所有 DOM 树中节点的类型，如表 8-3 所示。

表 8-3　XmlNodeType 枚举值

枚 举 值	节点类型	示　例
Attribute	属性	id='123'
Comment	注释	<!-- my comment -->
Document	文档树的根节点	<document>
DocumentType	文档类型声明	<!DOCTYPE ...>
Element	元素	<姓名>
Text	节点的文本内容	张三

续表

枚 举 值	节点类型	示 例
EndElement	元素结束标记	</姓名>
Entity	实体声明	<!ENTITY ...>
EntityReference	对实体的引用	#
Notation	文档类型声明中的表示法	<!NOTATION ...>
ProcessingInstruction	处理指令	<?pi test?>
Whitespace	标记间的空白	
XmlDeclaration	XML 声明	<?xml version='1.0'?>

根据节点的类型，代码在第 10 行使用 switch 语句进行判断，并根据不同的节点类型按照不同的形式输出。同时，为了体现 XML 文档的层次行，第 9 行，第 10 行使用了 XmlTextReader 的 Depth 属性输出一定数量的制表符。Depth 属性可以获取 XML 文档中当前节点的深度。

最后，当全部输出之后，Read()方法返回 False，while 循环结束。代码在第 35 行，第 36 行关闭 XmlTextReader 对象。示例的执行结果如图 8-2 所示。

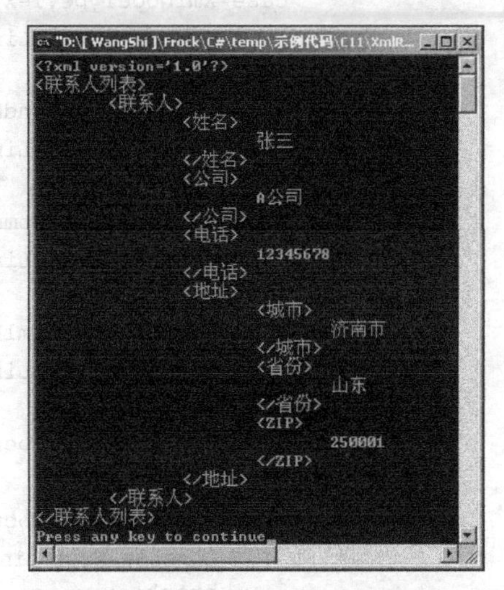

图 8-2 使用 XmlTextReader 读取 XML 文档

3. 使用 XmlNode 读取节点

XML 的每一个节点都包括很多内容，如节点标签名、节点属性、节点数据值等。XmlNode 对象用于实现一个 Xml 节点，使用此对象可以完成对节点的绝大部分操作，常用属性和方法的简单说明如表 8-4 所示。

表 8-4 XmlNode 常用属性和方法

属性/方法	说 明
Attribute	获取一个 XmlAttributeCollection，包含该节点的属性
BaseURL	获取当前节点的基准路径
ChildNodes	获取节点的所有子节点
FirstChild / LastChild	获取节点的第一个/最后一个子节点
HasChildNodes	获取一个值，指示节点是否有任何子节点
InnerText	获取或设置节点及其所有子级的值，并将它们连接在一起
InnerXml / OuterXml	获取或设置表示此节点的子节点/包含本身在内的子节点的 XML
Item	获取指定的子元素
NextSibling	获取紧接在该节点之后的节点
NodeType	获取当前节点的类型
OwnerDocument	获取该节点所属的 XmlDocument
Value	获取或设置节点的值
AppendChild / PrependChild	将指定节点添加到该节点的子节点列表的末尾/开头

续表

属性/方法	说 明
GetType	提供对 XmlNode 中节点上"for each"样式迭代的支持
InsertAfter / InsertBefore	将指定节点紧接着插入指定的引用节点之后/之前
RemoveAll / RemoveChild	移除当前节点的所有子节点和（或）属性/移除指定的子节点
ReplaceChild	替换子节点
SelectNode / SlectSingleNode	选择匹配 XPath 表达式的节点列表/第一个 XmlNode
WriteContentTo / WriteTo	将节点的所有子级/节点自身保存到指定的 XmlWriter 中

XmlNode 的属性和方法很多，不再一一细述。下面的示例显示 test.xml 中第一个联系人张三的节点详细信息。

```
//使用 XmlDocument 读取 XML
XmlDocument xdoc=new XmlDocument();
string strFileName="..\\..\\TestDocs\\test.xml";     //相对路径
xdoc.Load(strFileName);

XmlNode xnode=xdoc.DocumentElement.FirstChild;      //第一个节点
//输出第一个节点的详细信息
Console.WriteLine("节点名\t\t: {0}",xnode.Name);
Console.WriteLine("节点类型\t: {0}",xnode.NodeType);
Console.WriteLine("属性值\t\t: {0}",xnode.Attributes[0].Value);
Console.WriteLine("节点的值\t: {0}",xnode.Value);
Console.WriteLine("基准位置\t: {0}",xnode.BaseURI);
Console.WriteLine("是否有子节点\t: {0}",xnode.HasChildNodes);
Console.WriteLine("子节点的值\t: {0}",xnode.InnerText);
Console.WriteLine("子节点 XML\t: {0}",xnode.InnerXml);
Console.WriteLine("本身及子节点 XML\t: {0}",xnode.OuterXml);
Console.WriteLine("所属 XML 文档\t: {0}",xnode.OwnerDocument.Name);
Console.WriteLine("父节点\t\t: {0}",xnode.ParentNode.Name);
```

代码首先在第 1 行～第 4 行使用 XmlDocument 对象读取了一个 XML 文档，然后在第 6 行得到了文档根节点（DocumentElement）的第一个孩子子节点，即联系人张三所在的节点（参考图 8-1）。第 8 行～第 19 行代码分别输出了该节点的各种详细信息，运行结果如图 8-3 所示。

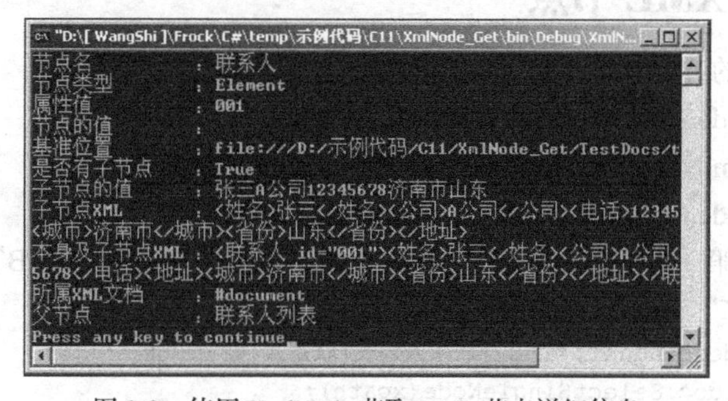

图 8-3 使用 XmlNode 获取 XML 节点详细信息

8.1.4 创建 XML 节点

可以通过向 XML 中插入新的节点来修改文档。首先需要在 DOM 对象中创建新的节点，可以使用 XmlDocument 的 Create*系列方法来实现这个功能。

针对不同的节点类型，Create*系列方法有所不同，但都以 Create 开头并以节点的类型结尾，如 CreateComment（创建注释）、CreateTextNode（创建叶子节点）等。另外，还可以使用 CreateNode 方法结合节点类型参数建立各种类型的节点，形式如下：

```
public virtual XmlNode CreateNode(XmlNodeType type7string name,string namespace URI);
```

其中，参数 type 表示新节点的类型 XmlNodeType，name 为新节点的标签名，namespaceURI 表示新节点的命名空间。方法返回一个新的 XmlNode 对象。例如，下面代码创建一个 Element 类型的"类别"节点，并设置其值为"同事"。

```
XmlNode elem = doc.CreateNode(XmlNodeType.Element, "类别", null);
elem.InnerText = "同事";
```

建立新的节点之后，下一步就需要把这个新的节点插入 DOM 树中，需要使用 XmlDocument 对象或 XmlNode 对象。有几种方法可以完成这个功能。

InsertBefore：把新节点插入指定的节点之前。

InsertAfter：把新节点插入指定的节点之后。

AppendChild：把新节点插入指定节点的孩子节点的末尾。

PrependChild：把新节点插入指定节点的孩子节点的开头。

Append：将 XmlAttribute 类型的节点追加到元素属性的末尾。

在插入之前，需要先把当前位置定位到所要插入位置的父节点，并确定新节点的插入位置。例如，下面的代码把新建立的"类别"节点插入"联系人"节点的孩子节点中，位置在"姓名"节点之后。

```
//定位插入位置
string xpath="descendant::姓名[/联系人列表/联系人[姓名='张三']]";
XmlNode refnode=xdoc.SelectSingleNode (xpath);

//插入新节点
refnode.ParentNode.InsertAfter(elem,refnode);
```

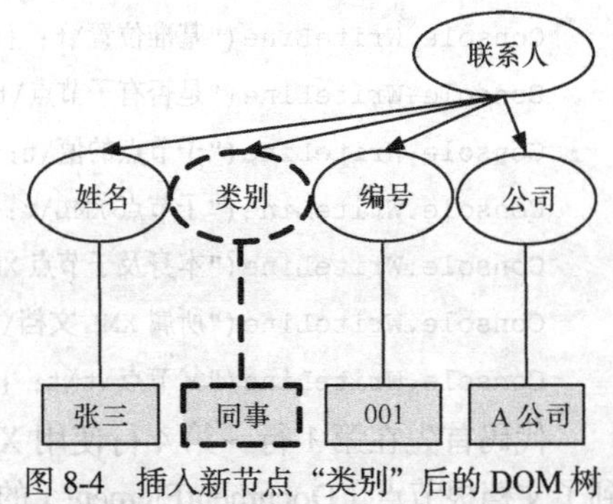

图 8-4 插入新节点"类别"后的 DOM 树

经过上面代码的修改之后，DOM 树如图 8-4 所示。

8.1.5 修改 XML 节点

修改 DOM 节点的方法有很多种，常用的方法包括：

（1）使用 XmlNode.InnerText 属性修改节点的值；

（2）通过修改 XmlNode.InnerXml 属性来修改节点标签或其值；

（3）使用 XmlNode.ReplaceChild 方法，用新的节点替换现有节点。

下面的代码使用第（1）种方法修改联系人"张三"的公司为"公司 B"。

```
//检索联系人"张三"节点的"公司"子节点
string xpath="descendant::公司[/联系人列表/联系人[姓名='张三']]";
XmlNode xnode=xdoc.SelectSingleNode(xpath);
Console.WriteLine("{0}\t:{1}",xnode.Name,xnode.OuterXml);
```

```
//第（1）种方法
xnode.InnerText="公司 B";
```

下面代码使用第（2）种方法实现同样的功能。

```
//第（2）种方法
xnode.InnerXml="<公司>公司 B</公司>";
```

下面代码使用第（3）种方法实现同样的功能。

```
//第（3）种方法
XmlNode newnode =xdoc.CreateNode (XmlNode
Type. Element, "类别",null);
newnode.InnerXml="<公司>公司 B</公司>";
xnode.ParentNode.ReplaceChild(newnode,xnode);
```

修改后的 DOM 树如图 8-5 所示。

图 8-5　修改“公司”节点后的 DOM 树

8.1.6　删除 XML 节点

要从 DOM 树中删除一个节点非常简单，在使用 XPath 检索节点的基础上，可以使用 XmlDocument 或 XmlNode 对象的 RemoveChild 方法删除掉一个指定的节点。如果想要删除所有的后代节点，可以使用 RemoveAll 方法。

下面的代码使用 RemoveChild 方法删除掉所有联系人的“电话”子节点。

```
// 检索所有电话节点
xpath="descendant::电话[/联系人列表/联系人]";
xnlist=xdoc.SelectNodes(xpath);

//循环删除掉所有的电话节点
foreach(XmlNode item in xnlist)
{
    item.ParentNode.RemoveChild(item);
}
```

删除掉“电话”节点后的 DOM 树如图 8-6 所示。

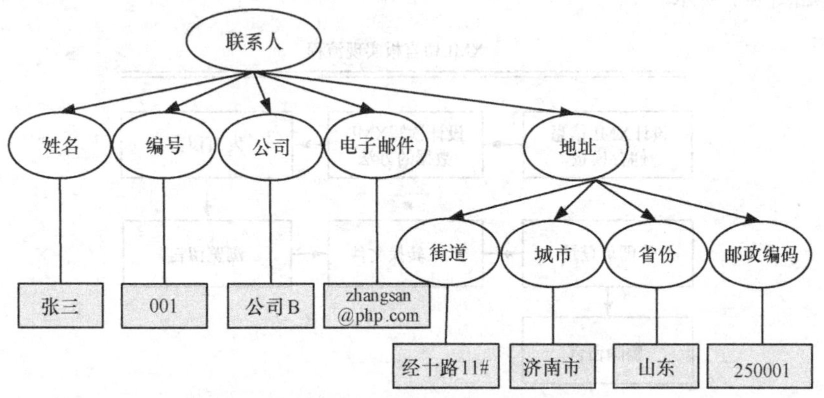

图 8-6　删除掉“电话”节点后的 DOM 树

8.1.7　使用 XSL 文件

XSL 转换（XSLT）样式表（.xslt 或.xsl 文件）用于将源 XML 文档的内容转换为专门适合于特定用户、媒介或客户端的表现形式。有两种方式转换 XML Web 服务器控件中的 XML 数据。

（1）指向外部 .xslt 文件，这会自动向 XML 文档应用转换。

（2）将作为 XslTransform 类型的对象的转换应用到 XML 文档。

两种方法具有相同的结果，用户的选择主要取决于在用户的应用程序中使用哪种方法最方便。如果转换采用.xsl 或.xslt 文件的形式，加载该文件将很简便。如果转换采用对象的形式（可能通过其他进程将其传递到用户的应用程序），则用户可以将它作为对象应用。

1. 从文件应用转换

从文件转换首先是要把 XML 控件的 TransformSource 属性设置为 XSLT 文档的路径。下面的代码示例演示如何应用从文件到名为 Xml1 的 XML 控件的转换。

```
Xml1.TransformSource = "mystyle.xsl";
```

2. 从 XslTransform 对象应用转换

下面的代码示例演示如何创建转换类的实例，并使用该实例将转换应用到一个对象上。在此示例中，XML 文档和事件都从文件读取。但在实际的应用程序中，这两个对象可以来自其他的组件，只要一加载该页就应用转换。

```
private void Page_Load(object sender, System.EventArgs e)
{
    System.Xml.XmlDocument doc = new System.Xml.XmlDocument();
    doc.Load(Server.MapPath("MySource.xml"));
    System.Xml.Xsl.XslTransform trans = new
       System.Xml.Xsl.XslTransform();
    trans.Load(Server.MapPath("MyStyle.xsl"));
    Xml1.Document = doc;
    Xml1.Transform = trans;
}
```

8.2 创建 XML 留言板

留言板允许非注册用户发布留言信息。本例中所有的留言信息会以模板列表形式展现。本节的实现流程如图 8-7 所示。

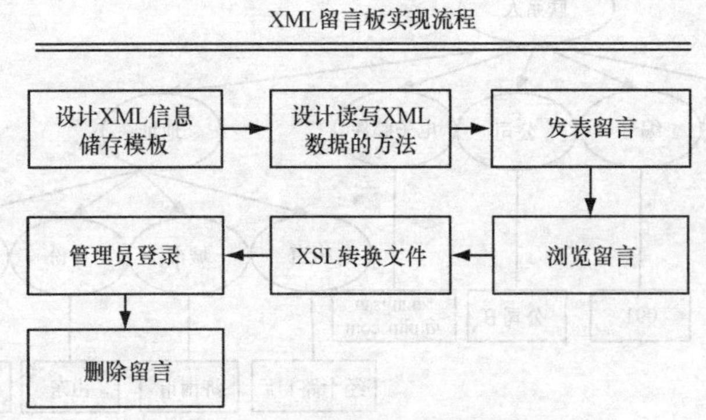

图 8-7 XML 留言板实现流程

8.2.1 保存留言内容的 XML 模板

如果要将数据保存在 XML 文件中，必须要制定一定的格式。XML 既然是一种数据描述语言，也就是说，要在 XML 内制定描述留言内容数据的格式。实现 XML 模板的步骤如下。

（1）在 Visual Studio 中新建一个网站，命名为 XMLMessage，用来保存用 XML 实现的留言板模块。

（2）右键单击网站根目录，在弹出的快捷菜单中单击“添加新项”命令，打开“添加新项”对话框。

（3）在打开的“添加新项”对话框中选中“XML 文件”模板。单击“添加”按钮，在“解决方案资源管理器”中生成一个名为“XMLFile.xml”的文件。

（4）打开“XMLFile.xml”文件，默认生成的内容如下：

```
<?xml version="1.0"encoding="utf-8"?>
```

（5）默认的编码方式是“utf-8”，因为留言板要保存中文内容，可修改编码方式为“gb2312”。

（6）根据留言板要保存的信息内容，设计模板的样式如下：

```
<?xml version="1.0" encoding="gb2312"?>
<message>
    <msgrecord>
       <name>  </name>
       <mail>  </mail>
       <url>   </url>
       <msg>   </msg>
    </msgrecord>
</message>
```

模板文件的样式如此并不说明模板文件中应该这样，实现这样的模板不是手动把元素添加进去，而是要使用下一小节介绍的保存 XML 数据的方法。

8.2.2　读取和保存 XML 数据的方法

在 ASP.NET 中，使用“XmlDocument”类实现 XML 数据的操作。在本例中需要设计两个方法，一个用来读取 XML 文件中的数据，另一个用来保存用户输入的数据到 XML 文件中。但由于 ASP.NET 提供的数据控件允许把 XML 文件直接当做数据集，而不需要任何代码的转换，所以本例只需要设计一个方法：保存用户输入的数据到 XML 文件中。实现方法的步骤如下。

（1）在网站根目录下添加一个类，命名为“XMLRW”。

（2）添加类时，系统提示是否将类保存在“App_Code”目录下，选择“是”。

（3）打开“App_Code”目录下的“XMLRW.cs”文件。

（4）因为要使用有关 XML 文件的操作类，所以必须引用这些类所在的命名空间“System.Xml”。

代码如下：

```
using System;
using System.Data;
using System.Configuration;
using System.Web;

using System.Xml;

/// <summary>
/// XML 文件的读写类
/// </summary>
public class XMLRW
{
    /// <summary>
    /// 结构化函数
```

```
        /// </summary>
         public XMLRW()
         {
         }
        /// <summary>
        /// 写数据到 XML 文件中
        /// </summary>
        /// <param name="FileName">要打开的 XML 文件</param>
        /// <param name="name">发言人姓名</param>
        /// <param name="mail">发言人邮箱</param>
        /// <param name="content">发言内容</param>
        /// <param name="url">发言人的网址</param>
        public void WriteXML(string FileName,string name,string mail,string content,
string url )
        {
            //初始化 XML 文档操作类
            XmlDocument mydoc = new XmlDocument();
            //加载指定的 XML 文件
            mydoc.Load(FileName);

            //添加元素-姓名
            XmlElement ele = mydoc.CreateElement("name");
            XmlText text = mydoc.CreateTextNode(name);
            //添加元素-邮箱
            XmlElement ele1 = mydoc.CreateElement("mail");
            XmlText text1 = mydoc.CreateTextNode(mail);
            //添加元素-内容
            XmlElement ele2 = mydoc.CreateElement("url");
            XmlText text2 = mydoc.CreateTextNode(url);
            //添加元素-网址
            XmlElement ele3 = mydoc.CreateElement("msg");
            XmlText text3 = mydoc.CreateTextNode(content);

            //添加文件的节点-msgrecord
            XmlNode newElem = mydoc.CreateNode("element", "msgrecord", "");
            //在节点中添加元素
            newElem.AppendChild(ele);
            newElem.LastChild.AppendChild(text);
            newElem.AppendChild(ele1);
            newElem.LastChild.AppendChild(text1);
            newElem.AppendChild(ele2);
            newElem.LastChild.AppendChild(text2);
            newElem.AppendChild(ele3);
            newElem.LastChild.AppendChild(text3);
            //将节点添加到文档中
            XmlElement root = mydoc.DocumentElement;
            root.AppendChild(newElem);

            //保存所有修改
            mydoc.Save(FileName);
        }
    }
```

（5）按 Ctrl+S 快捷键保存代码的设计。

（6）按 F5 键编译并运行程序，测试代码有没有语法错误。

8.2.3　发表留言功能

从 XML 的模板中可以看出，用户发表留言时需要填写的基本信息有姓名、邮箱、网址、留言内容。根据这些信息设计发表留言功能，具体实现的步骤如下。

（1）在网站根目录下添加一个 Web 窗体，命名为“SendMSG”。

（2）切换到窗体的设计视图。

（3）在视图中添加需要的控件，如图 8-8 所示。其中用于输入留言内容的“TextBox”控件的属性“TextMode”为“MultiLine”，“Rows”属性为“8”。

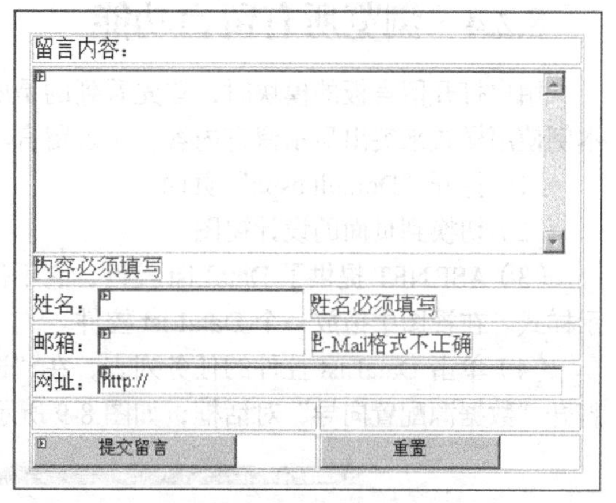

图 8-8　发表留言视图

（4）图 8-8 中用到了 3 个验证控件：2 个为“RequiredFieldValidator”，表示姓名和留言内容文本框必须填写；1 个为“RegularExpression Validator”，用来验证用户输入的邮箱是否正确，验证表达式为“\w+([-+.']\w+)*@\w+([-.]\w+)*\.\ w+([-.]\w+)*”。

（5）双击“提交留言”按钮，切换到窗体的代码视图。

（6）在按钮的 Click 事件中书写完成提交功能需要的代码如下：

```
protected void Button1_Click(object sender, EventArgs e)
    {
        //初始化 xml 文件操作类
        XMLRW myrw = new XMLRW();
        //调用保存 XML 文件的方法
        myrw.WriteXML(Server.MapPath(".") + @"\XMLFile.xml",txtname.Text
            ,txtmail.Text,txtcontent.Text,txturl.Text);
        //导航到浏览页
        Response.Redirect("Default.aspx");
    }
//提交后要转到浏览页面
```

（7）按 Ctrl+S 快捷键保存设计和代码。

（8）将此页设置为起始页。

（9）按 F5 键运行程序，测试能否正常提交留言信息。

（10）打开“.xml”文件，查看留言信息是否正确保存。生成的 XML 内容架构如下：

```
<?xml version="1.0" encoding="gb2312"?>
<message>
  <msgrecord>
    <name>cgj</name>
    <mail>cgj@263.net</mail>
    <url>http://cgj.net</url>
    <msg>这里太好了</msg>
  </msgrecord>
  <msgrecord>
    <name>huf</name>
```

```
        <mail>huf@263.net</mail>
        <url>http://</url>
        <msg>以后常来这里玩</msg>
    </msgrecord>
</message>
```

8.2.4 浏览所有留言功能

用户打开留言板的模块时，首先看到的是所有的留言内容列表。考虑到留言内容可能很多，本例使用样式来突出显示留言内容。实现留言功能的具体步骤如下。

（1）打开“Default.aspx”页面。

（2）切换到页面的设计视图。

（3）ASP.NET 提供了 DataList 控件，它不仅可以实现分页，还允许使用模板来设计列表的显示样式。在视图中拖放一个 DataList 控件。

（4）单击 DataList 控件的任务列表，在“选择数据源”下拉框中选择“新建数据源”选项，打开“数据源配置向导”对话框，如图 8-9 所示。

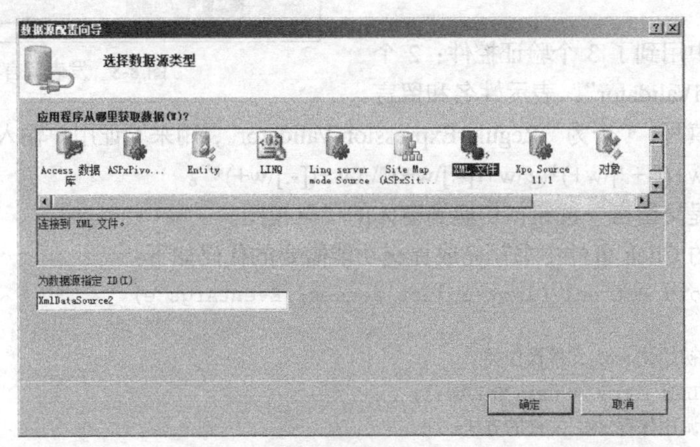

图 8-9 “数据源配置向导”对话框

（5）数据源类型选择“XML 文件”，单击“确定”按钮，打开“配置数据源”对话框，如图 8-10 所示。

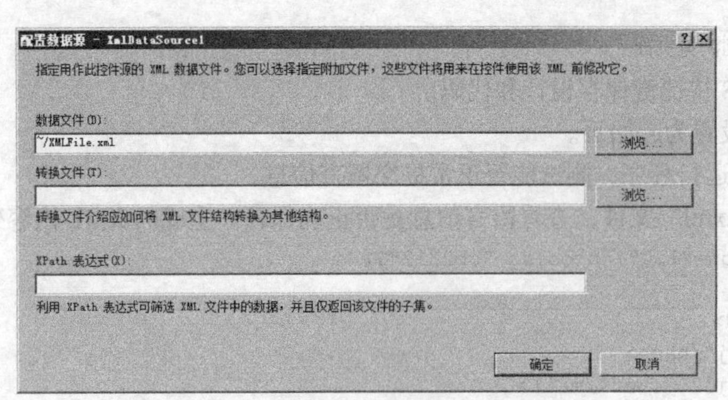

图 8-10 “配置 XML 数据源”对话框

（6）“数据文件”文本框中填写“~/XMLFile.xml”，单击“确定”按钮，回到设计视图。

（7）在页面上添加发表留言和删除留言的链接按钮，其中“发表留言”链接的“NavigateUrl”

属性为“~/SendMSG.aspx”。

（8）按 Shift+F7 快捷键切换到源代码视图，设计“DataList”控件的模板如下：

```
    <asp:DataList ID="DataList1" runat="server" DataSourceID="XmlDataSource1" BackColor
="White"  BorderColor="#DEDFDE"  BorderStyle="None"  BorderWidth="1px"  CellPadding="4"
ForeColor="Black" GridLines="Vertical" Width="534px">
                    <HeaderTemplate><table></HeaderTemplate>
    <ItemTemplate><tr>
    <td>姓名：<%#XPath("name")%></td>
    <td>邮箱：<%#XPath("mail")%></td>
    <td>网址：<%#XPath("url")%></td>
    </tr>
    <tr>
    <td colspan="3"  style="color: black; background-color: white;">留言内容：<%#Xpath
("msg")%></td>
    </tr></ItemTemplate>
     <FooterTemplate></table></FooterTemplate>
       <FooterStyle BackColor="#CCCC99" />
       <SelectedItemStyle BackColor="#CE5D5A" Font-Bold="True" ForeColor="White" />
       <AlternatingItemStyle BackColor="White" />
       <ItemStyle BackColor="#F7F7DE" />
       <HeaderStyle BackColor="#6B696B" Font-Bold="True" ForeColor="White" />
    </asp:DataList>
```

（9）再按 Shift+F7 快捷键回到设计视图，最终视图效果如图 8-11 所示。

（10）按 Ctrl+S 快捷键保存所有的设计。

（11）将此页设置为起始页，按 F5 键运行程序，测试留言的浏览功能。最终运行效果如图 8-12 所示。

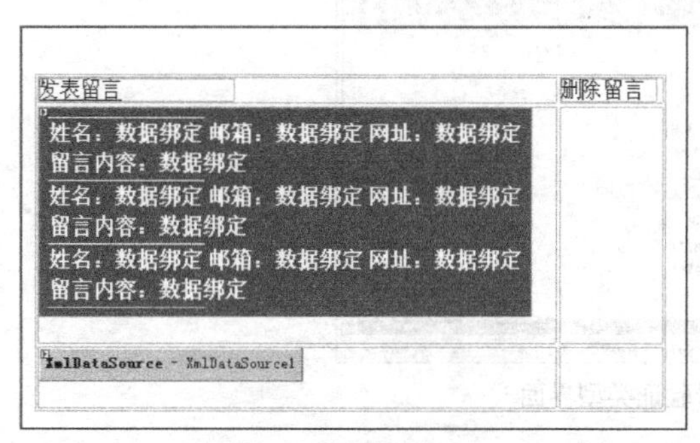

图 8-11 浏览留言视图

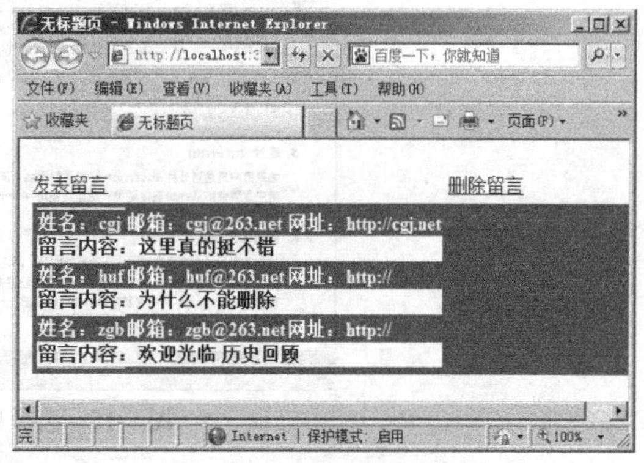

图 8-12 浏览留言运行视图

8.2.5 管理员登录功能

根据设计，普通用户只允许发表留言，不能删除留言。如果用户选择了删除留言功能，则会出现登录界面，要求输入登录用户名和密码，这样才能保证留言不会被随意删除。本功能的实现步骤如下。

（1）在网站根目录下新建一个文件夹，命名为“Manager”。

（2）在“Manager”文件夹下添加一个 Web 窗体，命名为“Login”。同时，再添加一个窗体“DeleMsg”，用来删除留言信息。

（3）在 Login 窗体中，拖放一个“Login”控件到视图中。

（4）ASP.NET 的登录控件可以自己完成验证的过程，所以此处不做任何修改，登录视图如图 8-13 所示。

（5）按 Ctrl+S 快捷键保存视图的设计。

（6）单击 Visual Studio 的“网站”|“ASP.NET 配置”菜单命令，打开 ASP.net 网站管理工具。

（7）切换到“安全”选项卡界面，如图 8-14 所示。

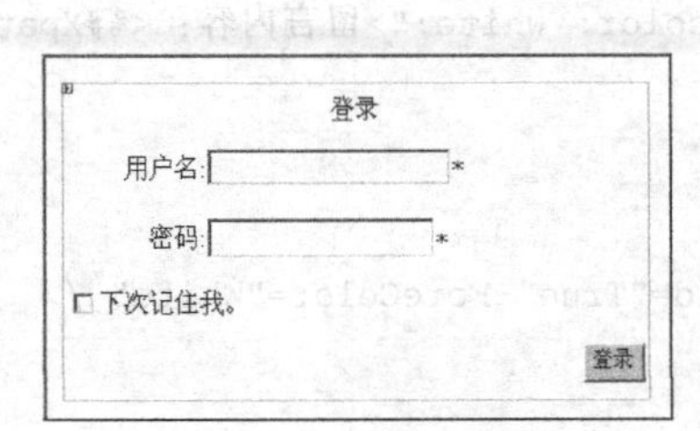

图 8-13　登录视图

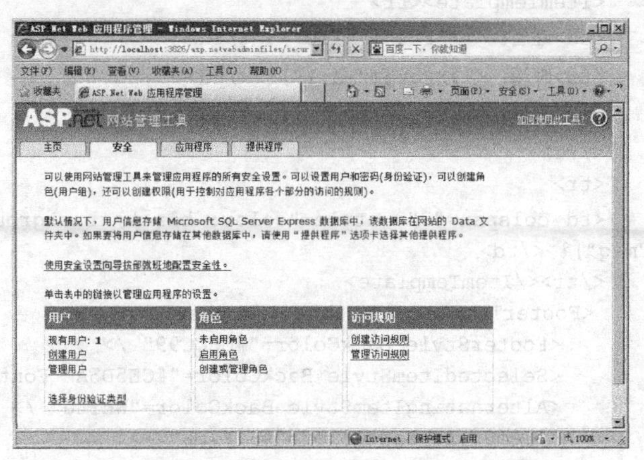

图 8-14　网站管理工具的“安全”选项

（8）单击“选择身份验证类型”链接，打开界面如图 8-15 所示。注意此处一定要选择“通过 Internet”。

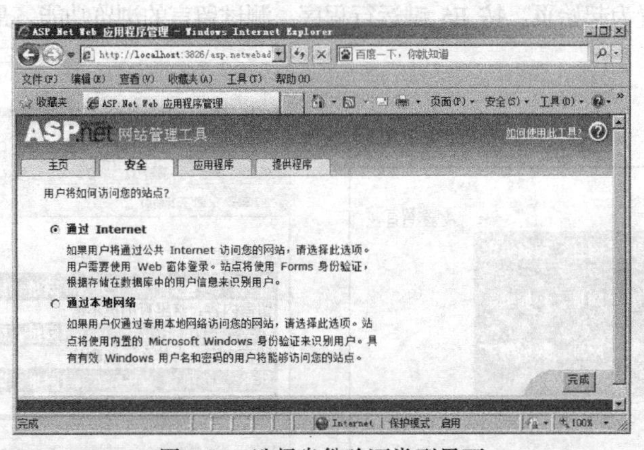

图 8-15　选择身份验证类型界面

（9）单击“完成”按钮回到图 8-14，此时界面中多了一个“创建用户”按钮，单击此按钮，根据向导添加一个管理员用户，用户名为“admin”，密码为“admin@pass”。

密码要包含一个特殊字符。

（10）打开配置文件“Web.Config”，实现用户单击“删除留言”时出现登录窗口的配置。修改结果如下所示。注意，这里使用了“Location”节点，用来控制使用验证的目录。

```
<?xml version="1.0"?>
<configuration>
    <system.web>
        <compilation debug="true"/>
```

```
            <authentication mode="Forms">
                <forms loginUrl="manager/Login.aspx" protection="None"  path="/"></forms>
            </authentication>
        </system.web>
        <location path="Manager">
            <system.web>
                <authorization>
                    <deny users="?" />
                </authorization>
            </system.web>
        </location>
    </configuration>
```

（11）打开“Default.aspx”页，切换到设计视图，修改“删除留言”链接的“NavigateUrl”属性为“~/Manager/DeleMsg.aspx”。

（12）按 F5 键运行程序，单击“删除留言”按钮，测试是否出现登录窗口。

8.2.6　用 XSL 文件转换 XML 文件

本例中使用的 XML 文件是以元素的形式保存留言内容的，如“name”就是节点“msgrecord”内的一个元素。而如果使用数据控件绑定 XML 文件作为数据源，则要绑定的字段必须是节点内的“属性”。Microsoft 给出的解释如下：在将表格数据绑定控件绑定到 XmlDataSource 控件时，该控件仅呈现 XML 层次结构的第一级。XmlDataSource 控件将第一级节点的属性公开为数据表中的等效列。

根据以上描述，本例必须使用一个 XSL 文件，目的是将节点的元素转换为节点的属性。实现步骤如下。

（1）在网站根目录下添加一个“XSLT 文件”，默认生成的名字是“XSLTFile.xsl”。

（2）打开这个转换文件，书写转换方法，内容如下：

```
<?xml version="1.0" encoding="utf-8"?>
<xsl:stylesheet version="1.0"
    xmlns:xsl="http://www.w3.org/1999/XSL/Transform">
<xsl:template match="message">
    <!--
        This is an XSLT template file. Fill in this area with the
        XSL elements which will transform your XML to XHTML.
    -->
    <xsl:element name="message">
        <xsl:for-each select="..//msgrecord">
            <xsl:element name="msgrecord">
                <xsl:attribute name="name">
                    <xsl:value-of select="name"/>
                </xsl:attribute>
                <xsl:attribute name="url">
                    <xsl:value-of select="url"/>
                </xsl:attribute>
                <xsl:attribute name="mail">
                    <xsl:value-of select="mail"/>
                </xsl:attribute>
                <xsl:attribute name="msg">
                    <xsl:value-of select="msg"/>
                </xsl:attribute>
```

```
            </xsl:element>
        </xsl:for-each>
    </xsl:element>
</xsl:template>
</xsl:stylesheet>
```

（3）按 Ctrl+S 快捷键保存转换文件。

转换的原理其实是使用“System.Xml.Xsl”命名空间提供的“XslTransform”类。其实现步骤的代码如下：

```
//加载源文件
XmlDocument mydoc = new XmlDocument();
mydoc.Load(Server.MapPath(".") + @"\XMLFile.xml");
//初始化转换类
XslTransform trans = new XslTransform();
//加载转换文件
trans.Load(Server.MapPath(".") + @"\XSLTFile.xsl");
//实行转换
trans.Transform(Server.MapPath(".") + @"\XMLFile.xml", Server.MapPath(".") + @"\XMLFile1.xml");
```

8.2.7 删除留言功能

要实现留言的删除功能，本例将采用 ASP.NET 中的 GridView 控件，用 XML 文件作为数据源。删除留言功能的具体步骤如下。

（1）在“Manager”文件夹下添加一个 Web 窗体，命名为“DeleMsg”。

（2）切换到窗体的设计视图。

（3）拖放一个“GridView”控件到视图中。

（4）配置“GridView”控件的数据源。数据源类型选择“XML 文件”，文件来自根目录下的“XMLFile.xml”，同时要记住使用转换文件“XSLTFile.xsl”。

（5）配置 GridView 的内容可能会显得有点困难，如果希望快速配置，可直接在 HTML 源代码中进行修改，GridView 的源代码如下：

```
asp:GridView    ID="GridView1"    runat="server"    DataSourceID="XmlDataSource1" AutoGenerateColumns="False" Width="490px" OnRowCommand="GridView1_RowCommand">
    <Columns>
        <asp:BoundField DataField="name" HeaderText="name" SortExpression="name" />
        <asp:BoundField DataField="mail" HeaderText="mail" SortExpression="mail" />
        <asp:TemplateField ShowHeader="False">
            <ItemTemplate>
                <asp:LinkButton  ID="LinkButton1"  runat="server"  CausesValidation="False" CommandArgument='<%#Eval("name")%>'
                    CommandName="Delete" Text="删除"></asp:LinkButton>
            </ItemTemplate>
        </asp:TemplateField>
    </Columns>
</asp:GridView>
```

（6）按 F4 键打开“GridView”控件的属性窗口，切换到事件列表。

（7）双击“RowCommand”事件，切换到代码视图。

（8）添加“删除”事件触发的代码，其中使用了“XMLRW”类中删除节点的方法“DeleNote”，此方法代码如下：

```
    protected void GridView1_RowCommand(object sender, GridViewCommandEventArgs e)
    {
        //判断选择的是否是删除按钮
        if (e.CommandName == "Delete")
        {
            //初始化 XML 文件操作类
            XMLRW myrw = new XMLRW();
            //传递选中的名字和需要修改的文件名
            myrw.DeleNote(Server.MapPath("../") + @"XMLFile.xml",e.CommandArgument.
ToString());
        }
    }

    /// <summary>
    /// 删除节点的方法
    /// </summary>
    /// <param name="filename">要修改的 XML 文件</param>
    /// <param name="tempXmlNode">节点的姓名值</param>
    public void DeleNote(string filename,string tempXmlNode)
    {
        //初始化 XML 文档操作类
        XmlDocument mydoc = new XmlDocument();
        //加载 XML 文件
        mydoc.Load(filename);
        //搜索有 name 元素的所有节点集
        XmlNodeList mynode = mydoc.SelectNodes("//name");

        //判断是否有节点
        if (!(mynode == null))
        {
            //遍历节点，找到符合条件的元素
            foreach (XmlNode xn in mynode)
            {
              if (xn.InnerXml == tempXmlNode)
                    //删除元素的父节点
                    xn.ParentNode.ParentNode.RemoveChild(xn.ParentNode);
            }
        }
    }
```

（9）按 Ctrl+S 快捷键保存所有的设计。

（10）按 F5 键运行程序，测试留言的删除功能。运行效果如图 8-16 所示。

图 8-16　删除留言功能运行效果图

此处一定要注意一个问题：在 ASP.NET 的数据源控件中，只有对象类型和数据库类型允许删除和修改，其他类型都因为底层类的限制而不能进行删除和修改操作。本例虽然使用了 XmlDatasource 的删除功能，但是结果并没有将数据删除，错误如图 8-17 所示。

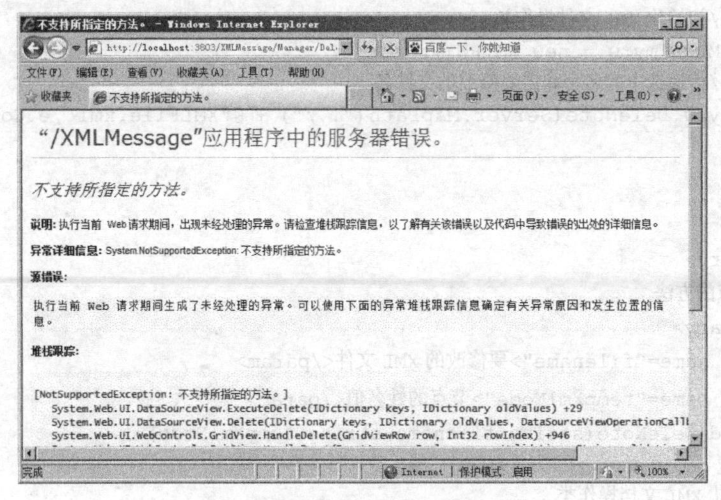

图 8-17　删除留言功能运行时错误

8.2.8　小结

本节通过实现一个留言板的功能，讲解了如何使用 XML 保存数据。此外，在发表留言功能中涉及了正则表达式的使用。

正则表达式是一种可以用于模式匹配的工具。简单地说，正则表达式就是一套规则，用于判定其他的元素是否符合它。

例如，在网络应用上的一个用户注册页面中（例如论坛或者交友网站的注册页面），可能有“电子邮件”这一项需要用户填写。Web 系统需要判定用户所填写的电子邮件地址是否合法，即是否符合电子邮件地址的规则。众所周知，电子邮件的格式形如

```
zhangsan@sina.com
```

可以抽象为这样的规则：

```
非空字符序列+'@'+非空字符序列+'.'+com|cn|net
```

可以称这样的一个规则为正则表达式，它可以作为一个模式，去检验一个字符串是否满足规则。

正则表达式的本质是使用一系列特殊字符模式来表示某一类字符串，如正则表达式“[a-zA-Z]+@[a-zA-Z]+\.com$”，说明如下。

（1）“[a-zA-Z]+”：指包含 1 个或多个大小写英文字母的字符串。

（2）com$：指以“com”结尾的字符串。

（3）\.：使用转移字符“\”来表示一个普通的字符“.”，因为“.”在正则表达式中也具有特殊的作用。注意在使用转移字符“\”时，需要在字符串前加上“@”符号。

综上所述，“[a-zA-Z]+@[a-zA-Z]+\.com$”可以匹配“非空字符串+‘@’+非空字符串+以‘.com’结尾的字符串”。因此，想要构造正则表达式，必须掌握这些特殊的表达形式，表 8-5 所示为 C# 中常用的符号模式。

表 8-5　　C#正则表达式符号模式

<table>
<tr><th>字　符</th><th>描　述</th></tr>
<tr><td>\</td><td>转义字符，将一个具有特殊功能的字符转义为一个普通字符，或反过来</td></tr>
<tr><td>^</td><td>匹配输入字符串的开始位置</td></tr>
<tr><td>$</td><td>匹配输入字符串的结束位置</td></tr>
<tr><td>*</td><td>匹配前面的零次或多次的子表达式</td></tr>
<tr><td>+</td><td>匹配前面的一次或多次的子表达式</td></tr>
<tr><td>?</td><td>匹配前面的零次或一次的子表达式</td></tr>
<tr><td>{n}</td><td>n 是一个非负整数，匹配前面的 n 次子表达式</td></tr>
<tr><td>{n,}</td><td>n 是一个非负整数，至少匹配前面的 n 次子表达式</td></tr>
<tr><td>{n,m}</td><td>m 和 n 均为非负整数，其中 n≤m，最少匹配 n 次且最多匹配 m 次</td></tr>
<tr><td>?</td><td>当该字符紧跟在其他限制符（*,+,?,{n},{n,},{n,m}）后面时，匹配模式尽可能少地匹配所搜索的字符串</td></tr>
<tr><td>.</td><td>匹配除“\n”之外的任何单个字符</td></tr>
<tr><td>(pattern)</td><td>匹配 pattern 并获取这一匹配</td></tr>
<tr><td>(?:pattern)</td><td>匹配 pattern 但不获取匹配结果</td></tr>
<tr><td>(?=pattern)</td><td>正向预查，在任何匹配 pattern 的字符串开始处匹配查找字符串</td></tr>
<tr><td>(?!pattern)</td><td>负向预查，在任何不匹配 pattern 的字符串开始处匹配查找字符串</td></tr>
<tr><td>x|y</td><td>匹配 x 或 y。例如，“z|food”能匹配“z”或“food”。“(z|f)ood”则匹配“zood”或“food”</td></tr>
<tr><td>[xyz]</td><td>字符集合。匹配所包含的任意一个字符。例如，[abc]可以匹配“plain”中的“a”</td></tr>
<tr><td>[^xyz]</td><td>负值字符集合。匹配未包含的任意字符。例如，[^abc]可以匹配“plain”中的“p”</td></tr>
<tr><td>[a-z]</td><td>匹配指定范围内的任意字符。例如，[a-z]可以匹配 a～z 范围内的任意小写字母字符</td></tr>
<tr><td>[^a-z]</td><td>匹配不在指定范围内的任意字符。例如，[^a-z]可以匹配不在 a～z 内的任意字符</td></tr>
<tr><td>\b</td><td>匹配一个单词边界，指单词和空格间的位置</td></tr>
<tr><td>\B</td><td>匹配非单词边界</td></tr>
<tr><td>\d</td><td>匹配一个数字字符，等价于[0～9]</td></tr>
<tr><td>\D</td><td>匹配一个非数字字符，等价于[^0～9]</td></tr>
<tr><td>\f</td><td>匹配一个换页符</td></tr>
<tr><td>\n</td><td>匹配一个换行符</td></tr>
<tr><td>\r</td><td>匹配一个回车符</td></tr>
<tr><td>\s</td><td>匹配任何空白字符，包括空格、制表符、换页符等</td></tr>
<tr><td>\S</td><td>匹配任何非空白字符</td></tr>
<tr><td>\t</td><td>匹配一个制表符</td></tr>
<tr><td>\v</td><td>匹配一个垂直制表符，等价于\x0b 和\cK</td></tr>
<tr><td>\w</td><td>匹配包括下画线的任何单词字符，等价于[A-Za-z0-9_]</td></tr>
<tr><td>\W</td><td>匹配任何非单词字符，等价于[^A-Za-z0-9_]</td></tr>
</table>

下面给出一些常用的正则表达式，这些都利用了表 8-5 构造正则表达式的技术。

（1）“^The”：匹配所有以“The”开始的字符串，如“There”、“Thecat”等。

（2）"he$"：匹配所有以"he"结尾的字符串，如"he"、"she"等。

（3）"ab*"：匹配有一个 a 后面跟着零个或若干个 b 的字符串，如"a"、"ab"、"abbb"等。

（4）"ab+"：匹配有一个 a 后面跟着至少一个或者更多个 b 的字符串，如"ab"、"abbb"等。

（5）"ab?"：匹配有一个 a 后面跟着零个或者一个 b 的字符串，包括"a"、"ab"。

（6）"a?b+$"：匹配在字符串的末尾有零个或一个 a 跟着一个或几个 b 的字符串。

（7）"ab{2}"：匹配有一个 a 跟着两个 b 的字符串，即"abb"。

（8）"ab{2,}"：匹配有一个 a 跟着至少两个 b 的字符串，如"abb"、"abbb"。

（9）"ab{3,5}"：匹配有一个 a 跟着 3 到 5 个 b 的字符串，如"abbb"、"abbbb"。

（10）"hi|hello"：匹配包含"hi"或者"hello"的字符串。

（11）"(b|cd)ef"：表示"bef"或"cdef"。

（12）"a.[0-9]"：匹配有一个"a"后面跟着一个任意字符和一个数字的字符串。

（13）"^.{3}$"：匹配有任意 3 个字符的字符串。

（14）"[ab]"：表示一个字符串有一个"a"或"b"，相当于"a|b"。

（15）"[a-d]"：表示一个字符串包含小写的"a"到"d"中的一个，相当于"a|b|c|d"或者"[abcd]"。

（16）"^[a-zA-Z]"：表示一个以字母开头的字符串。

（17）"[0-9]%"：表示一个百分号前有一位数字。

（18）",[a-zA-Z0-9]$"：表示一个字符串以一个逗号后面跟着一个字母或数字结束。

小　结

本章通过一个相对简单的留言板，介绍了使用 XML 技术存储数据。其中，详细地介绍了 XML 相关类以及如何创建、修改和删除 XML 节点。通过本章的学习，读者可以使用 XML 技术创建一个功能完善的应用系统。

习　题

1. 什么是 XML？其主要用途是什么？
2. 在.NET 框架中，操作 DOM 模型的类位于__________命名空间中。
3. .NET 中支持读取 XML 文档的方式有哪些？
4. XSL 转换样式表起什么作用？

上机指导

本章通过一个相对简单的留言板，介绍了使用 XML 创建留言板的方法。

实验一：读取 XML 数据

实验目的

巩固知识点——读取 XML 数据。ASP.NET 支持多种方式读取 XML 文档，包括从字符串流、

URL、文本读取或者使用 XmlRreader 等方式。

实现思路

在 8.1.3 小节中，介绍了两种读取 XML 数据的方法。一个是使用 XmlDocument 对象，通过 Load 方法，可以从指定的字符串加载 XML 文档。另一个是使用 XmlReader 类。

在本地目录中，可以创建一个 XML 文件，并自定义一些内容。使用上述两种方法读取 XML 文件中的数据。

实验二：留言板系统

实验目的

巩固知识点——XML 技术。XML 是一种标准数据交换格式，主要用于在不同系统中交换数据，以及在网络上传递大量的结构化数据。

实现思路

结合 XML 技术创建一个留言板系统，主要功能有发表留言、留言留言和管理留言等。实现过程如下。

（1）创建一个保存留言内容的 XML 模板，具体内容可参见 8.2.1 小节。

（2）创建发表留言功能页面，具体的页面布局和功能代码可参见 8.2.3 小节。

（3）创建浏览留言功能页面，具体的页面布局和功能代码可参见 8.2.4 小节。

（4）创建管理留言功能页面，具体的页面布局和功能代码可参见 8.2.5 小节。

第9章 数据绑定

本章通过创建一个新闻发布模块，重点讲解了 3 个数据绑定控件的使用：GridView、Repeater 和 DataList。本章讲解的新闻发布模块的流程如图 9-1 所示。

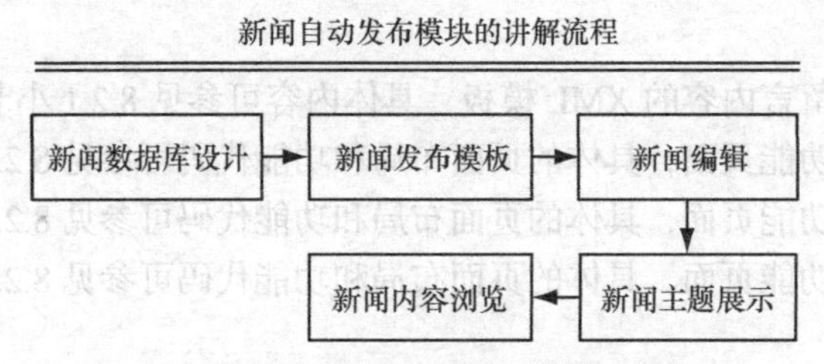

图 9-1　新闻自动发布模块的讲解流程

9.1　数据绑定控件

数据绑定 Web 服务器控件是指可绑定到数据源控件以实现在 Web 应用程序中轻松显示和修改数据的控件。使用数据绑定控件，用户不仅能够将控件绑定到一个数据结果集，还能够使用模板自定义控件的布局。它们还提供用于处理和取消事件的方便模型。

9.1.1　GridView 控件的使用

显示表格数据是软件开发中的一个周期性任务。ASP.NET 提供了许多工具用来在网格中显示表格数据，如 GridView 控件。通过使用 GridView 控件，用户可以显示、编辑和删除多种不同的数据源（如数据库、XML 文件和公开数据的业务对象）中的数据。

用户可以使用 GridView 执行以下操作。

（1）通过数据源控件自动绑定和显示数据。

（2）通过数据源控件对数据进行选择、排序、分页、编辑和删除。

另外，用户还可以通过执行以下操作来自定义 GridView 控件的外观和行为。

（1）指定自定义列和样式。

（2）利用模板创建自定义用户界面（UI）元素。

（3）通过处理事件将自己的代码添加到 GridView 控件的功能中。

GridView 控件提供了以下两个用于绑定到数据的选项。

（1）使用 DataSourceID 属性进行数据绑定。此选项能够将 GridView 控件绑定到数据源控件。建议使用此方法，因为它允许 GridView 控件利用数据源控件的功能并提供了内置的排序、分页和更新功能。

（2）使用 DataSource 属性进行数据绑定。此选项能够绑定到包括 ADO.NET 数据集和数据读取器在内的各种对象。此方法需要为所有附加功能（如排序、分页和更新）编写代码。

当使用 DataSourceID 属性绑定到数据源时，GridView 控件支持双向数据绑定。除可以使该控件显示返回的数据之外，还可以使它自动支持对绑定数据的更新和删除操作。

GridView 类型的常用属性如表 9-1 所示，常用方法如表 9-2 所示，常用事件如表 9-3 所示。

表 9-1 GridView 类的常用属性

属 性	说 明
AllowPaging	获取或设置一个值，该值指示是否启用分页功能
AllowSorting	获取或设置一个值，该值指示是否启用排序功能
Attributes	获取与控件的属性不对应的任意特性（只用于呈现）的集合
AutoGenerateColumns	获取或设置一个值，该值指示是否为数据源中的每个字段自动创建绑定字段
AutoGenerateDeleteButton	获取或设置一个值，该值指示每个数据行都带有“删除”按钮的 CommandField 字段列是否自动添加到 GridView 控件
AutoGenerateEditButton	获取或设置一个值，该值指示每个数据行都带有“编辑”按钮的 CommandField 字段列是否自动添加到 GridView 控件
AutoGenerateSelectButton	获取或设置一个值，该值指示每个数据行都带有“选择”按钮的 CommandField 字段列是否自动添加到 GridView 控件
BackColor	获取或设置 Web 服务器控件的背景色
BackImageUrl	获取或设置要在 GridView 控件的背景中显示的图像的 URL
BorderColor	获取或设置 Web 控件的边框颜色
BorderStyle	获取或设置 Web 服务器控件的边框样式
BorderWidth	获取或设置 Web 服务器控件的边框宽度
Caption	获取或设置要在 GridView 控件的 HTML 标题元素中呈现的文本
ClientID	获取由 ASP.NET 生成的服务器控件标识符
Columns	获取表示 GridView 控件中列字段的 DataControlField 对象的集合
DataSource	获取或设置对象，数据绑定控件从该对象中检索其数据项列表
PageCount	获取在 GridView 控件中显示数据源记录所需的页数
PageIndex	获取或设置当前显示页的索引
PageSize	获取或设置 GridView 控件在每页上所显示的记录的数目

表 9-2 GridView 类的常用方法

方 法	说 明
DataBind	将数据源绑定到 GridView 控件
DeleteRow	从数据源中删除位于指定索引位置的记录
OnDataBinding	引发 DataBinding 事件
OnDataBound	引发 DataBound 事件
Sort	根据指定的排序表达式和方向对 GridView 控件进行排序
UpdateRow	使用行的字段值更新位于指定行索引位置的记录

表 9-3　　GridView 类的常用事件

事　件	说　明
DataBinding	当服务器控件绑定到数据源时发生
DataBound	在服务器控件绑定到数据源后发生
Sorted	在单击用于列排序的超链接时，但在 GridView 控件对相应的排序操作进行处理之后发生
Sorting	在单击用于列排序的超链接时，但在 GridView 控件对相应的排序操作进行处理之前发生
RowCommand	当单击 GridView 控件中的按钮时发生
RowDataBound	在 GridView 控件中将数据行绑定到数据时发生

9.1.2　Repeater 控件的使用

Repeater Web 服务器控件是一个数据绑定容器控件，用于生成各个项的列表。用户使用模板定义网页上各个项的布局。当该页运行时，该控件为数据源中的每个项重复该布局。Repeater 控件的模板如表 9-4 所示。

表 9-4　　Repeater 控件的模板

模板名称	说　明
ItemTemplate	定义列表中项目的内容和布局。此模板为必选
AlternatingItemTemplate	如果定义，则可以确定交替（从零开始的奇数索引）项的内容和布局。如果未定义，则使用 ItemTemplate
SeparatorTemplate	如果定义，则呈现在项（以及交替项）之间。如果未定义，则不呈现分隔符
HeaderTemplate	如果定义，则可以确定列表标头的内容和布局。如果没有定义，则不呈现标头
FooterTemplate	如果定义，则可以确定列表注脚的内容和布局。如果没有定义，则不呈现注脚

9.1.3　DataList 控件的使用

DataList Web 服务器控件用可自定义的格式显示各行数据库信息。显示数据的格式在创建的模板中定义，可以为项、交替项、选定项和编辑项创建模板，也可以使用标题、脚注和分隔符模板自定义 DataList 的整体外观。通过在模板中包括 Button Web 服务器控件，可将列表项连接到代码，而这些代码允许用户在显示、选择和编辑模式之间进行切换。

DataList Web 服务器控件以某种格式显示数据，这种格式可以使用模板和样式进行定义。DataList 控件可用于任何重复结构中的数据。DataList 控件可以以不同的布局显示行，如按列或行对数据进行排序。

DataList 控件的模板如表 9-5 所示。

表 9-5　　DataList 控件的模板

模板名称	说　明
ItemTemplate	包含一些 HTML 元素和控件，将为数据源中的每一行呈现一次这些 HTML 元素和控件
AlternatingItemTemplate	包含一些 HTML 元素和控件，将为数据源中的每两行呈现一次这些 HTML 元素和控件。通常，可以使用此模板来为交替行创建不同的外观，如指定一个与在 ItemTemplate 属性中指定的颜色不同的背景色

续表

模板名称	说　明
SelectedItemTemplate	包含一些元素，当用户选择 DataList 控件中的某一项时将呈现这些元素。通常，可以使用此模板来通过不同的背景色或字体颜色直观地区分选定的行。还可以通过显示数据源中的其他字段来展开该项
EditItemTemplate	指定当某项处于编辑模式中时的布局。此模板通常包含一些编辑控件，如 TextBox 控件
SeparatorTemplate	包含在每项之间呈现的元素。典型的示例可能是一条直线（使用 HR 元素）
HeaderTemplate	包含在列表的开始处分别呈现的文本和控件
FooterTemplate	包含在列表的结束处分别呈现的文本和控件

9.2　后台管理模块

后台管理模块是不让普通用户看到的模块，主要用于新闻的发布、修改和删除。在系统中只允许管理员发布新闻，所以查看后台管理模块时需要登录验证。根据这些功能实现本节的流程如图 9-2 所示。

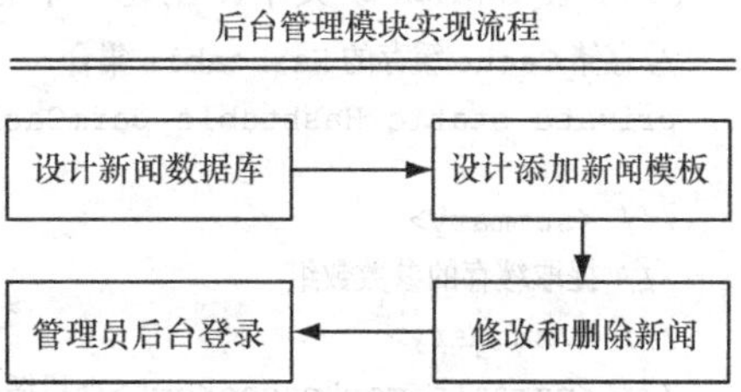

后台管理模块实现流程

设计新闻数据库 → 设计添加新闻模板 → 修改和删除新闻 → 管理员后台登录

图 9-2　后台管理模块实现流程

9.2.1　新闻模块数据库设计

本例的后台数据管理使用的是 SQL Server。为了便于读者学习，数据库的设计相对比较简单。

1．数据库设计

本例假设新闻类别是固定好的，有“新闻”“财经”“百姓故事”，所以在数据库中只设计了一个表“NewsInfo”，它包含新闻的主要属性：新闻主题、内容、类别等。其结构设计如表 9-6 所示。

表 9-6　　新闻表的结构

字 段 名	字段类型	说　明
NewsID	Int	自动生成的 ID，用于唯一标识
NewsTitle	Nvarchar(20)	新闻的主题
NewsData	Nvarchar(500)	新闻的内容
NewsDate	datetime	新闻日期
NewsImageUrl	Nvarchar(50)	新闻的图片链接地址
NewsCategory	Nvarchar(20)	新闻的类别

2．使用数据库前的项目准备

创建完数据库后，就可以在应用程序中对其引用。引用前需要进行如下操作。

（1）打开 Visual Studio，新建一个网站，命名为“NewsSample”。

（2）为了让系统自动生成 web.config 文件，按 F5 键直接运行程序。

（3）系统提示是否自动生成“web.config”的调试文件，选择“确定”。

（4）关闭运行的程序，此时网站根目录下就有了配置文件。

（5）打开配置文件，添加数据库连接字符串，内容如下：

```
<connectionStrings>
    <add
        name="NewsConnectionString" connectionString="Data Source=CGJ;
            Initial Catalog=News;Integrated Security=True"
        providerName="System.Data.SqlClient"
    />
</connectionStrings>
```

（6）在网站根目录下添加一个类，目的是自动生成“App_Code”目录。

（7）在“App_Code”目录下，删除刚添加的类。

（8）在“App_Code”目录下，添加一个数据库处理类 SqlHelper，生成的文件名是 SqlHelper.cs。

（9）打开 SqlHelper.cs 文件，定义数据库连接串变量“ConnectionStringLocalTransaction”。代码如下：

```
//定义数据库连接串
public static readonly string ConnectionStringLocalTransaction =
    ConfigurationManager.ConnectionStrings["NewsConnectionString"].ConnectionString;
```

（10）在 SqlHelper 类中，创建一个有关缓存的方法 GetCachedParameters()，代码如下：

```
//存储 Cache 缓存的 Hashtable 集合
private static Hashtable parmCache = Hashtable.Synchronized(new Hashtable());

/// <summary>
/// 提取缓存的参数数组
/// </summary>
/// <param name="cacheKey">查找缓存的 key</param>
/// <returns>返回被缓存的参数数组</returns>
public static SqlParameter[] GetCachedParameters(string cacheKey)
{
    SqlParameter[] cachedParms = (SqlParameter[])parmCache[cacheKey];

    if (cachedParms == null)
        return null;

    SqlParameter[] clonedParms = new SqlParameter[cachedParms.Length];

    for (int i = 0, j = cachedParms.Length; i < j; i++)
        clonedParms[i] = (SqlParameter)((ICloneable)cachedParms[i]).Clone();

    return clonedParms;
}
```

（11）按 Ctrl+S 快捷键保存所做的修改。

9.2.2 新闻发布模板

新闻发布模块是将新闻数据添加到数据库中，本小节通过类和界面分离的方式实现新闻发布模板的设计。实现新闻发布模块的流程如图 9-3 所示。

1. 设计新闻发布的操作方法

要将新闻数据添加到数据库中，需要设计新闻数据的操作方法，本例的实现步骤如下。

（1）在“App_Code”目录下添加一个类，命名为“NewsManager”，用来处理有关新闻的操作方法。

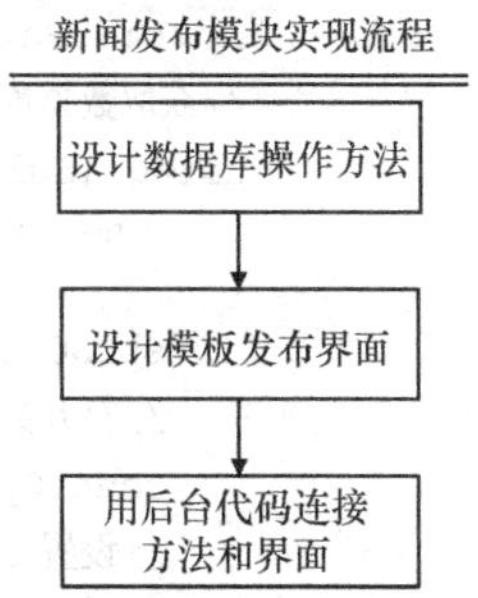

（2）在类中添加保存新闻的方法代码如下：

```
using System;
using System.Data;
using System.Data.SqlClient;
using System.Text;

/// <summary>
/// 新闻处理的操作类
/// </summary>
public class NewsManager
{
    //定义常量表示字段名称或 SQL 语句
    private const string SQL_INSERT_NEWSINFO =
        "INSERT INTO newsinfo VALUES(@title,@data,@date, @imageurl,@category)";
   private const string PARM_NEWS_TITLE = "@title";
   private const string PARM_NEWS_DATA = "@data";
   private const string PARM_NEWS_DATE = "@date";
   private const string PARM_NEWS_CATEGORY = "@category";
   private const string PARM_NEWS_IMAGEURL = "@imageurl";

    public NewsManager()
    {    }
    /// <summary>
    /// 添加新闻
    /// </summary>
    /// <param name="newsTitle">新闻主题</param>
    /// <param name="newsData">新闻内容</param>
    /// <param name="newsCategory">新闻类别</param>
    /// <param name="imageUrl">新闻的图片连接地址</param>
    /// <returns>添加是否成功</returns>
    public bool AddNews(string newsTitle, string newsData,
                     string newsCategory, string imageUrl)
    {
        //使用 StringBuild 连接字符串比使用“+”效率高很多
        StringBuilder strSQL = new StringBuilder();
        //获取缓存参数，如果没有，此方法会自动创建缓存列表
        SqlParameter[] newsParms = GetParameters();
        //创建执行语句的 SQL 命令
        SqlCommand cmd = new SqlCommand();
        // 依次给参数赋值
        newsParms[0].Value = newsTitle;
        newsParms[1].Value = newsData;
        //注意新闻发布的日期取当日
        newsParms[2].Value = DateTime.Now;
        newsParms[3].Value = imageUrl;
        newsParms[4].Value = newsCategory;

        //遍历所有参数，并将参数添加到 SqlCommand 命令中
        foreach (SqlParameter parm in newsParms)
```

新闻发布模块实现流程

设计数据库操作方法 → 设计模板发布界面 → 用后台代码连接方法和界面

图 9-3　新闻发布模块实现流程

```
            cmd.Parameters.Add(parm);
        //获取数据库的连接字符串
        using (SqlConnection conn =
            new SqlConnection(SqlHelper.ConnectionStringLocalTransaction))
        {
            strSQL.Append(SQL_INSERT_NEWSINFO);
            //打开数据库连接，执行命令
            conn.Open();
            //设置 Sqlcommand 命令的属性
            cmd.Connection = conn;
            cmd.CommandType = CommandType.Text;
            cmd.CommandText = strSQL.ToString();
            //执行添加的 SqlCommand 命令
            int val = cmd.ExecuteNonQuery();
            //清空 SqlCommand 命令中的参数
            cmd.Parameters.Clear();
            //判断是否添加成功，注意返回的是添加是否成功，不是影响的行数
            if (val > 0)
                return true;
            else
                return false;
        }
    }
}
```

（3）在以下代码中使用了数据库处理类 SqlHelper 的参数缓存功能，通过方法“GetParameters()”实现。此方法的代码如下：

```
/// <summary>
    /// 创建或获取缓存参数的私有方法
    /// </summary>
    /// <returns>返回参数列表</returns>
    private static SqlParameter[] GetParameters()
    {
        //将 SQL_INSERT_NEWSINFO 作为哈希表缓存的键值
        SqlParameter[] parms = SqlHelper.GetCachedParameters(SQL_INSERT_NEWSINFO);

        //首先判断缓存是否已经存在
        if (parms == null)
        {
            //缓存不存在的情况下，新建参数列表
            parms = new SqlParameter[] {
                    new SqlParameter(PARM_NEWS_TITLE, SqlDbType.NVarChar,20),
                    new SqlParameter(PARM_NEWS_DATA, SqlDbType.NVarChar,500),
                    new SqlParameter(PARM_NEWS_DATE, SqlDbType.DateTime),
                    new SqlParameter(PARM_NEWS_IMAGEURL, SqlDbType.NVarChar, 50),
                    new SqlParameter(PARM_NEWS_CATEGORY, SqlDbType.NVarChar,20) };

            //将新建的参数列表添加到哈希表中缓存起来
            SqlHelper.CacheParameters(SQL_INSERT_NEWSINFO, parms);
        }
        //返回参数数组
        return parms;
    }
```

（4）按 Ctrl+S 快捷键保存代码的设计。

2. 新闻发布模板设计

新闻发布模板是管理员用来添加新闻的模块，模板界面的设计步骤如下。

（1）在网站根目录下新建一个文件夹“Manager”，用来存放所有后台管理的页面。

（2）在“Manager”文件夹下添加一个 Web 窗体，命名为“AddNews”。

（3）切换到窗体的设计视图。

（4）在视图中添加功能需要的控件，结果如图 9-4 所示。发布功能中需要添加新闻标题、内容、图片地址、新闻类别。其中新闻内容文本框的“TextMode”属性设置为“MultiLine”，表示显示多行；“Rows”属性设置为“8”，表示默认情况下显示 8 行。

（5）界面中，新闻分类使用的是下拉框，本例需要手动添加分类项目。单击下拉框的任务列表按钮，在弹出的任务列表中选择“编辑项”菜单命令，打开集合编辑器，如图 9-5 所示。

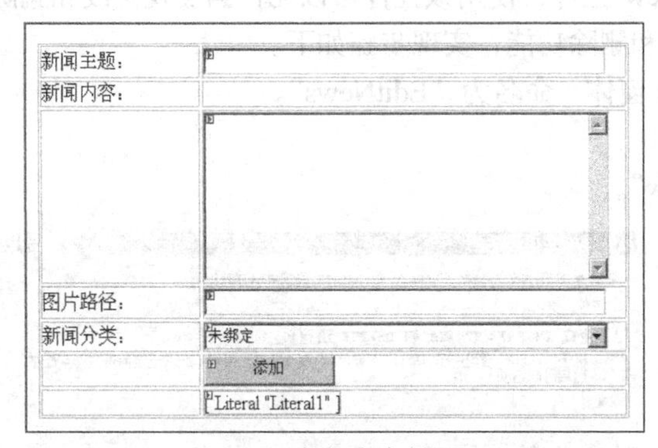

图 9-4　新闻发布界面

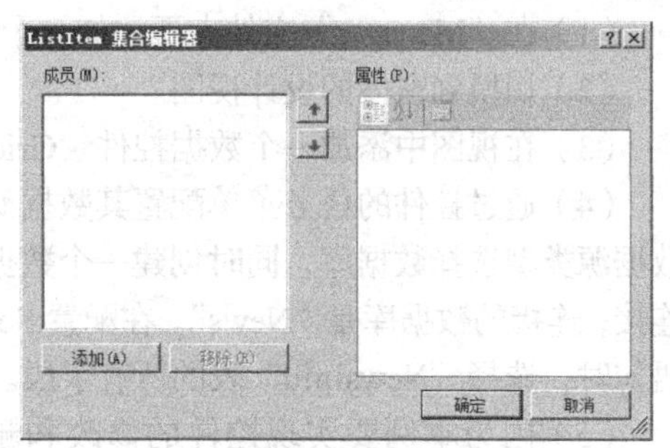

图 9-5　集合编辑器

（6）在集合编辑器中单击“添加”按钮，输入项目的“Text”和“Value”属性，最终项目如图 9-6 所示。

（7）单击“确定”按钮，返回到设计视图。

（8）按 Ctrl+S 快捷键保存视图的设计。

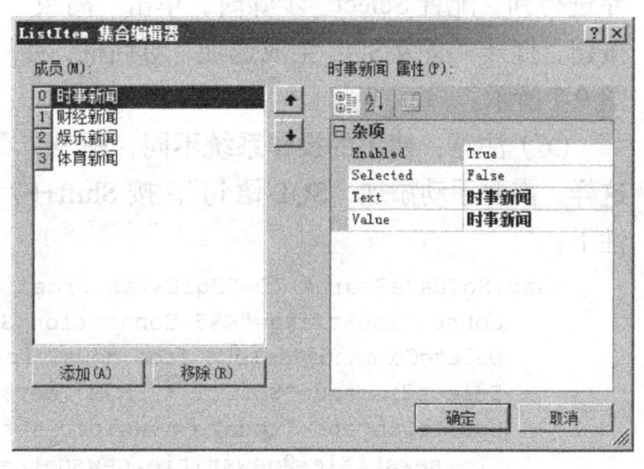

图 9-6　集合编辑器中的项目

3. 实现新闻发布的后台代码

在实际的项目开发中，通常界面层不允许出现有关数据库的任何代码，所以本例的设计是通过“NewsManager”类实现数据库的操作，而界面中直接调用类的操作方法。实现新闻发布的具体步骤如下。

（1）打开“AddNews.aspx”页面，切换到窗体的设计视图。

（2）双击“添加”按钮，切换到窗体的代码视图。

（3）在按钮的 Click 事件中添加发布新闻的代码如下：

```
protected void Button1_Click(object sender, EventArgs e)
{
    //初始化新闻操作类
    NewsManager mynews = new NewsManager();
    //调用添加新闻的方法
    bool result=mynews.AddNews(txttitle.Text,txtcontent.Text,
        ddlcategory.SelectedValue,txtimageurl.Text);
```

```
        //判断添加操作的执行结果
        if (result)
            //提示成功信息
            Literal1.Text = "新闻发布成功";
    }
```

（4）按 Ctrl+S 快捷键保存代码的修改。

（5）将此页设置为起始页。

（6）按 F5 键运行程序，测试新闻的发布功能。

9.2.3 新闻修改和删除功能

在 ASP.NET 2.0 以前，修改和删除新闻的功能可以使用上一小节所介绍的发布新闻的方法实现。现在，ASP.NET 提供了性能优越的 GridView 控件，使用该控件可以无代码实现修改和删除功能。本例将使用 GridView 控件完成新闻修改和删除功能，实现步骤如下。

（1）在“Manager”文件夹下添加一个 Web 窗体，命名为“EditNews”。

（2）切换到窗体的设计视图。

（3）在视图中添加一个数据控件“GridView”。

（4）通过控件的任务菜单配置其数据源，数据源类型选择数据库，同时创建一个数据库连接，连接的数据库是“News”。在配置 Select 语句时，选择“NewsInfo”表的所有字段。

（5）因为本例要实现控件的修改和删除功能，所以必须重新配置数据源。在配置向导进行到“配置 Select”步骤时，单击“高级”按钮，打开“高级 SQL 生成选项”对话框，如图 9-7 所示。

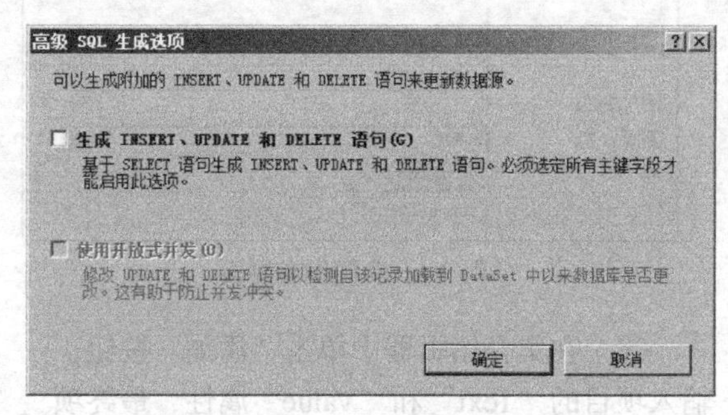

图 9-7 “高级 SQL 生成选项”对话框

（6）注意，使用的操作系统不同，图 9-7 看到的结果可能不同。第一项可能会是灰色，如果这样，需要手动添加“SQL 语句”。按 Shift+F7 快捷键打开源代码视图，配置 SqlDataSource 的属性下：

```
<asp:SqlDataSource ID="SqlDataSource1" runat="server"
    ConnectionString="<%$ Connection Strings:NewsConnectionString %>"
    DeleteCommand="delete from newsinfo where newsid=@newsid"
    SelectCommand="SELECT * FROM [NewsInfo]"
    UpdateCommand="update newsinfo set
        newstitle=@newstitle,newsdata=@newsdata,newsdate=@newsdate,
        newsimageurl=@newsimageurl,newscategory=@newscategory
    where newsID=@newsID">
    <DeleteParameters>
        <asp:Parameter Name="newsid" />
    </DeleteParameters>
    <UpdateParameters>
        <asp:Parameter Name="newstitle" />
        <asp:Parameter Name="newsdata" />
        <asp:Parameter Name="newsdate" />
        <asp:Parameter Name="newsimageurl" />
        <asp:Parameter Name="newscategory" />
    </UpdateParameters>
</asp:SqlDataSource>
```

（7）切换回窗体视图后，再单击 GridView 的任务菜单，可以发现多了几个复选框，其中包括“启用编辑”和“启用删除”，选中这两个复选框。界面效果如图 9-8 所示。

	NewsID	NewsTitle	NewsData	NewsDate	NewsImageUrl	NewsCategory
编辑 删除	0	abc	abc	2006-10-9 0:00:00	abc	abc
编辑 删除	1	abc	abc	2006-10-9 0:00:00	abc	abc
编辑 删除	2	abc	abc	2006-10-9 0:00:00	abc	abc
编辑 删除	3	abc	abc	2006-10-9 0:00:00	abc	abc
编辑 删除	4	abc	abc	2006-10-9 0:00:00	abc	abc

SqlDataSource - SqlDataSource1

图 9-8　编辑和删除功能界面

（8）单击任务菜单的“编辑列”菜单命令，修改控件中的列标题，最终结果如图 9-9 所示。

	新闻主题	内容	发布时间	图片地址	新闻类别
编辑 删除	abc	abc	2006-10-9 0:00:00	abc	abc
编辑 删除	abc	abc	2006-10-9 0:00:00	abc	abc
编辑 删除	abc	abc	2006-10-9 0:00:00	abc	abc
编辑 删除	abc	abc	2006-10-9 0:00:00	abc	abc
编辑 删除	abc	abc	2006-10-9 0:00:00	abc	abc

SqlDataSource - SqlDataSource1

图 9-9　新闻编辑最终设计界面

（9）按 Ctrl+S 快捷键保存对视图的设计。

（10）将此页设置为起始页，按 F5 键运行程序，测试新闻的修改和删除功能。

9.2.4　后台管理登录功能

如果用户选择了主页面的后台管理功能，则必须出现登录页面，验证其身份后才可以登录后台管理模块。实现这个验证过程的步骤如下。

（1）在“Manager”文件夹下添加一个 Web 窗体，命名为“Login”。

（2）拖放一个“Login”控件到窗体视图中。

（3）单击 Windows 系统的“开始”|“所有程序”|“VS2010”|“Visual Studio Tools”|“Visual Studio 命令提示”命令。

（4）在打开的 DOS 窗口中输入“aspnet_regsql.exe”，用来配置自己的数据库提供者。将数据库 Provider 修改为“News”，以前默认的是“ASPNETDB”。

之所以要修改数据库的 Provider，是因为本例将使用 ASP.NET 提供的用户注册模块，其生成的用户保存在 Provider 指定的数据库中。

（5）回到 Visual Studio 工作界面。

（6）单击“网站”|“ASP.NET 配置”命令，通过打开的配置窗口添加一个管理员用户，名为“ADMIN”，密码为“ADMIN@PASSWORD”。

（7）打开 web.config 配置文件，添加识别数据库 Provider 的代码，注意是加在“connectionString”节点内，代码如下：

```
<remove name="LocalSqlServer" />
<add
    name="LocalSqlServer"
    connectionString="Data    Source=CGJ;    Initial    Catalog=News;    Integrated
Security=True"
```

```
    providerName="System.Data.SqlClient"
/>
```

（8）在 web.config 配置文件中还需要为后台管理设置登录验证，具体配置如下：

```
<system.web>
    <authentication mode="Forms">
        <forms loginUrl="manager/Login.aspx" protection="None"  path="/"></forms>
    </authentication>
</system.web>
<location path="Manager">
    <system.web>
        <authorization>
            <deny users="?" />
        </authorization>
    </system.web>
</location>
```

（9）按 Ctrl+S 快捷键保存所有的修改。

（10）按 F5 键测试 Manager 文件夹下任意一个文件，测试是否必须出现登录窗口才允许操作。

9.3 新闻主界面展示功能

主界面的展示要求简洁、清晰，让读者有浏览的欲望，本节通过两种方式实现主界面浏览功能。

9.3.1 普通展示功能

普通展示功能同一些大的新闻网站相似，在主页中以分类的形式展现网站的主要新闻列表。本例设计的新闻主界面运行效果如图 9-10 所示。

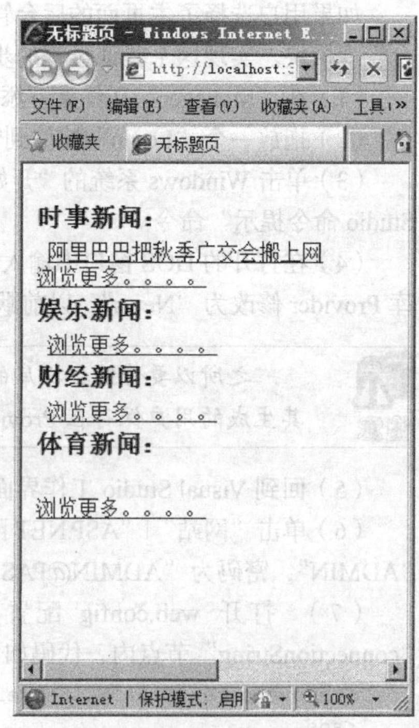

图 9-10 主界面运行效果

主界面包括后台的管理入口、新闻目录的展示以及每个新闻目录下最新的 2 条新闻的展示。实现这个设计的步骤如下。

（1）在网站根目录下添加一个 Web 窗体，命名为“NewsMain”。

（2）切换到窗体的设计视图。

（3）首先设计新闻类别界面，如图 9-11 所示。

（4）在新闻展示时，本例使用的是嵌套的 Repeater 模板。在视图中先添加一个 Repeater。

（5）配置 Repeater 的数据源，数据源类型选择“数据库”，数据字段选择“NewsID”和“NewsTitle”。

（6）配置完数据源后，回到设计视图。

（7）按 Shift+F7 快捷键切换到窗体的源代码视图，设计 Repeater 的模板代码如下。同时修改数据源的“SelectCommand”命令，因为此新闻是某种类别下的内容，所以需要加上选择条件。

时事新闻：

娱乐新闻：

财经新闻：

体育新闻：

图 9-11　类别设计视图

```
<asp:Repeater ID="Repeater1" runat="server" DataSourceID="SqlDataSource1">
    <ItemTemplate>
    <%# Eval("NewsTitle") %>
    <br />
    </ItemTemplate>
    <FooterTemplate>
        <asp:HyperLink ID="HyperLink1" runat="server"
NavigateUrl="~/NewsList.aspx">
            浏览更多…
        </asp:HyperLink>
    </FooterTemplate>
</asp:Repeater>
<asp:SqlDataSource ID="SqlDataSource1" runat="server"
    ConnectionString="<%$ ConnectionStrings:
NewsConnectionString %>"
    SelectCommand="SELECT [NewsID], [NewsTitle] FROM
[NewsInfo] WHERE NewsCategory='时事新闻'">
</asp:SqlDataSource>
```

（8）再按 Shift+F7 快捷键切换回设计视图，重复第（4）步～第（7）步，为每个类别都添加一个“Repeater”。

（9）添加完“Repeater”后，效果如图 9-12 所示。

（10）按 Ctrl+S 快捷键保存视图的设计。

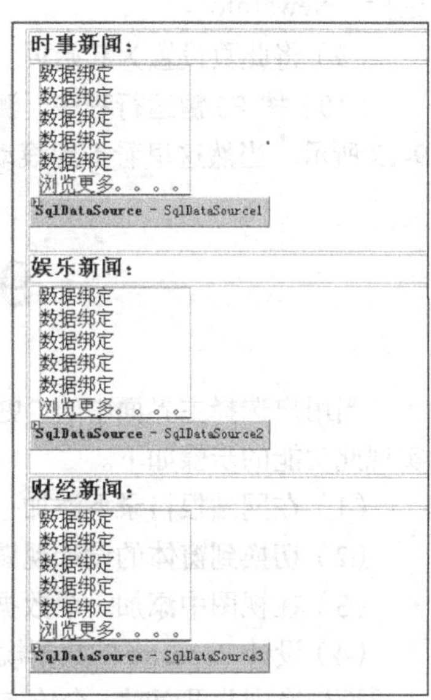

图 9-12　主界面设计视图

9.3.2　滚动展示功能

很多网站喜欢把最新新闻或者公告以滚动的形式显示在网站的首页，这是一个很简单的功能，只需要一个 HTML 元素“marquee”就可以实现。

本小节介绍如何生成滚动的新闻，读者可根据爱好设计更好的新闻展示功能。本小节的示例可以不作为本章范例的内容，只是供感兴趣的读者开阔视野。具体步骤如下。

（1）在网站根目录下添加一个 Web 窗体，命名为“TestNewsList”。

（2）切换到窗体的设计视图。

（3）在视图中拖放一个 DataList 数据控件。

（4）按 Shift+F7 快捷键切换到 HTML 源代码视图。

（5）设计 DataList 的模板，最终模板代码如下所示。注意，在“ItemTemplate”模板中使用了元素“marquee”。

```
<asp:DataList ID="DataList1" runat="server"  Width="491px">
    <HeaderTemplate>
        <marquee direction="down"> <table><tr><td>
    </HeaderTemplate>
   <ItemTemplate>
       <asp:Label ID="NewsTitleLabel" runat="server" Text='<%# Eval("NewsTitle") %>'>
```

```
            </asp:Label><br />
            <asp:Label   ID="NewsDateLabel" runat="server" Text='<%# Eval("NewsDate") %>'>
            </asp:Label><br /><br />
        </ItemTemplate>

<FooterTemplate></td></tr></table></marquee>
</FooterTemplate>
    </asp:DataList>
```

（6）按 Ctrl+S 快捷键保存模板的修改。

（7）再按 Shift+F7 快捷键切换到设计视图。

（8）为 DataList 配置数据源，数据库选择“News”，表选择“NewsInfo”。

（9）将此页设置为起始页。

（10）按 F5 键运行程序，测试新闻的滚动效果，如图 9-13 所示。当然这里看不到滚动的效果。

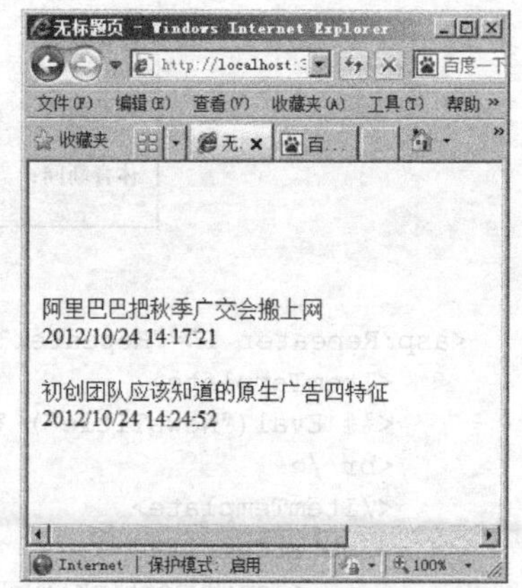

图 9-13　滚动新闻运行效果图

9.4　新闻列表功能

当用户选择主界面中的“更多新闻”链接时，需要展示的是用户所选目录下的所有新闻主题。实现此功能的步骤如下。

（1）在网站根目录下添加一个 Web 窗体，命名为“NewsList”。

（2）切换到窗体的设计视图。

（3）在视图中添加一个数据控件“Repeater”。

（4）设计 Repeater 的数据模板和数据源。首先配置数据源，这个步骤一定要注意，因为窗体从主界面切换到此界面时，会传递一个新闻所属类别的参数，本例将使用向导实现这个参数的获取。

（5）在 Repeater 控件的任务列表中，选择新建数据源，打开配置向导。

（6）数据源类型选择数据库，单击“确定”按钮。

（7）在连接下拉框中选择“NewsConnectionString”，单击“下一步”按钮，此时打开配置对话框，如图 9-14 所示。在字段列表中选中“NewsID”和“NewsTitle”复选框。

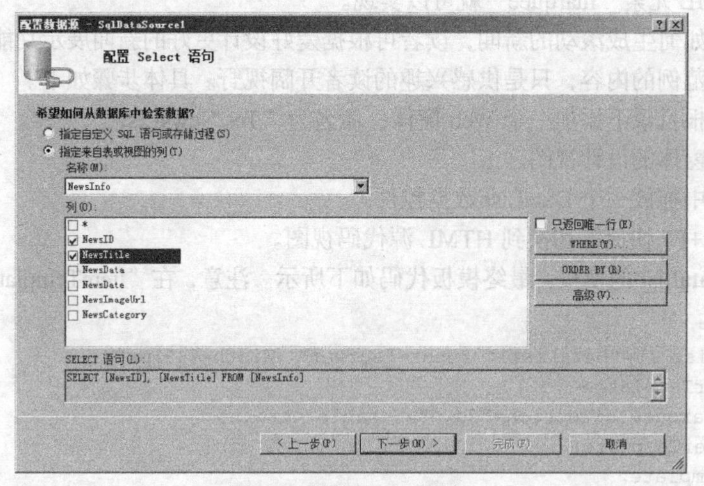

图 9-14　配置 Select 语句

（8）单击“WHERE”按钮，打开“添加 WHERE 子句”对话框，如图 9-15 所示。

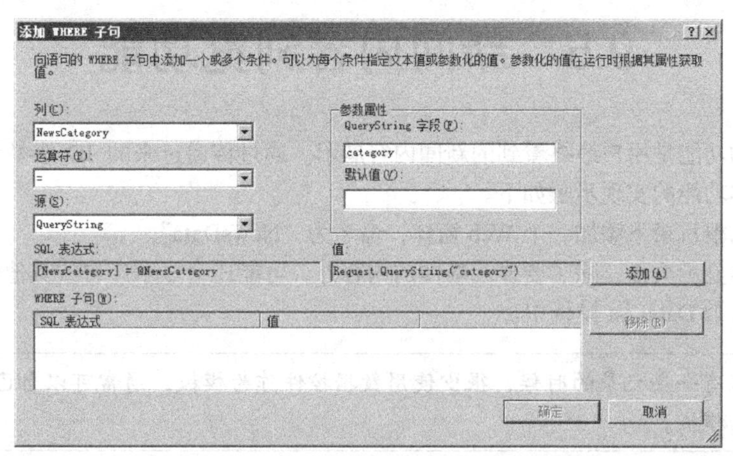

图 9-15　“添加 WHERE 子句”对话框

（9）在“列”下拉框中选择“NewsCategory”，表示条件列对应的是新闻类别。

（10）在“运算符”下拉框中选择“=”，“源”下拉框中选择“QueryString”，这就是关键步骤。可以看出，ASP.NET 中的数据控件可以自动获取页面传递的变量，还可以获取 Cookie 和 Session 等变量。

（11）在“QueryString 字段”文本框内输入“category”，表示传递的变量名为“category”。

（12）单击“添加”按钮，在“WHERE 子句”列表中便会出现条件表达式。

（13）单击“确定”按钮，返回数据源配置向导，一直单击“下一步”按钮，直至完成数据源的配置。

（14）按 Shift+F7 快捷键切换到源代码视图，设计 Repeater 控件的模板，代码如下：

```
<asp:Repeater ID="Repeater1" runat="server" DataSourceID="SqlDataSource1">
    <HeaderTemplate><b>新闻的详细内容如下：</b><br /></HeaderTemplate>
    <ItemTemplate>
      <%#Eval("NewsTitle") %><br /><br />
    </ItemTemplate>
    <FooterTemplate>
        <asp:HyperLink ID="HyperLink1" runat="server"
          NavigateUrl="~/NewsMain.aspx">返回新闻目录
</asp:HyperLink><br />
    </FooterTemplate>
</asp:Repeater>
```

（15）最终界面效果如图 9-16 所示。

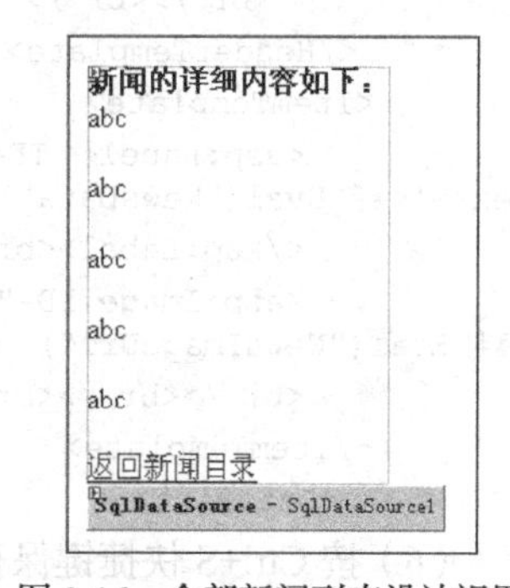

图 9-16　全部新闻列表设计视图

（16）打开“NewsMain”窗体，将“浏览更多”链接的“NavigateUrl”属性修改为此页的地址，并且要传递参数“category”，最终属性要设置为“~/NewsList.aspx?category=娱乐新闻”。

4 个类别的链接都要修改，传递的参数是类别名称。

（17）按 Ctrl+S 快捷键保存所有的修改。

（18）将“NewsMain”设置为起始页，按 F5 键运行程序，测试单击“浏览更多”链接时的导航是否正确。

9.5 新闻内容浏览功能

本节介绍的功能是用户最终看到的新闻内容展示。通过传递过来的 ID 参数判断用户选择的是哪条新闻。本功能的实现步骤如下。

（1）在网站根目录下添加一个 Web 窗体，命名为“NewsData”。

（2）在内容显示页面，除了要显示新闻的内容外，可能还会显示广告或其他信息，本例将这些内容设计在一个 DataList 模板中。

注意　只有一条记录的时候，很少使用数据控件作为模板，通常可以自己使用<Table>元素设计模板。

（3）在视图中添加一个 DataList 控件，配置其数据源，配置结果如下所示。其中也使用到了数据源的条件选择参数“QueryString”。

```
<asp:SqlDataSource ID="SqlDataSource1" runat="server"
    ConnectionString="<%$ ConnectionStrings:NewsConnectionString %>"
    SelectCommand="SELECT * FROM [NewsInfo] WHERE ([NewsID] = @NewsID)">
    <SelectParameters>
        <asp:QueryStringParameter Name="NewsID" QueryStringField="newsid" Type="Int32" />
    </SelectParameters>
</asp:SqlDataSource>
```

（4）按 Shift+F7 快捷键切换到源代码视图，手动设计控件模板。

（5）在代码视图中修改控件的模板，最终结果如下：

```
<asp:DataList ID="DataList1" runat="server" DataSourceID="SqlDataSource1" Width="600px">
    <HeaderTemplate>
        <b><%# Eval("NewsTitle") %></b><br /><br />
        <asp:Label ID="NewsDateLabel" runat="server"
            Text='<%# Eval("NewsDate") %>'></asp:Label><br />
        <br /><br />
    </HeaderTemplate>
    <ItemTemplate>
        <asp:Label  ID="NewsDataLabel"  runat="server"
Text='<%# Eval("NewsData") %>'>
        </asp:Label><br />
        <asp:Image ID="Image1" runat="server" ImageUrl=
<%# Eval("NewsImageUrl")  %> />
        <br /><br /><br />
    </ItemTemplate>
</asp:DataList>
```

（6）按 Ctrl+S 快捷键保存模板的修改。

（7）再切换回设计视图，模板的显示效果如图 9-17 所示。图中使用 Image 来显示有图片的新闻。图片路径来自数据库中的“NewsImageUrl”字段。

图 9-17　新闻显示模板设计效果

（8）打开“NewsMain”页面，修改新闻列表中新闻主题的导航地址为本页。注意传递所选中新闻的 ID 号，即模板设计如下：

```
<a href="NewsData.aspx?newsid=<%# Eval("NewsID") %>">
<%# Eval("NewsTitle") %></a>
```

（9）打开“NewsList”页面，修改内容同上。

（10）将“NewsMain”页面设置为起始页，按F5键运行程序，测试新闻发布模块的所有功能。

9.6 整合新闻发布模块

本节主要是将前面设计好的后台管理和新闻浏览功能结合起来，实现步骤如下。

（1）在“Manager”文件夹下添加一个Web窗体，命名为“ManagerDefault”，表示管理员登录后的默认显示页。

（2）切换到新窗体的设计视图。

（3）添加两个链接控件“HyperLink”，并将两个控件的“NavigateUrl”属性分别设置为“~/Manager/AddNews.aspx”和“~/Manager/EditNews.aspx”。主要目的是分别导航到发布新闻页面和编辑新闻页面。

（4）按Ctrl+S快捷键保存窗体的设计。

（5）在网站的根目录下，打开“Default.aspx”页面，切换到设计视图。

（6）添加两个链接控件“HyperLink”，也设置其“NavigateUrl”属性，一个指向新闻主界面“NewsMain”，另一个指向后台管理主页“ManagerDefault”。

（7）按Ctrl+S快捷键保存窗体的设计。

（8）将此页设置为起始页，按F5键运行程序，测试新闻浏览和后台管理功能。

小　结

本章介绍了一个完整的新闻发布系统，通过这个系统，学习了ASP.NET中的多个关键技术：在GridView中实现无代码编辑和删除；自动生成注册用户到指定的数据库中；使用数据控件自动获取页面传递参数等。

ASP.NET对数据的处理发生了很大的变化，尤其是“GridView”，不可以随便为其设置数据源，必须通过指定数据控件的ID，而数据源的所有信息都通过数据源控件得来。

习　题

1. 使用GridView控件可以执行哪些操作？
2. 什么是Repeater控件？其作用是什么？
3. DataList控件的作用是什么？

上机指导

本章通过构建一个新闻发布系统，重点讲解了GridView、Repeater和DataList等数据控件的使用。

实验一：使用 GridView 控件显示数据

实验目的

巩固知识点——GridView 控件。通过使用 GridView 控件，用户可以显示、编辑和删除多种不同的数据源（如数据库、XML 文件和公开数据的业务对象）中的数据。

实现思路

使用 GridView 控件显示数据，其具体的步骤如下。

（1）从工具箱中拖放 SqlDataSource 控件到页面上，并配置数据源。

（2）从工具箱中拖放 GridView 控件到页面上，通过属性面板中的 DataSourceID 属性关联 SqlDataSource 控件。

（3）设置 GridView 控件中的列。通过属性面板中的 Columns 属性，调出 GridView 控件的字段对话框，在此对话框中，可以设置或绑定 GridView 控件中的列。

实验二：新闻发布系统

实验目的

巩固知识点——数据控件的使用。使用数据绑定控件，用户不仅能够将控件绑定到一个数据结果集，还能够使用模板自定义控件的布局。它们还提供用于处理和取消事件的方便模型。

实现思路

通过数据绑定控件构建一个新闻发布系统，此系统使用 SQL Server 数据库保存数据。其实现过程如下。

（1）设计和创建新闻模块数据库，并创建一张数据表。

（2）创建后台管理功能，主要包括后台登录、新闻修改和删除等功能。详细步骤和功能代码参见 9.2 节。

（3）创建新闻主界面展示功能，包括普通展示和滚动展示功能。详细步骤和功能代码参见 9.3 节。

（4）使用 Repeater 控件创建新闻列表功能，详细步骤和功能代码参见 9.4 节。

（5）使用 DataList 控件创建新闻内容浏览功能，详细步骤和功能代码参见 9.5 节。

第 10 章 强大的 LINQ 查询

LINQ 语言是一种更快捷有效的查询语言，微软公司对 LINQ 寄予厚望。在 ASP.NET 的新特性中，LINQ 相当重要，可以说是重中之重，所以本书特列出一章进行讲解。

10.1 认识 LINQ

LINQ 引入了标准的、易于学习的查询和更新数据模式，可以对其技术进行扩展以支持几乎任何类型的数据存储。VS 包含了 LINQ 提供程序的所有程序集，这些程序集支持将 LINQ 与 NET Framework 集合、SQL Server 数据库、ADO.NET 数据集和 XML 文档一起使用。

LINQ 是 Language Integrated Query 的简称，是集成在.NET 编程语言中的一种特性。它已成为编程语言的一个组成部分，在编写程序时可以得到很好的编译时语法检查，丰富的元数据，智能感知、静态类型等强类型语言的好处。并且，它同时还可以方便地对内存中的信息进行查询而不仅仅只是外部数据源。

现在的数据格式越来越多，数据库、XML、数组、哈希表……每一种都有自己操作数据的方式，全部掌握就显得比较吃力。而 LINQ 则以一种统一的方式操作各种数据源，减少数据访问的复杂性。

LINQ 带来很多开发上的便利。首先，它可以利用 VS 这个强大的 IDE，进行 SQL 语句编写时，可以有智能感应功能，这比起在 SQL Server 中使用查询分析器编写 SQL 语句方便多了，同时它可以把数据当成一个对象来操作。

LINQ 的组成如图 10-1 所示。

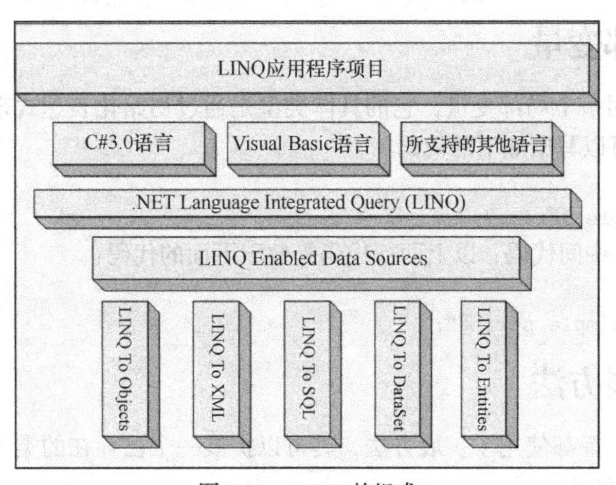

图 10-1　LINQ 的组成

LINQ 包括 5 个部分：LINQ To Objects、LINQ To DataSets、LINQ To SQL、LINQ To Entities、LINQ To XML。

（1）LINQ To Objects

LINQ To Objects 是指直接对任意 IEnumerable 或 IEnumerable<(Of<(T>)>)集合使用 LINQ 查询，无须使用中间 LINQ 提供程序或 API。

（2）LINQ To DataSet

LINQ To DataSet 是 ADO.NET 中使用最广泛的组件之一，并且是建立 ADO.NET 时所依据的断开连接的编程模型的关键元素。尽管如此杰出，但 DataSet 在查询功能上有一定的缺陷。通过使用 LINQ To DataSet 可以弥补 DataSet 在查询上的缺陷。

（3）LINQ To SQL

LINQ To SQL 全称为基于关系数据的.NET 语言集成查询，用于以对象形式管理关系数据，并提供了丰富的查询功能。

（4）LINQ To XML

LINQ To XML 在 System.Xml.LINQ 命名空间下实现对 XML 的操作。在宿主编程语言中，通过采用高效、易用的 XML 工具，提供操作 XML 的各种功能等。

10.2 LINQ 语法基础

LINQ 使查询成为了.NET 中的一种编程概念，被查询的数据可以是 XML（LINQ To XML）、Databases（LINQ To SQL、LINQ To Dataset、LINQ To Entities）和对象（LINQ To Objects）。LINQ 也是可扩展的，允许建立自定义的 LINQ 数据提供者。为了讲解方便请看下面的两个查询表达式：

```
var reault =
    From s in Students
    Where s.Name="wangyuanfeng"
    Select new{s.Name,s.Age,s.Language};
```

该语句等价于下面的语句：

```
var reault =
    Students
    .Where(s => s.Name =="wangyuanfeng")
.Select(s.=> new {s.Name,.Age,s.Language });
```

10.2.1 局部变量

“var reault”声明一个局部变量，它的具体类型是通过初始化表达式来推断的，这点是通过 var 关键词完成的。可以写出如下的代码：

```
var num = 50;
var str = "simple string";
```

编译器会生成 IL 中间代码，以上两行代码等效于下面的代码：

```
int num = 50;
string str = "simple string";
```

10.2.2 扩展方法

“Where、Select”等都使用了扩展方法，其可以扩展一个已存在的类型，增加它的方法，而无须继承它或者重新编译。

假设想要验证一个 string 是不是合法的 Email 地址，可以编写一个方法，输入一个 string 并且返回 true 或者 false。现在使用扩展方法，则可以这样做：

```
public static class MyExtensions
{
public static bool IsValidEmailAddress(this string s)
 {
        Regex regex = new Regex( @"^[w-.]+@([w-]+.)+[w-]{2,4}$" );
        return regex.IsMatch(s);
    }
}
```

以上代码定义了一个带有静态方法的静态类。注意，这个静态方法在参数类型 string 前面有一个 this 关键词，将会告诉编译器这个特殊的扩展方法会增加给 string 类型的对象。于是就可以在 string 中调用这个方法：

```
using MyExtensions;
string email = Request.QueryString["email"];
if ( email.IsValidEmailAddress() )
{

}
```

10.2.3　Lambda 表达式

```
s => s.Name =="wangyuanfeng"
```

以上代码使用了 Lambda 表达式，它提供了一个更简洁的语法来写匿名方法。每一个 Lambda 表达式就是一个隐式类型的参数列表，然后是一个“=>”符号，最后是一个表达式或者一个语句块。

例如，定义一个委托类型 Mydeleg：

```
delegate R MyDeleg(A arg);
```

然后就可以使用匿名方法：

```
MyDeleg<int,bool> IsPositive = delegate(int num)
{
    return num > 0;
};
```

而使用 Lambda 表达式则可以这样来写：

```
Mydeleg<int,bool> IsPositive = num => num > 0;
```

10.2.4　匿名类型

“new{}”使用了匿名类型，为了讲解匿名类型，这种语法可以定义内嵌的类型，而不需要显式地定义一个类型。

如果没有定义 Point 类，只使用一个类型是匿名的 Point 对象，则可以这样编写：

```
var p = new {a = 1, b =4};
```

10.3　认识 LINQ to DataSet

DataSet 是 ADO.NET 中使用频率最高的组件之一，但 DataSet 也限制了查询功能。通过使用可用于许多其他数据源的相同查询功能，LINQ to DataSet 可将更丰富的查询功能应用于同 DataSet

的交互中。通过使用 LINQ to DataSet，可以更快更容易地查询在 DataSet 对象中缓存的数据。

10.3.1 对 DataSet 对象使用 LINQ 查询

对 DataSet 对象使用 LINQ 查询时，并不是对自定义类型的枚举所进行的查询，而是查询 DataRow 对象的枚举：

```
var query = from p in Employees.AsEnumerable()
        select p;
```

然后可以通过使用 foreach 语句来遍历查询后所返回的可枚举对象：

```
foreach (DataRow p in query)
{
            //格式化输出
            Response.Write(p.Field<int>("EmployeeID") + " ... "
                        + p.Field<string>("Country"));
            Response.Write("<br>");
}
```

10.3.2 LINQ to DataSet 应用实例

LINQ to DataSet 的功能主要通过 DataRowExtensions 和 DataTableExtensions 类中的扩展方法公开。它还可用于查询从一个或多个数据源合并的数据。下面的代码演示了如何使用 LINQ 对 DataSet 数据集进行查询。

（1）设置页面的代码如下：

```
<form id="form1" runat="server">
<asp:GridView ID="GridView1" runat="server">
</asp:GridView>
<asp:Button ID="btnLinqQuery" runat="server"
   Text="LINQ 查询" onclick="btnLinqQuery_Click" />
</form>
```

（2）在后台功能代码中，首先加入对以下命名空间的引用：

```
using System.Xml.Linq;
using System.Data.SqlClient;
using System.Data.Common;
using System.Globalization;
using System.IO;
```

然后创建一个名为 GetDataSet()的方法，用于实现 DataSet 中的数据填充，如代码 10-1 所示。

代码 10-1　实现 DataSet 中的数据填充：LinqToDataset.aspx.cs

```
01  private void GetDataSet()
02  {
03      SqlConnection sqlcon = new SqlConnection();
04      SqlDataAdapter sda;
05      DataSet ds = new DataSet();
06      string sqlconstr = "Data Source=fanqie\\SQLEXPRESS;Initial Catalog=Students;
Integrated
07          Security=True";
08      sqlcon.ConnectionString = sqlconstr;
09      //查询语句
10      string sqlcmd = "select top(5) 学号,专业,姓名,性别,年龄 from Student";
11      //使用 using 语句来控制 SqlDataAdapter 对象对资源的合理释放
12      using (sda = new SqlDataAdapter(sqlcmd, sqlcon))
```

```
13      {
14          try
15          {
16              //填充 DataSet
17              sda.Fill(ds, "Students");
18              Session["ds"] = ds;
19          }
20          catch (SystemException ex)
21          {
22              Response.Write(ex.Message.ToString());
23          }
24      }
25      //绑定
26      GridView1.DataSource = ds.Tables["Students"].DefaultView;
27      GridView1.DataBind();
    }
```

解析:第 12 行是创建数据适配器,用来填充 DataSet 数据;第 26 行~第 27 行将填充好的 DataSet 绑定到网格控件 GridView 上面。

（3）为“LINQ 查询”按钮创建如下的单击事件处理程序，用于对所填充的 DataSet 数据集体进行查询，并将查询结果输出到页面中，详细如代码 10-2 所示。

代码 10-2　实现 LINQ 查询：LinqToDataset.aspx.cs

```
01 protected void btnLinqQuery_Click(object sender, EventArgs e)
02 {
03     DataSet ds = (DataSet)Session["ds"];          //取得 Session 中的 DataSet
04     //对表中的字符串的区域信息进行设置，将不依赖于区域性
05     ds.Locale = CultureInfo.InvariantCulture;
06     DataTable Employees = ds.Tables["Students"];//取得 DataTable
07     try
08     {
09         var query = from p in Employees.AsEnumerable()
10                     select p;                                   //查询
11         Response.Write("<h3>Linq 查询结果输出: </h3>");  //输出
12         //遍历结果集
13         foreach (DataRow p in query)
14         {
15             //格式化输出
16             Response.Write(p.Field<string>("学号") + " ... "
17                     + p.Field<string>("专业") + " ... "
18                     + p.Field<string>("姓名") + " ... "
19                     + p.Field<string>("性别") + " ... "
20                     + p.Field<int>("年龄") );
21             Response.Write("<br>");
22         }
23         GridView1.Visible = false;
24     }
25     //异常处理
26     catch (InvalidCastException iex)
27     {
28         Response.Write(iex.Message.ToString());
29     }
```

```
30      catch (IndexOutOfRangeException oex)
31      {
32          Response.Write(oex.Message.ToString());
33      }
34      catch (NullReferenceException nex)
35      {
36          Response.Write(nex.Message.ToString());
37      }
38  }
```

解析：第 9 行～第 10 行使用了 LINQ 查询，具体每个关键字的意义读者可查看前面讲解 LINQ 语法基础时的定义；第 13 行～第 22 行是一个循环遍历语句，用来输出查询结果中的每个字段和每条记录。

（4）在页面首次加载时的 Page_Load 事件中，执行 DataSet 的数据填充，代码如下：

```
if (!IsPostBack)
{
    GetDataSet();                          //页面首次加载，进行 DataSet 填充
}
```

浏览该程序，首先会显示出 DataSet 中的数据，效果如图 10-2 所示。然后单击“LINQ 查询”按钮，开始对此 DataSet 应用 LINQ 查询，效果如图 10-3 所示。

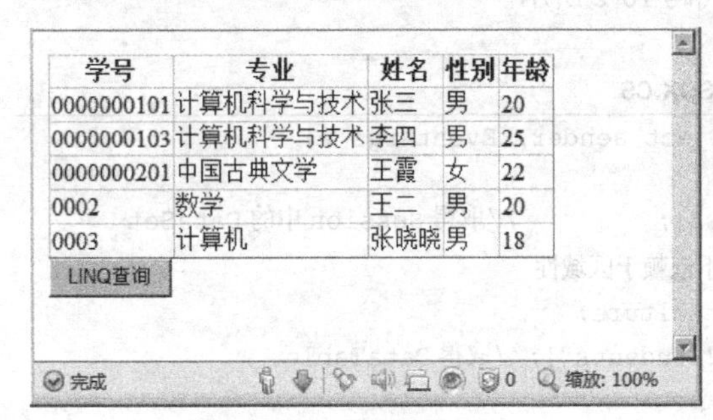

图 10-2　浏览效果

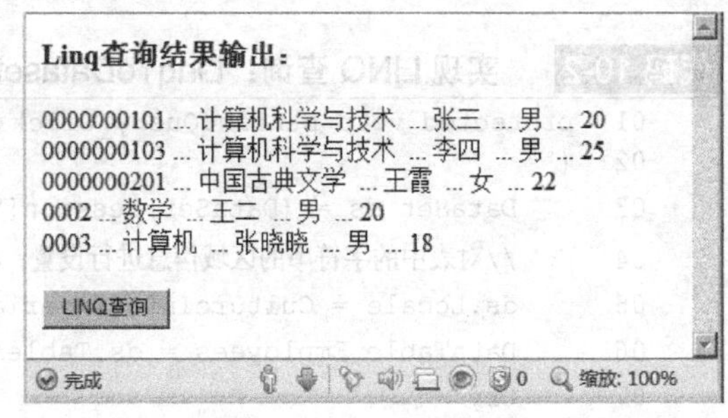

图 10-3　LINQ 查询结果

10.4　认识 LINQ to SQL

在 LINQ to SQL 中，关系数据库的数据模型，被映射到用开发人员所用的编程语言表示的对象模型中。本节将介绍 LINQ to SQL 的一些技术，包括数据的插入、查询、修改和删除等操作。

10.4.1　创建 LINQ to SQL 实体类

在使用 LINQ to SQL 技术时，最好用的方式是先创建一个 LINQ to SQL 实体类，这里实体类用来连接数据库和实际操作的数据。下面简单介绍创建的方法和步骤。

（1）右键单击项目名称，在弹出的菜单中选择“添加”|“新建项”命令，打开“添加新项”对话框，如图 10-4 所示。

（2）选择“LINQ to SQL 类”项，并重命名为“StudentDataClasses.dbml”，然后单击“添加”按钮添加该类。

（3）添加成功后会自动生成 3 个文件，如图 10-5 所示。这样这个实体类的全局文件就制作完毕了，但此时并没有添加实体类。

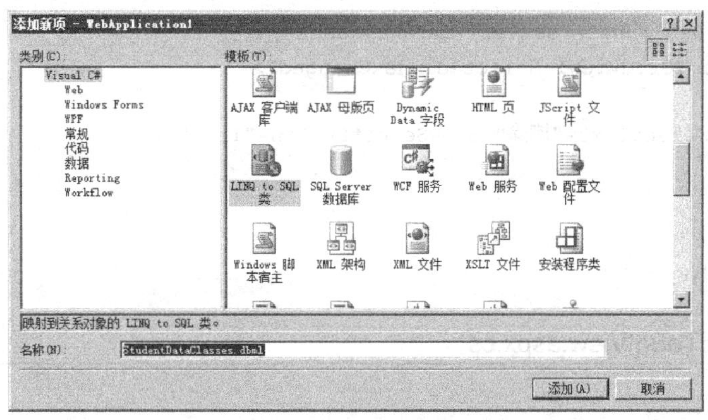

图 10-4　“添加新项”对话框

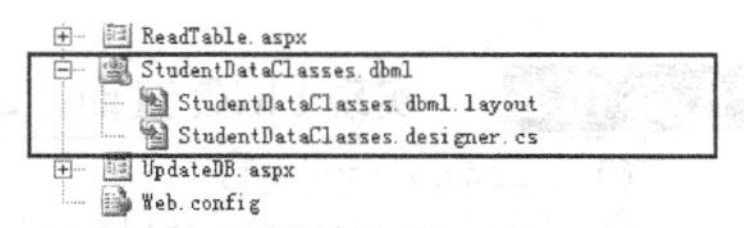

图 10-5　添加后的实体类文件

（4）现在开始添加实体类，打开“服务器资源管理器”，添加一个数据连接，连接到“Students”数据库，如图 10-6 所示。

（5）拖放 Student 表到设计界面，然后单击工具栏中的“保存”按钮就会自动生成该表的实体类，此时实体类也创建完毕了，如图 10-7 所示。下面将开始数据操作。

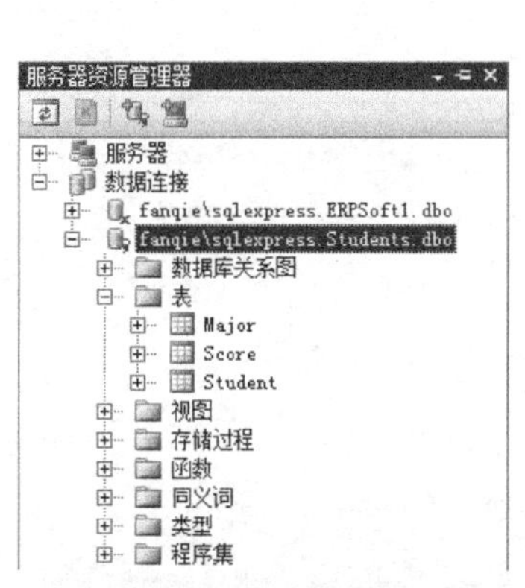

图 10-6　服务器资源管理器

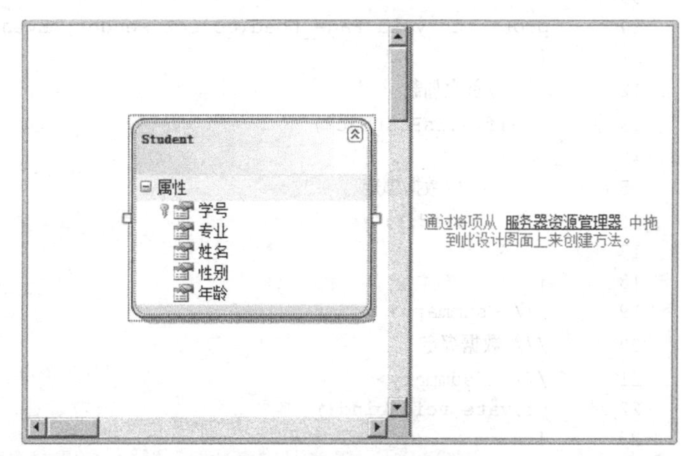

图 10-7　添加后的实体类

10.4.2　查询数据

通常，对数据操作使用最频繁的就是数据的检索了。本小节将介绍在 LINQ to SQL 中，如何对数据进行检索并删除。要进行数据的删除时，可先使用 Single()方法来获取满足条件的单条记录：

```
//获取单条记录
Employee em = ndc.Employees.Single(emp => emp.EmployeeID == iEmployeeID);
```

然后再使用数据序列的 DeleteOnSubmit()方法，就可以完成数据的删除操作：

```
ndc.Employees.DeleteOnSubmit(em);
```

然后调用 SubmitChanges()方法，将所做的删除应用到数据库：

```
ndc.SubmitChanges();
```

在操作时，可借助 GridView 的选择功能。在其 SelectedIndexChanged()事件中，完成对所选数据的删除工作。

下面的实例演示了如何使用 LINQ 对 SQL 中的数据查询和删除。主要页面设计代码如下：

```
<form id="form1" runat="server">
```

```
<asp:GridView ID="GridView1" runat="server" DataKeyNames="学号"
   onselectedindexchanged="GridView1_SelectedIndexChanged">
   <Columns>
      <asp:CommandField SelectText="删除" ShowSelectButton="True" />
   </Columns>
</asp:GridView>
</form>
```

完整的后台功能如代码 10-3 所示。

代码 10-3　实现 LINQ 查询：LinqToSqlView.aspx.cs

```
01  using System;
02  using System.Collections;
03  using System.Configuration;
04  using System.Data;
05  using System.Linq;
06  ……………………………………//省略部分命名空间
07  using System.Xml.Linq;
08  public partial class LinqToSqlView : System.Web.UI.Page
09  {
10      protected void Page_Load(object sender, EventArgs e)
11      {
12          //首次加载
13          if (!IsPostBack)
14          {
15              //数据绑定
16              bind();
17          }
18      }
19      /// <summary>
20      /// 数据绑定
21      /// </summary>
22      private void bind()
23      {
24          //实例化 LINQ to SQL 数据映射
25          StudentDataClassesDataContext ndc = new StudentDataClassesDataContext();
26          var query = from em in ndc.Students                    //查询数据
27                      select new
28                      {
29                          em.学号,                  //查询指定的字段
30                          em.专业,
31                          em.姓名,
32                          em.性别,
33                          em.年龄
34                      };
35          //绑定到 GridView
36          GridView1.DataSource = query;
37          GridView1.DataBind();
38      }
39      //GridView 的 SelectedIndexChanged()事件，也是数据的删除事件
40      protected void GridView1_SelectedIndexChanged(object sender, EventArgs e)
41      {
```

```
42          //实例化 LINQ to SQL 数据映射
43          StudentDataClassesDataContext ndc = new StudentDataClassesDataContext();
44          //得到要删除的数据记录的学号
45          string iEmployeeID = GridView1.SelectedDataKey.Value.ToString();
46          using (ndc)
47          {
48              try
49              {       //获取单条记录
50                  Student em = ndc.Students.Single(emp => emp.学号 == iEmployeeID);
51                  ndc.Students.DeleteOnSubmit(em);        //删除数据
52                  ndc.SubmitChanges();                    //更改应用到数据库
53                  bind();                                 //再进行一次数据绑定
54              }
55              //捕获异常
56              catch (ArgumentNullException aex)
57              {
58                  Response.Write("错误：" + aex.Message.ToString());
59              }
60          }
61      }
62  }
```

解析：第 43 行使用了前面创建好的实体文件，第 50 行生成一个实体类 Student 的对象，该对象就是要删除的记录。然后通过第 51 行～第 52 行的代码删除该记录，最后调用第 53 行的 bind()方法重新绑定数据。

浏览该程序，效果如图 10-8 所示。此时单击某条数据前的“删除”链接按钮，将实现该条数据的删除功能。

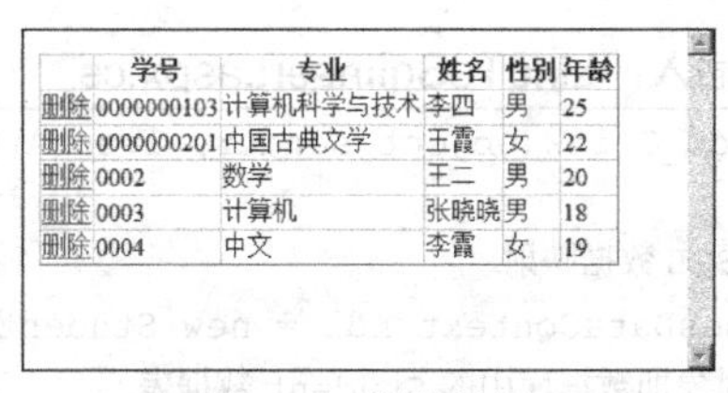

	学号	专业	姓名	性别	年龄
删除	0000000103	计算机科学与技术	李四	男	25
删除	0000000201	中国古典文学	王霞	女	22
删除	0002	数学	王二	男	20
删除	0003	计算机	张晓晓	男	18
删除	0004	中文	李霞	女	19

图 10-8　浏览效果

10.4.3　插入数据

向对象中新增数据时，首先要建立该对象的实例，如下面的代码就建立了 Employee 对象（Employee 表）的实例。

```
Employee em = new Employee();
```

在使用相应的值填充对象中的字段后，需要首先调用 InsertOnSubmit()方法进行对象实体的添加：

```
ndc.Employees.InsertOnSubmit(em);
```

然后调用 SubmitChanges()方法，来将所做的更改提交到数据库中：

```
ndc.SubmitChanges();
```

下面的实例演示了如何向数据库中插入数据。

（1）页面设计代码如下：

```
<asp:GridView ID="GridView1" runat="server">
```

```
    </asp:GridView>
    <asp:Button ID="Button1" runat="server" Text="添加数据"
        onclick="Button1_Click" />
    <asp:Panel ID="Panel1" runat="server" Width="264px">
        学号:
    <asp:TextBox ID="txtNo" runat="server"></asp:TextBox>
    <br />
        专业:
    <asp:TextBox ID="txtMajor" runat="server"></asp:TextBox>
    <br />
        姓名:
    <asp:TextBox ID="txtName" runat="server"></asp:TextBox>
    <br />
        性别:
    <asp:TextBox ID="txtSex" runat="server"></asp:TextBox>
    <br />
        年龄:
    <asp:TextBox ID="txtAge" runat="server"></asp:TextBox>
    <br />
    <asp:Button ID="btnAdd" runat="server" Text="确定"
        onclick="btnAdd_Click" />
          
        <asp:Button ID="btnCancel" runat="server" Text="取消"
            onclick="btnCancel_Click" />
    </asp:Panel>
```

（2）在其后台功能代码中，创建 bind()方法，与上一个实例的代码一样，这里不再给出。

（3）在“新增”按钮的单击事件处理程序中实现数据的新增功能，如代码 10-4 所示。

代码 10-4　使用 LINQ 模式插入：LinqToSqlInsert.aspx.cs

```
01  protected void btnAdd_Click(object sender, EventArgs e)
02  {
03      //实例化 LINQ to SQL 数据映射
04      StudentDataClassesDataContext ndc = new StudentDataClassesDataContext();
05      //实例化 Student 对象即数据库中的 Student 数据表
06      Student em = new Student();
07      em.学号 = txtNo.Text;
08      em.专业 = txtMajor.Text;
09      em.姓名 = txtName.Text;
10      em.性别 = char.Parse( txtSex.Text);
11      em.年龄 = int.Parse(txtAge.Text);
12      ndc.Students.InsertOnSubmit(em);        //添加实体到 Student 对象中
13      ndc.SubmitChanges();                    //将所做的更改提交到数据库中
14      this.bind();                            //再进行一次数据绑定
15      this.Panel1.Visible = false;                //数据添加完毕，Panel1 不可见
16  }
```

解析：第 4 行实例化一个数据对象，第 6 行创建一个新的 Student 对象，第 7 行～第 11 行为该对象设置各个属性，第 12 行～第 13 行将设置好的对象添加到数据库中。

（4）使“添加数据”按钮和“取消”按钮在单击时，执行如下所示的操作：

```
// “添加数据”按钮
protected void Button1_Click(object sender, EventArgs e)
{
      this.Panel1.Visible = true;                    //Panel1 可见
}
protected void btnCancel_Click(object sender, EventArgs e)
{
      this.Panel1.Visible = false;                   //Panel1 不可见
}
```

浏览该程序，效果如图 10-9 所示。此时单击“添加数据”按钮，将出现数据输入文本框，如图 10-10 所示。

学号	专业	姓名	性别	年龄
0000000103	计算机科学与技术	李四	男	25
0000000201	中国古典文学	王霞	女	22
0002	数学	王二	男	20
0003	计算机	张晓晓	男	18
0004	中文	李霞	女	19

添加数据

图 10-9　浏览效果

学号	专业	姓名	性别	年龄
0000000103	计算机科学与技术	李四	男	25
0000000201	中国古典文学	王霞	女	22
0002	数学	王二	男	20
0003	计算机	张晓晓	男	18
0004	中文	李霞	女	19
0006	计算机	张晓晓	女	20

图 10-10　添加数据

10.4.4　修改数据

要进行数据的修改操作时，可以通过数据序列的 Single()方法取得满足一定条件的唯一记录，然后进行更新操作。在更新后调用 SubmitChanges()方法，来对数据库进行更新。下面的代码演示了如何进行数据的编辑。

（1）页面设置代码如下：

```
<asp:GridView ID="GridView1" runat="server"
      DataKeyNames="学号"
      onselectedindexchanged="GridView1_SelectedIndexChanged">
      <Columns>
          <asp:CommandField ShowSelectButton="True" SelectText="编辑" />
      </Columns>
  </asp:GridView>
  <asp:Panel ID="Panel1" runat="server" Width="264px">
      学号：
      <asp:Label ID="Label1" runat="server" Text="">
  </asp:Label>
  <br />
      专业：
  <asp:TextBox ID="txtMajor" runat="server"></asp:TextBox>
  <br />
      姓名：
  <asp:TextBox ID="txtName" runat="server"></asp:TextBox>
  <br />
      性别：
  <asp:TextBox ID="txtSex" runat="server"></asp:TextBox>
```

```
        <br />
        年龄：
        <asp:TextBox ID="txtAge" runat="server"></asp:TextBox>
        <br />
    <asp:Button ID="btnEdit" runat="server" Text="确定"
            onclick="btnEdit_Click"/>
             
        <asp:Button ID="btnCancel" runat="server" Text="取消"
                onclick="btnCancel_Click" />
        </asp:Panel>
```

（2）创建方法 databind()来实现数据绑定功能，它的创建代码，还有在 Page_Load 事件中的加载代码都与前面的案例一样，这里不再赘述。

（3）在 GridView 的 SelectedIndexChanged 事件处理程序中，完成对要更新的某个字段的值到 TextBox 控件中的绑定，如代码 10-5 所示。

代码 10-5　单条记录的数据绑定：LinqToSqlEdit.aspx.cs

```
01  protected void GridView1_SelectedIndexChanged(object sender, EventArgs e)
02  {
03          Label1.Text = GridView1.SelectedDataKey.Value.ToString();
04          //根据所选择的行的列索引号，来得到相关的数据
05          txtMajor.Text = GridView1.SelectedRow.Cells[2].Text.ToString();
06          txtName.Text = GridView1.SelectedRow.Cells[3].Text.ToString();
07          txtSex.Text = GridView1.SelectedRow.Cells[4].Text.ToString();
08          txtAge.Text = GridView1.SelectedRow.Cells[5].Text.ToString();
09          //Panel1 可见
10          this.Panel1.Visible = true;
11  }
```

解析：第 3 行是获取当前操作行的主键，主键需要在设计页面时的 GridView 属性中指定，属性名称是 DataKeyNames；第 5 行～第 8 行是将当前操作行的每个字段的内容显示在文本框中。

（4）单击“确定”按钮时，完成数据的更新操作，如代码 10-6 所示。

代码 10-6　更新数据：LinqToSqlEdit.aspx.cs

```
01  protected void btnEdit_Click(object sender, EventArgs e)
02  {
03      //获取新数据
04      string iEmployeeID = Label1.Text.Trim();
05      //实例化 LINQ to SQL 数据映射
06      StudentDataClassesDataContext ndc = new StudentDataClassesDataContext();
07      using (ndc)
08      {
09          try
10          {
11              //根据 EmployeeID 获取单条记录
12              Student em = ndc.Students.Single(emp => emp.学号 == iEmployeeID);
13              //对各字段进行更新
14              em.专业 = txtMajor.Text;
15              em.姓名 = txtName.Text;
16              em.性别 = char.Parse( txtSex.Text);
17              em.年龄 = int.Parse(txtAge.Text);
```

```
18              //将更新提交到数据库
19              ndc.SubmitChanges();
20          }
21          //捕获异常
22          catch (ArgumentNullException aex)
23          {
24              Response.Write("错误: " + aex.Message.ToString());
25          }
26      }
27      //重新进行一次数据绑定
28      databind();
29      Panel1.Visible = false;
30  }
```

解析：第 6 行实例化 LINQ to SQL 实体；第 12 行～第 17 行实例化一个 Student 对象，并设置它的各个属性；第 19 行实现数据库的更新。

（5）单击“取消”按钮时，将所绑定的值清空，并将更新界面进行隐藏，代码如下：

```
protected void btnCancel_Click(object sender, EventArgs e)
{
        Label1.Text = null;
        txtMajor.Text = null;
        txtName.Text = null;
        txtSex.Text = null;
        txtAge.Text = null;
        this.Panel1.Visible = false;
}
```

浏览该程序，效果如图 10-11 所示。单击某条数据前的“编辑”按钮，即可对该条数据进行编辑，如图 10-12 所示。修改完数据后，单击“确定”按钮，就完成了数据的更新操作。

	学号	专业	姓名	性别	年龄
编辑	0000000103	计算机科学与技术	李四	男	25
编辑	0000000201	中国古典文学	王霞	女	22
编辑	0002	数学	王二	男	20
编辑	0003	计算机	张晓晓	男	18
编辑	0004	计算机	李霞	女	19
编辑	0006	计算机	张晓晓	女	20

图 10-11　浏览效果

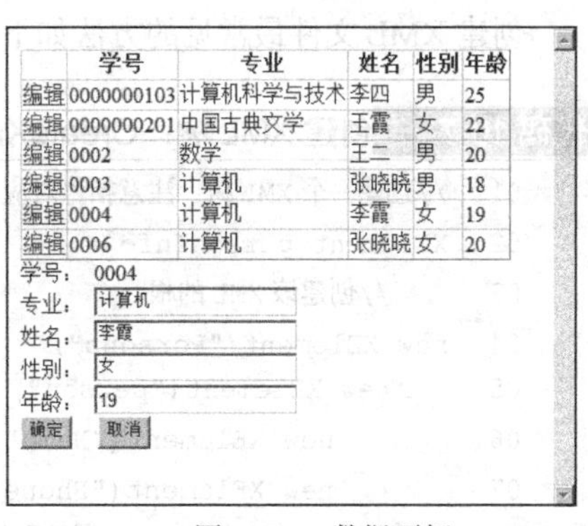

	学号	专业	姓名	性别	年龄
编辑	0000000103	计算机科学与技术	李四	男	25
编辑	0000000201	中国古典文学	王霞	女	22
编辑	0002	数学	王二	男	20
编辑	0003	计算机	张晓晓	男	18
编辑	0004	计算机	李霞	女	19
编辑	0006	计算机	张晓晓	女	20

图 10-12　数据更新

10.5　LINQ to XML

XML 是可扩展标记语言的简称，是目前使用最广泛的一种技术，基本上每个开发框架都会提供一套自己的与 XML 相关的编程方式，如 XSD、XSLT、XPath 和 XQuery 等，各种不同的规范都提供了大量各不相同的 API 来操作 XML，因此为了操作 XML，必须要了解其中的某种或多种 API，而且这些编程方法烦琐、枯燥，且容易出错。LINQ to XML 是另一种操作 XML 的编程 API，它提供了在内存中操作 XML 的一系列方法，LINQ to XML 最重要的特性就是语言集成查询，可以使用熟悉的语法来查询、修改、删除和创建 XML 文档。

10.5.1 使用 LINQ to XML 创建一个 XML 文件

LINQ to XML 经过了重新设计，是最新的 XML 编程方法。其提供文档对象模型（DOM）的内存文档修改功能，支持 LINQ 查询表达式，使用起来很方便、很实用。其最重要的优势是与语言集成查询（LINQ）的集成。由于实现了这一集成，因此，可以对内存 XML 文档编写查询，以检索元素和属性的集合。VS 集成 LINQ 后，可提供更强的类型化功能、编译时检查和改进的调试器支持。

下面简单地介绍一下 XElement 类，该类是 LINQ to XML 中的基础类之一，它表示一个 XML 元素。可以使用该类创建元素，更改元素内容，添加、更改或删除子元素，向元素中添加属性，或以文本格式序列化元素内容。还可以与 System.Xml 中的其他类（如 XmlReader、XmlWriter 和 XslCompiledTransform）进行互操作。

注意

所有的 LINQ to XML 类型都定义在 System.Xml.Linq 命名空间下，所以在使用 LINQ to XML 的时候，需要引入该命名空间。

下面就使用该类来创建一个 XML 文件，创建方法包括以下几种方式。

（1）可以在代码中构造 XML 文件。

（2）可以从包括 TextReader、文本文件或 Web 地址（URL）在内的各种源解析 XML。

（3）可以使用 XmlReader 来填充树。

（4）如果有一个可以将内容写入 XmlWriter 的模块，则可以使用 CreateWriter 方法来创建编写器，将该编写器传递到该模块，然后使用写入 XmlWriter 的内容来填充 XML 树。

创建 XML 文件最常见的方法如下，如代码 10-7 所示。

代码 10-7 创建 XML 树：CreateXml.cs

```
01  //创建一个 XML 树，注意括号对应和缩进
02  XElement personInfo =
03      //创建该 XML 的根
04  new XElement("Persons",
05      new XElement("person",
06          new XElement("Name", "景天"),
07          new XElement("Phone", "888888",
08              //指定 name 属性和值
09              new XAttribute("Type", "手机")),
10          new XElement("phone", "080808",
11              new XAttribute("Type", "话机")),
12          new XElement("Address",
13              new XElement("Street", "北街"),
14              new XElement("Provinces", "湖南"),
15              new XElement("City", "岳阳"),
16              new XElement("Postal", "414511")
17      )
18  )
```

```
19  );
20  //将此元素序列化成文件保存
21  personInfo.Save(Server.MapPath("App_Data") + "/JingTian.xml");
22  Response.Write("创建成功! ");
```

解析：本段代码用于演示使用 LINQ to XML 来创建一个 XML 文件。在代码的第 2 行～第 19 行，使用 XElement 类创建了一棵 XML 树。XElement 类的构造函数的参数可以是两个或者多个，可以是字符串类型也可以是 XElement 类型（用于创建子节点），还可以是 XAttribute 类型（用于创建该节点的属性）。如果传入的参数是两个字符串，则第一个字符串作为节点名，第二个字符串作为值；如果传入的参数是 XElement 对象，则作为该节点的子节点；如果传入的参数是 XAttribute 对象，则作为该节点的属性。构造函数“XAttribute”中的两个参数分别是属性名和属性值。注意代码的第 21 行，一定要记得调用 XElement 类的“Save”方法来将所定义的树保存到文件。

缩进用于构造 XML 树的代码可显示基础 XML 的结构。

将该段代码放在某个事件里（比如 Load 事件）执行之后，就生成了一个 XML 文件，该文件的创建在解决方案目录中。找到该文件后，打开查看，里面的内容如下：

```
<?xml version="1.0" encoding="utf-8"?>
<Persons>
  <person>
    <Name>景天</Name>
    <Phone Type="手机">888888</Phone>
    <phone Type="话机">080808</phone>
    <Address>
      <Street>北街</Street>
      <Provinces>湖南</Provinces>
      <City>岳阳</City>
      <Postal>414511</Postal>
    </Address>
  </person>
</Persons>
```

用 LINQ to XML 创建 XML 文件，结构是不是更清晰呢？

10.5.2　常用方法

前面已经学习过 LINQ 查询了，也知道了 LINQ 可以操作 XML，那么怎么使用呢？下面就介绍一些常用的方法。为了掩饰这些方法，首先在类中创建一个 XElement 对象：

```
XElement myXml = XElement.Load(Server.MapPath("App_Data")
    + "/Personsinformation.xml");
```

在下面的讲述中，除非有更改，否则一直沿用这个对象。

（1）Element()方法。该方法接收一个 XName 类型参数，并返回第一个匹配此 XName 的子元素。如果该没有找到指定名称的元素，那么将返回一个 null 值。

比如，有一个 XML 文件（见代码 10-8），这个 XML 的层次很简单，它包含一个 Persons 元素，该元素又包含了子节点（<Person>元素），而这些子节点又有自己的子节点（<Name>元素、<Age>元素等）。

代码 10-8　XML 文件：Personsinformation.xml

```
<?xml version="1.0" encoding="utf-8" ?>
<Persons>
  <Person name="Person1">
    <Name>景天</Name>
    <Age>20</Age>
    <Sex>男</Sex>
  </Person>
  <Person  name="Person2">
    <Name>雪见</Name>
    <Age>16</Age>
    <Sex>女</Sex>
  </Person>
</Persons>
```

下面就演示使用 Element()方法来读取该 XML 文件中的信息。例如：

```
//获取 Personsinformation.xml 中节点 Person 以及其下一个同级节点的元素
var person1 = myXml.Element("Person");
var person2 = myXml.Element("Person").NextNode;
string str = Server.HtmlEncode(person1.ToString());
str += Server.HtmlEncode(person2.ToString());
//将读取到的信息显示在 Label 控件中
Response.Write(str);
```

运行后显示效果如图 10-13 所示。

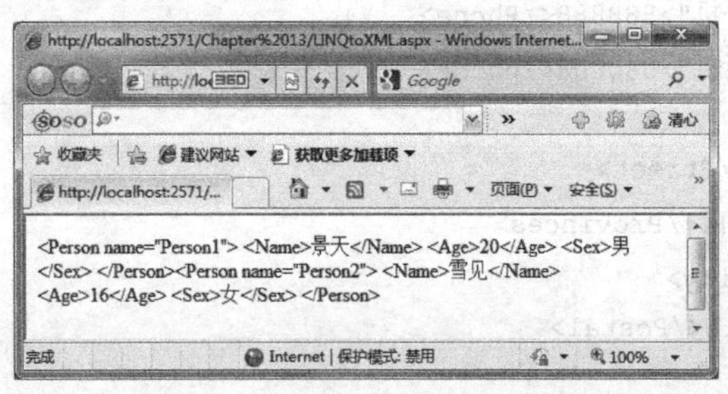

图 10-13　显示 XML 文件中信息

（2）Attribute()方法。使用该方法可以获得 name 属性，跟 Element()方法一样，它也返回第一个匹配 XName 参数的属性。如果没有找到匹配的属性，Attribute()方法将会返回一个 null。例如，要得到 Personsinformation.xml 中的第一个 Person 元素的 name 属性，可以这样写：

```
//获取 Personsinformation.xml 中节点 Person 元素
XElement p1 = myXml.Element("Person");
//获得 name 属性
XAttribute name = p1.Attribute("name");
Response.Write(name.Value + "<br/>");
```

运行后显示效果如图 10-14 所示。

（3）Elements()方法。该方法与 Element()方法的主要区别是，它返回所有匹配的元素。例如，获取 Personsinformation.xml 中所有 Person 节点下的 Name 元素的值：

```
//获取 Personsinformation.xml 中根节点下的所有 Person 元素
var p2 = myXml.Elements("Person");
foreach (var item in p2)
{
```

```
    //获取 Person 节点下的 Name 元素的值
    string str = item.Element("Name").Value;
    Response.Write(str + "<br/>");
}
```

运行后显示效果如图 10-15 所示。

图 10-14　获取 name 属性

图 10-15　获取 Name 元素的值

注意　Elements()方法还提供了一个无参数的重载，其会返回所有子节点。

（4）Descendants()方法。该方法与 Elements()方法类似，但是后者只是在子节点中查找，而 Descendants()方法将会在所有的后代节点中查找。当不确定要查找元素的层次的时候，使用 Descendants()方法非常有用。Descendants()有一个接受 XName 的重载和一个无参数的重载，概念上跟 Elements()方法类似。例如，获取 Personsinformation.xml 中根节点下所有的 Name 元素的值：

```
//获取所有根节点下的 Name 元素的值
var names = myXml.Descendants("Name");
foreach (var item in names)
{
   Response.Write(item.Value + "<br/>");
}
```

运行后显示效果如图 10-16 所示。

图 10-16　获取 Name 元素的值

注意　Descendants()方法并不会把当前节点也包括在搜索上下文中。如果希望搜索包含当前节点的功能，可以使用 DescendantsAndSelf()方法。如果希望在 XML 树中向上查询，可以使用 Ancestors()方法。

（5）ElementsAfterSelf()方法、ElementsBeforeSelf()方法、NodesAfterSelf()方法和 NodesBeforeSelf()方法。这些方法提供了一种获取位于当前元素之前或者之后所有元素的简单方法。从名字可以看出，ElementsBeforeSelf()和 ElementsAfterSelf()方法返回当前元素之前或者之后的所有 XElement 对象。不过，如果需要获取所有节点而不只是元素，那么应该使用 NodesBeforeSelf()和 NodesAfterSelf()方法。例如，该段代码可以获取 Personsinformation.xml 中的与第一个 Name 元素同级的所有的 Age 元素：

```
//获取第一个 Name 元素
var p = myXml.Descendants("Name").First();
//获取当前元素之后的所有同级的 Age 元素
var age = p.ElementsAfterSelf("Age");
foreach (var item in age)
```

```
{
    Response.Write(item.Value + "<br/>");
}
```

运行后显示效果如图 10-17 所示。

图 10-17　获取 Age 元素

注意　ElementsAfterSelf() 方法、ElementsBeforeSelf() 方法、NodesAfterSelf() 方法和 NodesBeforeSelf()方法的选择范围只在当前节点的同级节点上。

10.5.3　高级查询

刚才已经学习了 LINQ to XML 的一些基本的方法，如果需要查找具有特定属性的元素，应该怎么办呢？比如笔者需要从 Personsinformation.xml 这个 XML 文件中，查找出 Name 元素的值为“雪见”的同级节点“Age”的值，简单地说，就是要查雪见的年龄，这该怎么查询呢？其实不难，关键代码如代码 10-9 所示。

代码 10-9　查询雪见的年龄：LINQtoXML.aspx.cs

```
01    //查询雪见的年龄
02    var person = myXml.Descendants("Person")
03        .Where(p => p.Element("Name").Value == "雪见")
04        .Select(p => p.Element("Age")).First();
05    MessageBox.Show("雪见的年龄是：" + person.Value + "\n");
```

解析：本段代码用于演示使用 LINQ to XML 从 Personsinformation.xml 文件中查询出雪见的年龄。在代码的第 2 行~第 4 行，使用了 LINQ to XML 的语句来进行查询。在代码的第 2 行，使用了 XElement 类的 Descendants 方法来查找除根节点外的所有的 Person 节点。在代码的第 3 行，使用了 XElement 类的 Where 方法来进行筛选数据，条件“p => p.Element("Name").Value == "雪见"”表示只有当前元素的值为“雪见”才符合条件。在代码的第 4 行，使用了 XElement 类的 Select 方法来获取符合上述条件的结果集中的第一个“Age”节点。在代码的第 5 行输出了该“Age”节点的值。

图 10-18　雪见的年龄

这么几行代码，就实现了上述功能，看来使用 LINQ to XML 非常容易查询 XML 文件。运行后显示效果如图 10-18 所示。

10.5.4　向 XML 树中添加元素、属性和节点

下面的方法将子内容添加到 XElement 或 XDocument 中。

（1）Add()方法：用于在当前元素的子内容的末尾添加内容。

（2）AddFirst()方法：用于在当前元素的子内容的开头添加内容。

下面的方法将内容添加为同级节点。向其中添加同级内容的最常见的节点是 XElement，不过也可以将有效的同级内容添加到其他类型的节点，如 XText 或 XComment。

（3）AddAfterSelf()放：用于当前元素后面添加内容。

（4）AddBeforeSelf()方法：用于在当前元素前面添加内容。

这些方法使用起来也比较简单，比如要在 Personsinformation.xml 中添加有关“龙葵”的相关信息，关键如代码 10-10 所示。

代码 10-10　添加龙葵的信息：LINQtoXml.aspx.cs

```
01          XElement addInfo = new XElement("Person",
02             new XElement("Name", "龙葵"),
03             new XElement("Phone", "202020",
04                new XAttribute("Type", "手机")),
05             new XElement("phone", "303030",
06                new XAttribute("Type", "话机")),
07             new XElement("Address",
08                new XElement("Street", "北街"),
09                new XElement("Provinces", "湖南"),
10                new XElement("City", "岳阳"),
11                new XElement("Postal", "414511")
12             )
13          );
14          //在根节点之后增加子节点
15          myXml.Add(addInfo);
16          //将此元素序列化成文件保存
17          myXml.Save(Server.MapPath("App_Data")
18             + "/Personsinformation.xml");
19          Response.Write("添加成功！");
```

解析：本段代码演示使用 XElement 类的 Add 方法向目标 XML 文件中添加节点。首先在代码的第 1 行～第 13 行定义了节点“addInfo”，其包含了许多属性和子节点。在代码的第 15 行，使用了 XElement 类的 Add 方法在目标 XML 文件中添加“addInfo”节点。注意这个 XElement 对象“myXml”，和前面的代码一样，也是创建好了的 XElement 对象。

既然有增加元素的方法，自然也有修改、删除元素的方法。常用的方法和属性如下。

（1）RemoveAll()方法：移除元素的所有内容（子节点和属性）。

（2）RemoveAttributes()方法：移除元素的属性。

（3）ReplaceAll()方法：替换元素的所有内容（子节点和属性）。

（4）ReplaceAttributes()方法：替换元素的属性。

（5）SetAttributeValue()方法：设置属性的值。如果该属性不存在，则创建该属性。如果值设置为 null，则移除该属性。

（6）SetElementValue()方法：设置子元素的值。如果该元素不存在，则创建该元素。如果值设置为 null，则移除该元素。

（7）Value 属性：用指定的文本替换元素的内容（子节点）。

（8）SetValue()方法：设置元素的值。

例如，下面这段代码可以从 LiXiaoYao.xml 中 Person 元素的父节点中删除该元素。

```
//从节点父级中删除此节点
myXml.Element("Person").Remove();
```

而这段代码则可以修改 LiXiaoYao.xml 中，第一个 Street 元素的值：

```
//修改第一个 Street 元素的值
myXml.Descendants("Street")
    .First().Value = "南街";
```

只要改动了原来的 XML 文件，记得使用 Save()方法来保存修改。

10.6　设置网站的关键字

从 SEO 的角度来看，关键字与 SEO 的各个方面都或多或少有一定的关系。寻找和使用合适的关键字是可以提高网站的排名的。

那么怎么选择出合适的关键字呢？可以考虑以下途径。

（1）对网站内容的提炼。

（2）客户。调查客户的搜索和需求，往往是获得有效关键字的最好途径。

（3）同类网站。知己知彼，方能百战不殆。查看同类网站的网页源文件中所使用的关键字，根据自己网站的实际情况，做出更改。

（4）使用关键字建议工具，如 Wordtracker、Overture Keyword Selector Tool 等。

在设置网站的关键字时，不要使用粗俗词汇和政治倾向错误的词汇，而且不要堆砌关键字。还有，关键字的密度最好保持在 5%～7%。

那么如何告诉搜索引擎爬虫这是关键字呢？这就需要使用关键字标签了。其形式如下：

```
<meta name="keywords" content="网站的关键字，用逗号分隔" />
```

说到了关键字的设置，就不能不提及描述标签的使用，比如使用搜索引擎搜索的时候，在搜索页，那一段简短的描述，大都出自于描述标签（不完全依据该标签），其形式如下：

```
<meta name="description" content="网页简介" />
```

比如打开淘宝网首页，查看源文件，就能看到如下代码：

```
<title>淘宝网 - 淘！我喜欢</title>

<meta name="description" content="淘宝网 - 亚洲最大、最安全的网上交易平台，提供各类服饰、美容、家居、数码、话费/点卡充值… 2 亿优质特价商品，同时提供担保交易(先收货后付款)、先行赔付、假一赔三、七天无理由退换货、数码免费维修等安全交易保障服务，让你全面安心享受网上购物乐趣！" />

<meta name="keywords" content="淘宝,掏宝,网上购物,C2C,在线交易,交易市场,网上交易,交易市场,网上买,网上卖,购物网站,团购,网上贸易,安全购物,电子商务,放心买,供应,买卖信息,网店,一口价,拍卖,网上开店,网络购物,打折,免费开店,网购,频道,店铺" />
```

很多时候，关键字和描述是经常需要改动的，以适应 SEO 优化（SEO 是一件长期的事），如果老是修改源文件，那是不可取的。那么如何在后置代码中修改关键字和描述呢？首先页面代码如下：

```
<head runat="server">
    <title>网站关键字</title>
```

```
    <meta id="k" name="keywords" content="网站的关键字，用逗号分隔" runat="server" />
    <meta id="d" name="description" content="网页简介" runat="server" />
</head>
```

在上述代码中，给 meta 标签添上了 runat="server"属性，即运行在服务器上。然后设置了其 id 分别为“k”和“d”。那么，就可以在后台事件中访问了。如下所示：

```
protected void Page_Load(object sender, EventArgs e)
{
    k.Content = "关键字,关键字";
    d.Content = "描述描述";
}
```

运行之后，查看源文件如图 10-19 所示。

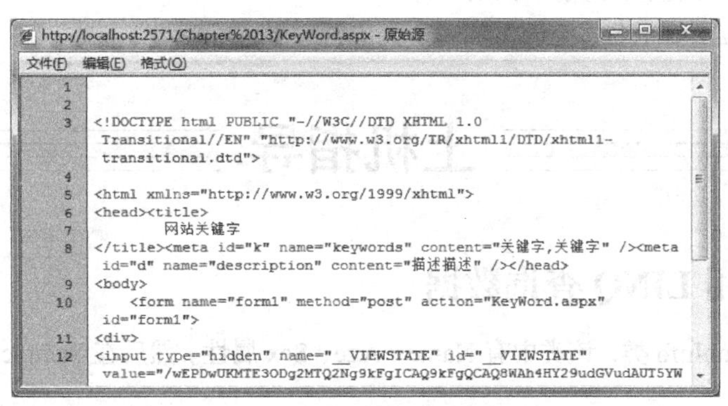

图 10-19　设置的关键字和描述

小　结

本章主要介绍的是一种查询数据的方式，这种 LINQ 查询方式语法简单易学，新人容易上手。本章学习的关键是了解除语法外的一些数据传输原理。通过本章的学习，读者还应该明白，开发程序中的数据可能不只来自数据库，有些还可能是 XML 文件。

习　题

1. LINQ 主要包含以下_____部分。
   A. LINQ to Objects　　B. LINQ to XML
   C. LINQ to ADO.NET　　D. 以上都是
2. Skip()方法用于_____。
   A. 提取指定数量的项　　B. 跳过指定数量的项并获取剩余的项
   C. 根据指定条件提取项　　D. 根据指定条件跳过项
3. 使用______可以生成整数数组。
   A. Skip()方法　　B. Range()
   C. Repeat()方法　　D. Take()方法

4. 下面这段代码会输出（　　）结果。

```
var repeat = Enumerable.Repeat("I Love You", 10);
string str = "";
foreach (var item in repeat)
{
    str += item.ToString() + "<br />";
}
Response.Write(str);
```

A. 什么也不输出　　　　B. 报错

C. 10 行“I Love You”　　　　D. “I Love You”

5. 使用什么方法可以使查询在定义时就立即执行?
6. ThenBy 方法的主要作用是什么?
7. 查询方法位于哪个名字空间下的哪个类中?

上机指导

实验：使用 LINQ 查询数据

定义一个 PersonInfo 类，该类中有 Name、Age、Sex 属性。然后在 Sample 类中定义这么一个 List 集合，如：

```
List<PersonInfo> persons = new List<PersonInfo>
{
    new PersonInfo("赵灵儿",'女',16),
    new PersonInfo("林月如",'女',18),
    new PersonInfo("李逍遥",'男',22),
    new PersonInfo("忆如",'女',3),
};
```

要求使用 LINQ 达到如下要求：

（1）按姓名降序排列；

（2）按年龄降序排列；

（3）生成姓名序列；

（4）查询年龄大于 10 岁的女性。

注意

本书已经介绍了 LINQ 查询存在两种形式，即查询方法方式和查询语句方式，为了更好地使用 LINQ，请将两种方法都试着使用。

第 11 章 网站优化

本章主要从数据库、C#代码优化、ASP.NET 和使用 AJAX 技术 4 个方面来讲述如何优化 ASP.NET 网站。主要是着手两方面，一方面是性能优化，另一方面是用户体验优化。其中讲述了一些比较重要的知识，如调用存储过程、使用 StringBuilder 类拼接字符串、发布网站、使用缓存、AJAX 技术等，这些都是非常有用的知识，希望读者掌握。

11.1 数据库方面

从数据库相关的角度来看，值得优化的有很多地方，但是对于初学者来说，首推存储过程。很多初学者都容易忽视存储过程的使用，那么使用存储过程有哪些好处呢?

存储过程是存储在服务器上的一组预编译的 SQL 语句，类似于 DOS 系统中的批处理文件。存储过程具有对数据库立即访问的功能，信息处理极为迅速。使用存储过程可以避免对命令的多次编译，在执行一次后其执行规划就驻留在高速缓存中，以后需要时只需直接调用缓存中的二进制代码即可。

另外，存储过程在服务器端运行，独立于 ASP.NET 程序，便于修改，最重要的是其可以减少数据库操作语句在网络中的传输。下面一起来学习本节的内容。

11.1.1 在 ADO.NET 中调用存储过程

存储过程有许多优点。使用存储过程，数据库操作可以封装在单个命令中进行执行，可以优化性能并且增强安全性（比如防止 SQL 注入）。虽然可以通过以 SQL 语句的形式传递参数自变量之前的存储过程名称来调用存储过程，但如果使用 ADO.NET Command 对象的 Parameters 集合，则可以显式地定义存储过程参数并访问输出参数和返回值。

若要在程序中调用存储过程，切记将 Command 对象的 CommandType 属性设置为 StoredProcedure。只有 CommandType 属性设置为 StoredProcedure，才可以使用 Parameters 集合来定义参数。

Parameter(参数)对象可以使用 Parameter 类的构造函数来创建，或通过调用 Command 对象的 Parameters 集合的 Add 方法来创建，该方法会将构造函数参数或现有 Parameter 对象用作输入。如果要将 Parameter 的 Value 设置为空引用时，应该使用 DBNull.Value。

下面举个简单的例子。首先在 PersonalInformation 数据库中，定义以下存储过程：

```
/*创建存储过程*/
```

```
CREATE PROCEDURE [dbo].[proc_SelectName]
    @sex char(2),               --输入参数：性别
    @age int                    --输入参数：年龄
AS
/*根据年龄和性别查询姓名*/
    SELECT Name FROM PersonInfo
    WHERE Sex=@sex AND Age=@age
```

定义好存储过程之后，就需要使用 ADO.NET 操作数据库了。使用存储过程并不难，根据上面的存储过程，可知是根据年龄和性别查询姓名的，需要传入两个参数，即@sex 和@age。设计页面如下：

```
<div>
    年龄：<asp:TextBox ID="txtAge" runat="server"></asp:TextBox>
    <br />
    性别：<asp:RadioButton ID="rdoM" runat="server" Text="男" GroupName="sex" />
    <asp:RadioButton ID="rdoW" runat="server" Text="女" GroupName="sex" />
    <br />
    <asp:Button ID="btnSearch" runat="server" Text="查询" onclick="btnSearch_Click" />
</div>
```

当单击“查询”按钮时，就查询出姓名并输出，关键代码如代码 11-1 所示。

代码 11-1　使用存储过程：Default.aspx.cs

```
01  protected void btnSearch_Click(object sender, EventArgs e)
02  {
03      //定义连接字符串
04      string connString =
05          "Data Source=.;Initial Catalog=PersonalInformation;Integrated Security=True";
06      string sex = rdoM.Checked == true ? "男" : "女";
07      int age = Convert.ToInt32(txtAge.Text);
08      string message = string.Format("年龄为{0}的{1}性是：", age, sex);
09      //创建数据库连接
10      using (SqlConnection conn = new SqlConnection(connString))
11      {
12          //创建 SqlCommand 对象，以执行存储过程
13          SqlCommand objCommand = new SqlCommand
14              ("dbo.proc_SelectName", conn);
15          //将 CommandType 设置为 StoredProcedure
16          objCommand.CommandType = CommandType.StoredProcedure;
17          //指定参数名和值
18          objCommand.Parameters.Add("@Sex", SqlDbType.Char, 2).Value = sex;
19          objCommand.Parameters.Add("@Age", SqlDbType.Int).Value = age;
20          conn.Open();
21          //创建 SqlDataReader 对象
22          using (SqlDataReader objReader = objCommand.ExecuteReader
23              (CommandBehavior.CloseConnection))
24          {
25              Response.Write(message + "<br />");
26              //读取名字
27              while (objReader.Read())
28              {
```

```
29                      Response.Write(Convert.ToString(objReader["name"]) + "<br />");
30                  }
31              }
32          }
33      }
```

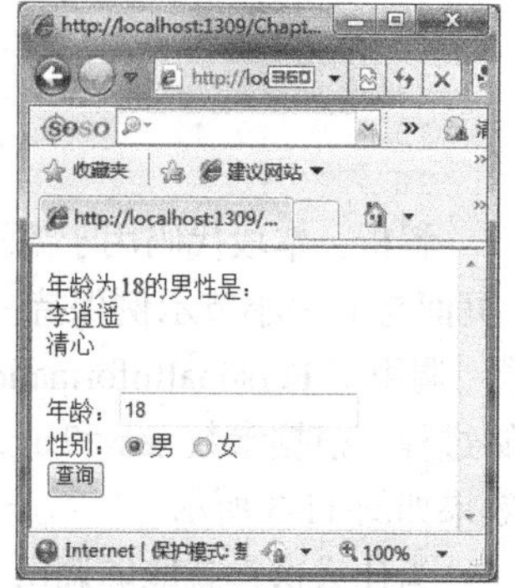

图 11-1　ADO.NET 调用存储过程

解析：本段代码用来演示使用存储过程操作数据库。在代码的第 10 行，使用了“using”关键字来自动释放连接。在代码的第 13 行～第 14 行，创建了 SqlCommand 对象，传入的两个参数分别为存储过程的名称以及 SqlConnection 对象。在代码的第 16 行，设置 SqlCommand 对象的“CommandType”类型为存储过程，即“StoredProcedure”。在代码的第 18 行～第 19 行，为存储过程指定了参数和值，如果所调用的存储过程无参数，就不需要指定。运行之后，效果如图 11-1 所示。

与 Java 不同的是，ADO.NET 不支持在向 SQL 语句或存储过程传递参数时使用“？”占位符。

11.1.2　使用 LINQ 调用存储过程

除了使用 ADO.NET 调用存储过程外，也可以使用 LINQ to SQL 来调用存储过程。这比在 ADO.NET 中调用存储过程简单多了。

首先在添加的 LINQ to SQL 类中的设计界面上，从服务器资源管理中拖入存储过程，如图 11-2 所示。

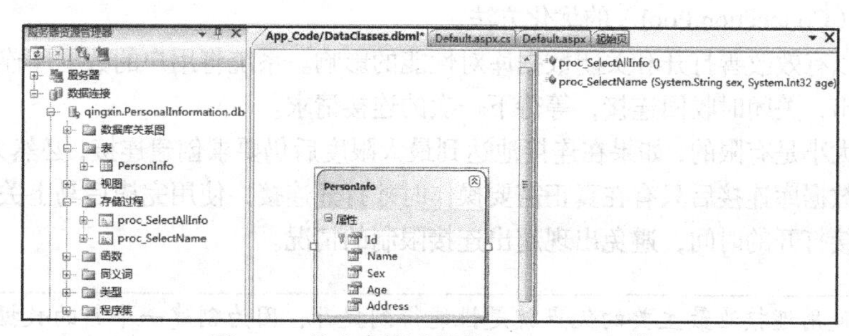

图 11-2　拖入存储过程到 LINQ to SQL 类

在图 11-2 所示的设计界面的右侧，显示了拖入的存储过程名和参数。现在，就在“查询”按钮的 Click 事件中，使用 LINQ 来调用 proc_SelectName 存储过程。关键代码如代码 11-2 所示。

代码 11-2　LINQ 调用存储过程：LINQWithStoredProcedure.aspx.cs

```
01      protected void btnSearch_Click(object sender, EventArgs e)
02      {
03          string sex = rdoM.Checked == true ? "男" : "女";
04          int age = Convert.ToInt32(txtAge.Text);
05          string message = string.Format("年龄为{0}的{1}性是：<br />", age, sex);
06          Response.Write(message);
07          using (DataClassesDataContext db = new DataClassesDataContext())
08          {
09              //调用 PersonalInformation 数据库中的 proc_SelectName 存储过程
```

```
10          var q = db.proc_SelectName(sex, age);
11          foreach (var item in q)
12          {
13              Response.Write(item.Name + "<br />");
14          }
15      }
16  }
```

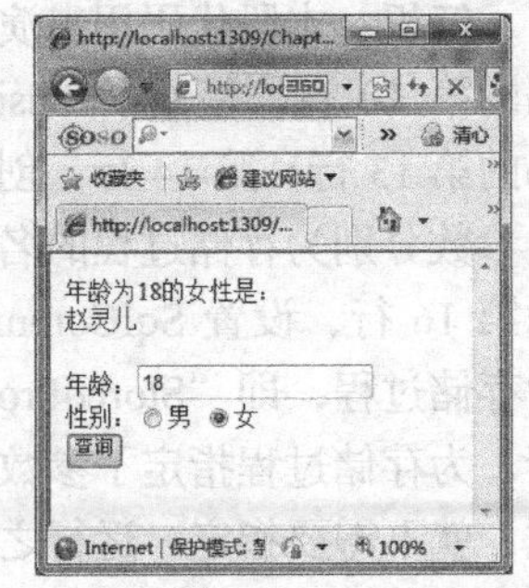

图 11-3　使用 LINQ 调用存储过程

解析：本段代码用于演示使用 LINQ to SQL 调用存储过程（页面与上一小节示例保持一致）。值得注意的是代码的第 10 行，调用了 PersonalInformation 数据库中的 proc_SelectName 存储过程，根据参数 sex 和 age，返回了一个结果集。运行之后，效果如图 11-3 所示。

为什么这样就能够调用 proc_SelectName 存储过程呢？其实，当用户将该存储过程拖入 LINQ to SQL 类的设计界面时，VS 就自动生成了相应的方法。

11.1.3　合理使用连接池

连接到数据库服务器通常由几个需要很长时间的步骤组成。必须建立物理通道（如套接字或命名管道），必须与服务器进行初次握手，必须分析连接字符串信息，必须由服务器对连接进行身份验证，必须运行检查以便在当前事务中登记，等等一系列的操作。总之，这些操作是比较耗费服务器资源的。

实际上，大多数 Web 程序仅使用一个或几个不同的连接配置。这意味着在执行应用程序期间，许多相同的连接将反复地打开和关闭。为了使打开的连接成本降至最低，在 ADO.NET 中可以使用称为连接池（Connection Pool）的优化方法。

连接池可以有效改善打开和关闭数据库对性能的影响。系统将用户的数据库连接放在连接池中，需要时取出，关闭时收回连接，等待下一次的连接请求。

连接池的大小是有限的，如果在连接池达到最大限度后仍要求创建连接，必然大大影响性能。因此，在建立数据库连接后只有在真正需要操作时才打开连接，使用完毕后马上关闭，从而尽量减少数据库连接打开的时间，避免出现超出连接限制的情况。

注意

使用连接池最主要的优点就是性能得到提升，因为创建一个新的数据库连接所耗费的时间主要取决于网络的速度以及应用程序和数据库服务器的网络距离，而且这个过程通常是一个很耗时的过程。而采用数据库连接池后，数据库连接请求可以直接通过连接池满足而不需要为该请求重新连接、认证到数据库服务器，这样就节省了大把时间。不过，这样也存在一个缺点，那就是数据库连接池中可能存在着多个没有被使用的连接，但是其一直连接着数据库，这意味着浪费资源。

池连接可以大大提高应用程序的性能和可缩放性。默认情况下，ADO.NET 中会启用连接池。除非显式禁用，否则，连接在程序中打开和关闭时，池进程将对连接进行优化。

在初次打开连接时，将根据完全匹配算法创建连接池，该算法将池与连接中的连接字符串关联。每个连接池与不同的连接字符串关联。打开新连接时，如果连接字符串并非与现有池完全匹配，将创建一个新池。按进程、按应用程序域、按连接字符串以及（在使用集成的安全性时）按 Windows 标识来建立池连接。

连接池是为每个唯一的连接字符串创建的。当创建一个池后，将创建多个连接对象并将其添加到该池中，以满足最小池大小的要求。连接根据需要添加到池中，但是不能超过指定的最大池大小（默认值为 100）。连接在关闭或断开时释放回池中。

在请求 SqlConnection 对象时，如果存在可用的连接，将从池中获取该对象。连接要可用，必须未使用，具有匹配的事务上下文或未与任何事务上下文关联，并且具有与服务器的有效链接。

连接池进程通过在连接释放回池中时重新分配连接，来满足这些连接请求。如果已达到最大池大小且不存在可用的连接，则该请求将会排队。然后，池进程尝试重新建立任何连接，直到到达超时时间（默认值为 15 s）。如果池进程在连接超时之前无法满足请求，将引发异常。

SqlConnection 对象的 ConnectionString 属性支持连接字符串键/值对，可以用于调整连接池逻辑的行为。具体配置如表 11-1 所示。

表 11-1　　连接字符串内连接池值的有效名称

名　称	默认值	说　明
Connection Lifetime	0	当连接被返回到池时，将其创建时间与当前时间作比较，如果时间长度（以秒为单位）超出了由 Connection Lifetime 指定的值，该连接就会被销毁。这在聚集配置中很有用（用于强制执行运行中的服务器和刚置于联机状态的服务器之间的负载平衡） 零值将使池连接具有最大的连接超时
Enlist	'true'	为 true 或 yes 时，池程序在创建线程的当前事务上下文中自动登记连接 可识别的值为 true、false、yes 和 no
Max Pool Size	100	池中允许的最大连接数。设置 ConnectionString 的 Max Pool Size 值可能会影响性能。如果计划创建并主动使用 100 个以上的连接，应增加 Max Pool Size，使之接近可使应用程序的连接使用处于稳定状态的值
Min Pool Size	0	池中允许的最小连接数
Pooling	'true'	为 true 或 yes 时，就从适当的池提取 OracleConnection 对象，或在必要时创建该对象并将其添加至适当的池 可识别的值为 true、false、yes 和 no

当设置需要布尔值的关键字或连接池值时，可以使用“yes”代替“true”，用“no”代替“false”。整数值表示为字符串。例如，下面代码创建了一个连接池：

```
    string coonString = "data source=.;User ID=sa;pwd=sa;Initial Catalog=db ;Min Pool Size
= 1 ; Max Pool Size=5";
    using (SqlConnection sqlCoon=new SqlConnection(coonString))
    {
        sqlCoon.Open();
          .....
    }
```

注意

当调用 Open 方法时，就会创建一个连接池。使用完连接时一定要关闭连接，以便连接可以返回池。要关闭连接，可以使用 Connection 对象的 Close 或 Dispose 方法，也可以通过在 C#的 using 语句中打开所有连接。不是显式关闭的连接可能不会添加或返回到池中。例如，如果连接已超出范围但没有显式关闭，则仅当达到最大池大小而该连接仍然有效时，该连接才会返回到连接池中。

如果 MinPoolSize 在连接字符串中未指定或指定为零，池中的连接将在一段时间不活动后关闭。如果连接长时间空闲，或池进程检测到与服务器的连接已断开，连接池进程会将该连接从池中移除。注意，只有在尝试与服务器进行通信之后才能检测到断开的连接。如果发现某连接不再连接到服务器，则会将其标记为无效。无效连接只有在关闭或重新建立后，才会从连接池中移除。

当应用程序不再需要用到连接池的时候，可以使用 ClearPool 或 ClearAllPool 方法清空连接池，也可作重置连接池使用，方法如下：

```
SqlConnection.ClearPool(SqlConnection connection)    //清空关联的连接池
SqlConnection.ClearAllPools()                        //清空所有连接池
```

11.1.4 优化查询语句

ASP.NET 中 ADO 连接消耗的资源相当大，SQL 语句运行的时间越长，占用系统资源的时间也越长。因此，尽量使用优化过的 SQL 语句以减少执行时间。例如，不在查询语句中包含子查询语句，充分利用索引等。下面列出一些在使用 SQL 语句时，需要引以为意的事项。

- 对于数据类型 varchar（MAX）/nvarchar(MAX)/varbinary(MAX)，应该替换已有的 text、ntext、image 等数据类型。
- 不需要查询全部记录时，就应该使用“top”关键字（SQL Server2005 及以上版本支持）。不需要查询全部列时，就应该指定列名，而不是使用“*”号。
- 如果需要删除所有的数据，尽量用 TRUNCATE TABLE 代替 DELETE。
- 避免使用 DISTINCT。DISTINCT 在结果中删除重复行的同时也给 SQL 的处理时间带来了负面影响，所以除非必要，否则尽量不用 DISTINCT。
- 避免在 WHERE 子句中的运算符或某些关键字的左侧使用表达式，如 OR、<>、!=、!<、>!、IS NULL、NOT、NOT IN、NOT LIKE 和 LIKE，因为这些操作很难利用已知的索引。并且，尽量避免在 WHERE 条件语句中使用函数计算。
- 尽量减少数据库的访问量和数据的传输量，如一些不必要常更新的数据，可以使用缓存，数据比较多的时候，可以进行分页查询。
- 避免使用 NOT IN，可以采用 IN、EXISTS NOT EXISTS 和 LEFT JOIN 加空值判断。
- 使用 EXISTS 判断记录是否存在。
- 应优先使用连接，然后使用子查询或嵌套查询，表之间的连接使用 INNER JOIN、LEFT JOIN 和 RIGHT JOIN，不使用 CROSS JOIN 和多列表方式。
- 在使用 LIKE 时，避免以百分号或者下画线开头，因为 LIKE 运算符以一个百分号或一个下画线开始，则不能使用到索引。
- 合理使用视图。
- 必要时强制使用索引。
- 尽可能不用触发器而使用存储过程。
- 尽可能不用游标。

以上优化规则仅供参考，在一般情况下，可以考虑参照以上优化规则。如果需要分析 SQL 语句执行的性能，可按 Ctrl+L 快捷键查看执行计划，以进行分析，如图 11-4 所示。

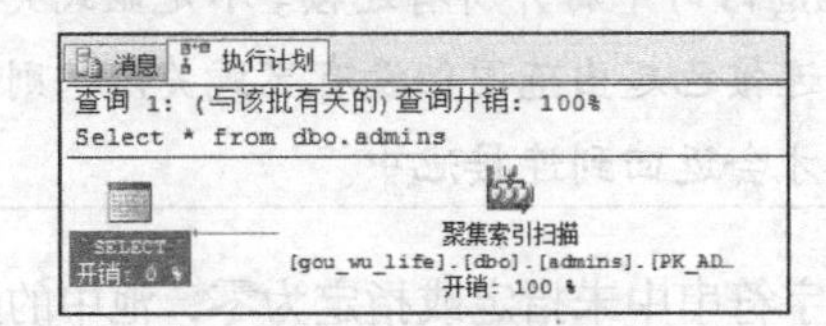

图 11-4 SQL 执行计划

11.2　C#代码优化

编写代码需要注意哪方面呢？这里不可能全部总结出来，只能是提醒大家注意某些比较重要，而容易忽视的地方。

11.2.1　多用泛型

在前面学习过泛型集合，那么使用泛型有如下好处。

- C#的泛型支持类、结构体、接口、委托以及方法成员。
- C#的泛型可采用“基类，接口，构造器，值类型/引用类型”的约束方式来实现对类型参数的“显式约束”。
- 可以定义类型安全的数据结构。
- 因为防止了拆箱和装箱，所以可以显著提高性能（装箱和拆箱是比较消耗性能的，应该尽量避免）。
- 可在支持泛型和扩展方法时，能够直接对类型使用扩展方法，而不用再反射调用了。

11.2.2　优先采用使用 foreach 循环

C#的 foreach 语句是从 do、while 或者 for 循环语句变化而来的，其相对来说要好一些，其可以为任何集合产生最好的迭代代码。foreach 循环的定义依赖于.NET 框架里的集合接口，并且编译器会为实际的集合生成最好的代码。当在集合上做迭代时，可使用 foreach 来取代其他的循环结构。例如，下面定义了 3 个循环：

```
int [] numbers = new int[100];
//循环 1
foreach ( int i in numbers)
 Response.Write( i.ToString( ));
//循环 2
for ( int index = 0; index < numbers.Length; index++ )
 Response.Write( numbers[index].ToString( ));
//循环 3
int len = numbers.Length;
for ( int index = 0; index < len; index++ )
 Response.Write( numbers[index].ToString( ));
```

对于上面定义的 3 个循环，循环 1 是最好的。起码其代码更简洁，这可以提升的个人开发效率。对于循环 3，大多数 C、C++或者 Java 程序员会认为其是最有效的，但其实却是最糟糕的。因为在循环外部取出了变量 Length 的值，从而阻碍了编译器将边界检测从循环中移出。

C#代码是安全的托管代码里运行的。环境里的每一块内存，包括数据的索引，都是被监视的。稍微展开一下，循环 3 的代码实际很像下面的代码：

```
int len = numbers.Length;
for ( int index = 0; index < len; index++ )
{
 if ( index < numbers.Length )
 Console.WriteLine(numbers [index].ToString( ));
 else
 throw new IndexOutOfRangeException( );
}
```

看来本想把 Length 属性提出到循环外面，以加快速度，但是却事与愿违，非但没有提升性能，而且还使得编译做了更多的事情，从而也降低了性能。CLR 要保证的内容之一就是：不能写出让变量访问不属于其自己内存的代码。在访问每一个实际的集合时，运行时确保对每个集合的边界（不是 len 变量）做了检测。但是这里却把一个边界检测分成了两个，并且还要为循环的每一次迭代做数组的索引检测，而且是两次。

因此，循环 1 和循环 2 要快一些的原因是因为，C#编译器可以验证数组的边界来确保安全。任何循环变量不是数据的长度时，边界检测就会在每一次迭代中发生。在上面 3 个循环中，循环 1 和循环 2 是类似的。那么，说到这里，使用 foreach 到底具体有哪些好处呢？

- foreach 总能保证最好的代码。程序员根本不用操心哪种结构的循环有更高的效率，foreach 和编译器已经自动处理好这些事了。
- foreach 语句知道如何检测数组的上下限，这样不易出错。
- 代码更简洁。
- foreach 语句提供了很大的伸缩性，如当某时发现需要修改数组里底层的数据结构时，它可以尽可能多地保证代码不做修改。

总而言之，相对其他循环语句，foreach 是一个应用广泛的语句。它为数组的上下限自成正确的代码，迭代多维数组，强制转化为恰当的类型（使用最有效的结构），生成最有效的循环结构。这是迭代集合最有效的方法。这样，有利于写出的代码更持久、更简洁。

在使用循环的时候，还要注意几个方面。

- 尽量减少循环体中设置/初始化变量。
- 避免在循环中修改被遍历对象的子元素。
- 避免使用递归调用和嵌套循环。

注意数组与集合的区别。数组是一次性分配的连续内存，集合是可以动态添加与修改的。

11.2.3 不要过度依赖异常处理

对于初学者来说，很多时候，使用异常处理来的比较方便、简单。这里需要提醒的是，异常大大地降低了性能，所以不应该将其用作控制正常程序流程的方式。如果有可能检测到代码中可能导致异常的状态，请执行这种操作——不要在处理该状态之前捕获异常本身。常见的方案包括：检查 null，分析是否数据类型不对，或在应用数学运算前检查特定值。下面的示例演示可能导致异常的代码以及测试是否存在某种状态的代码。两者产生相同的结果。

```
try
{
    result = 88 / num;
}
catch (Exception e)
{
    result = 0;
}
// 功能与上雷同.
if (num != 0)
    result = 88 / num;
else
    result = 0;
```

小结一下，在使用异常处理时，请考虑以下事项。

- 捕获和抛出异常都是消耗比较大的操作，尽量减少 try 的次数，避免使用异常来控制处理逻辑。
- 避免引发不必要的异常。
- 捕获制定的异常，尽量避免使用异常的基类 System.Exception。
- 处理异常时，在 finally 块中释放占用的资源（连接、文件流等）。

11.2.4 使用 StringBuilder 类拼接字符串

String 在任何语言中都有其特殊性，在.NET 中也是如此。其属于基本数据类型，也是基本数据类型中唯一的引用类型。在使用字符串的时候，读者要重点注意以下方面。

（1）在.NET 中，String 是不可改变对象，一旦创建了一个 String 对象并为其赋值，就不可能再改变，也就是说不可能改变一个字符串的值。这句话初听起来似乎有些不可思议，大家也许马上会想到字符串的连接操作，那样不也可以改变字符串吗？其实未必。例如，以下代码：

```
string str = "ab";
str += "cd";
```

上面的代码看似已经将“ab”转化成“abcd”了（比如使用 Response.Write()输出），可是事实上却大相径庭，根本就没改变。在第 1 行代码中创建了一个 String 对象，其值是“ab”，str 指向了其在内存中的地址；第 2 行代码中创建了一个新的 String 对象，其值是“abcd”，str 指向了新的内存地址。这时其实存在着两个字符串对象，尽管只引用了其中的一个，但是字符串“ab”仍然在内存中驻留。

前面说过 String 是引用类型，这就是如果创建很多个相同值的字符串对象，其在内存中的指向地址应该是一样的，这样可以确保内存的有效利用。

（2）用 Equals 方法作字符串的比较，执行速度比引用相同时用==操作符要慢，但是比值相同时用==操作符要快。所以比较两个字符串到底用==还是用 Equals 方法就要视具体情况而定了。

（3）使用“string str = string.Empty”代替“string str = ""”。因为 string.Empty 不会创建对象。

（4）这点是最重要的，String 类型在做字符串的连接操作时，效率是相当低的，并且由于每做一个连接操作，都会在内存中创建一个新的对象，占用了大量的内存空间。这样就引出 StringBuilder 对象，StringBuilder 对象在做字符串连接操作时是在原来的字符串上进行修改，改善了性能。

这一点初学者往往不知道或者容易忽视，在很少的字符串拼接的时候，也许看不出效率，但是连接操作频繁的时候，使用 StringBuilder 对象，这个性能就差别大了。下面通过一个简单的示例，来看看其差别有多大。

代码 11-3 使用 StringBuilder 对象：StringBuilderSample.aspx.cs

```
01  using System;
02  using System.Collections.Generic;
03  using System.Linq;
04  using System.Web;
05  using System.Web.UI;
06  using System.Web.UI.WebControls;
07  using System.Text;      //注意引用该命名空间
08  public partial class StringBuilderSample : System.Web.UI.Page
```

```
09   {
10     protected void Page_Load(object sender, EventArgs e)
11     {
12         string str = "测试";
13         StringBuilder sb = new StringBuilder(str);
14         int n = 10000;  //循环次数
15         int start, end;
16         //获取系统启动后经过的毫秒数
17         start = Environment.TickCount;
18         //测试使用+操作符所用时间
19         for (int i = 0; i < n; i++)
20         {
21             str += i.ToString();
22         }
23         end = Environment.TickCount;
24         Response.Write(end - start);
25         Response.Write("<br/>");
26         start = Environment.TickCount;
27         //测试使用 StringBuilder 对象所用时间
28         for (int i = 0; i < n; i++)
29         {
30             sb.Append(i.ToString());
31         }
32         end = Environment.TickCount;
33         Response.Write(end - start);
34     }
35   }
```

解析：本段代码用于比较两种字符串拼接方式，哪种操作时间更短呢？在代码中，定义了两个 for 循环，第一个 for 循环使用的“+”操作符拼接字符串，第二个 for 循环使用的 StringBuilder 对象拼接字符串。Environment.TickCount 用于获取程序启动后，经过的毫秒数。

运行之后，如图 11-5 所示，其差别不是一般的大。

图 11-5　两种拼接方式性能比较

11.3　ASP.NET 方面

优化是从各个方面都开始的。关于 ASN.NET 方面，有许多需要注意的方面，读者在编码时应该注意。

11.3.1　适当使用服务器控件

ASP.NET 中新引入了一种在服务器端运行的，被称为 Web 服务器控件，在代码中，其经常通过下面的语法被说明：

```
<asp:TextBox id="txtLastName" size="40" runat="server" />
```

服务器控件是由 runat 属性指示的，其值总是“server”。通过添加 runat 属性，一般的 HTML

控件也可以被很方便地转换到服务器端运行，例如：

```
<input type="text" id="txtLastName" size="40" runat="server" />
```

服务器控件允许开发人员通过 id 属性中指定的名字，来引用程序中的控件，可以通过编程的方式设置属性和获得值，因此，服务器端处理方式有较大的灵活性。这种灵活性是有一定代价的。每种服务器端控件都会消耗服务器上的资源。另外，除非控件、网页或应用程序明确地禁止了 ViewState 对象，控件的状态是包含在 ViewState 的隐藏域中，并在每次回送中都会被传递，这会引起严重的性能下降。

因此在开发中，在可以不使用服务器控件的地方，应该尽量采用 Html 控件。在使用服务器控件时，也应有所选择，应该注意以下几个方面。

- 尽量使用轻量级的数据绑定控件替代复杂的复合控件。例如，使用 GridView Web 服务器控件可能是一种显示数据的方便快捷的方法，但就性能而言其开销常常是最大的。在某些简单的情况下，可以通过生成适当的 HTML 自己呈现数据可能很有效，但是自定义和浏览器定向会很快抵销所获得的额外功效。因此，使用 Repeater Web 服务器控件是便利和性能的折中。其高效、可自定义且可编程。
- 减少属性设置界面效果改为使用样式表。
- 减少使用数据源控件，并且使用数据源分页和排序，而不是 UI（用户界面）分页和排序。DetailsView 和 GridView 等数据控件的 UI 分页功能可用于支持 ICollection 接口的任何数据源对象。对于每个分页操作，数据控件查询数据源的整个数据集并选择要显示的行，并放弃其余的数据。如果数据源实现 DataSourceView 并且 CanPage 属性返回 true，则数据控件将使用数据源分页而不是 UI 分页。在这种情况下，数据控件仅查询每个分页操作需要的行。因此，数据源分页比 UI 分页更高效。只有 ObjectDataSource 数据源控件才支持数据源分页。若要在其他数据源控件上启用数据源分页，必须从该数据源控件继承并修改其行为。
- 除非必要，否则避免使用视图状态加密。视图状态加密会阻止用户能够读取隐藏视图状态字段中的值。典型情况是在 DataKeyNames 属性中带有一个标识符字段的 GridView 控件。标识符字段是协调对记录的更新所必需的。由于不想要标识符对用户可见，因此可以加密视图状态。但是，加密对于初始化具有恒定的性能开销，并具有取决于被加密的视图状态大小的附加开销。加密为每次页加载而设置，因此在每次页加载时都会发生相同的性能影响。
- 使用 SqlDataSource 缓存、排序和筛选。如果 SqlDataSource 控件的 DataSourceMode 属性设置为 DataSet，则 SqlDataSource 能够缓存查询产生的结果集。如果以这种方式缓存数据，则控件的筛选和排序操作（使用 FilterExpression 和 SortParameterName 属性进行配置）将使用缓存的数据。在许多情况下，如果缓存整个数据集，并使用 FilterExpression 和 SortParameterName 属性进行排序和筛选，而不是使用带“WHERE”和“SORT BY”子句的 SQL 查询（对于这些查询，每个选择操作都要访问数据库），应用程序会运行得更快。
- 只在必要时保存服务器控件视图状态。自动视图状态管理是服务器控件的功能，该功能使服务器控件可以在往返过程上重新填充其属性值，而不需要编写任何代码。但是，因为服务器控件的视图状态在隐藏的窗体字段中往返于服务器，所以该功能确实会对性能产生影响。所以，应该知道在哪些情况下视图状态会有所帮助，在哪些情况下其影响页的性能。例如，如果将服务器控件绑定到每个往返过程上的数据，则将用从数据绑定操作获得的新值替换保存的视图状态。在这种情况下，禁用视图状态可以节省处理时间。默认情况下，为所有服务器控件启用视图状态。若要禁用视图状态，请将控件的 EnableViewState 属性设置为 false，也可以使用@Page 指令禁用整个页的视图状态。当 Web 页面不从页回发到服务器时，这将十分有用：

```
<%@ Page EnableViewState="false" %>
```

11.3.2 使用缓存

ASP.NET 提供了一些简单的机制，其会在不需要为每个页请求动态计算页输出或数据时缓存这些页输出或数据。另外，通过设计要进行缓存的页和数据请求（特别是在站点中预期将有较大通信量的区域），可以优化这些页的性能。与.NET Framework 的任何 Web 窗体功能相比，适当地使用缓存可以更好地提高站点的性能，有时这种提高是超数量级的。

使用 ASP.NET 缓存机制有两点需要注意。首先，不要缓存太多项。缓存每个项均有开销，特别是在内存使用方面。不要缓存容易重新计算和很少使用的项。其次，给缓存的项分配的有效期不要太短。很快到期的项会导致缓存中不必要的周转，并且经常导致更多的代码清除和垃圾回收工作。因此，只要可能，就尽量输出缓存。

缓存是一种无须大量时间和分析就可以获得“足够良好的”性能的方法。这里再次强调，内存现在非常便宜，因此，如果只需通过将输出缓存 30s，而不是花上一整天甚至一周的时间尝试优化代码或数据库就可以获得所需的性能，大多数人肯定会选择缓存解决方案（假设可以接受 30s 的旧数据）。缓存正是那些利用 20%付出获得 80%回报的特性之一，因此，要提高性能，应该首先想到缓存。不过，如果设计很糟糕，最终却有可能带来不良的后果，当然也应该尽量正确地设计应用程序。但如果只是需要立即获得足够高的性能，缓存就是最佳选择，以便可以在以后有时间的时候再尽快重新设计应用程序。

（1）页面输出缓存。

作为最简单的缓存形式，输出缓存只是在内存中保留为响应请求而发送的 HTML 的副本。其后再有请求时将提供缓存的输出，直到缓存到期，这样，性能有可能得到很大的提高（取决于需要多少开销来创建原始页面输出——发送缓存的输出总是很快，并且比较稳定）。要实现页面输出缓存，只要将一条 OutputCache 指令添加到页面即可，例如：

```
<%@ OutputCache Duration="60" VaryByParam="*" %>
```

同其他页面指令一样，该指令应该出现在 ASPX 页面的顶部，即在任何输出之前。其支持 5 个属性（或参数），其中两个是必需的。

- Duration：必需属性。页面应该被缓存的时间，以秒为单位，必须是正整数。
- Location：指定应该对输出进行缓存的位置。如果要指定该参数，则必须是下列选项之一——Any、Client、Downstream、None、Server 或 ServerAndClient。
- VaryByParam：必需属性。Request 中变量的名称，这些变量名应该产生单独的缓存条目。“none”表示没有变动，“*”可用于为每个不同的变量数组创建新的缓存条目，变量之间用“;”进行分隔。
- VaryByHeader：基于指定的标头中的变动改变缓存条目。
- VaryByCustom：允许在 global.asax 中指定自定义变动（如“Browser”）。

（2）用户控件缓存。

缓存整个页面通常并不可行，因为页面的某些部分是针对用户定制的。不过，页面的其他部分是整个应用程序共有的。这些部分最适合使用片段缓存和用户控件进行缓存。菜单和其他布局元素，尤其是那些从数据源动态生成的元素，也应该用这种方法进行缓存。如果需要，可以将缓存的控件配置为基于对其控件（或其他属性）的更改或由页面级输出缓存支持的任何其他变动进行改变。使用同一组控件的几百个页面还可以共享那些控件的缓存条目，而不是为每个页面保留单独的缓存版本。

片段缓存使用的语法与页面级输出缓存一样,但其应用于用户控件(.ascx 文件)而不是 Web 窗体（.aspx 文件）。除了 Location 属性，对于 OutputCache 在 Web 窗体上支持的所有属性，用户控件也同样支持。用户控件还支持名为 VaryByControl 的 OutputCache 属性，该属性将根据用户控件（通常是页面上的控件，如 DropDownList）的成员的值改变该控件的缓存。如果指定了 VaryByControl，可以省略 VaryByParam。最后，在默认情况下，对每个页面上的每个用户控件都单独进行缓存。不过，如果一个用户控件不随应用程序中的页面改变，并且在所有页面都使用相同的名称，则可以应用 Shared="true"参数，该参数将使用户控件的缓存版本供所有引用该控件的页面使用。

例如，下面的代码将缓存用户控件 60s，并且将针对查询字符串的每个变动、针对此控件所在的每个页面创建单独的缓存条目：

```
<%@ OutputCache Duration="60" VaryByParam="*" %>
```

（3）使用 Cache 对象。

页面级和用户控件级输出缓存的确是一种可以迅速而简便地提高站点性能的方法，但是在 ASP.NET 中，缓存的真正灵活性和强大功能是通过 Cache 对象提供的。使用 Cache 对象，可以存储任何可序列化的数据对象，基于一个或多个依赖项的组合来控制缓存条目到期的方式。这些依赖项可以包括自从项被缓存后经过的时间、自从项上次被访问后经过的时间、对文件和/或文件夹的更改以及对其他缓存项的更改，在略作处理后还可以包括对数据库中特定表的更改。

在 Cache 中存储数据的最简单的方法就是使用一个键为其赋值，就像使用 Session 对象或 Application 对象一样简单：

```
Cache["key"] = "value";
```

这种做法将在缓存中存储项，同时不带任何依赖项，因此其不会到期，除非缓存引擎为了给其他缓存数据提供空间而将其删除。要包括特定的缓存依赖项，可使用 Add()或 Insert()方法。其中每个方法都有几个重载。Add()和 Insert()之间的唯一区别是，Add()返回对已缓存对象的引用，而 Insert()没有返回值。

例如，下面的代码可将文件中的 xml 数据插入缓存，无须在以后请求时从文件读取。CacheDependency 的作用是确保缓存在文件更改后立即到期，以便可以从文件中提取最新数据，重新进行缓存。如果缓存的数据来自若干个文件，还可以指定一个文件名的数组。

```
Cache.Insert("key", myXMLFileData, new
System.Web.Caching.CacheDependency(Server.MapPath("users.xml")));
```

（4）使用 Substitution 控件动态更新不缓存的部分。

缓存某个 ASP.NET 页时，默认情况下会缓存该页的全部输出。在第一次请求时，该页将运行并缓存其输出。对于后续的请求，将通过缓存来完成，该页上的代码不会运行。在某些情况下，可能要缓存 ASP.NET 页，但需根据每个请求更新页上选定的部分。例如，可能要缓存某页的很大一部分，但需要动态更新该页上的与时间高度相关的信息。

这时，可以使用 Substitution 控件将动态内容插入到缓存页中。Substitution 控件不会呈现任何标记。只需要将该控件绑定到页上。不过需要自行创建静态方法，以返回要插入到页中的任何信息。由 Substitution 控件调用的方法必须符合下面的标准。

- 此方法被定义为静态方法。
- 此方法接受 HttpContext 类型的参数。
- 此方法返回 String 类型的值。

注意

Substitutio 控件无法访问页上的其他控件，也就是说，无法检查或更改其他控件的值。但是，代码确实可以使用传递给其参数来访问当前页上下文。

假如在后台代码中定义了这么一个静态方法：

```
static string getCurrentTime(HttpContext context)
{
return DateTime.Now.ToString();
}
```

那么在使用了页面输出缓存的 ASP.NET 设计页面上，就可以拖入该控件，设置其 MethodName 属性的值为所定义的静态函数名。具体定义如下：

当前时间：`<asp:Substitution ID="Substitution1" runat="server" MethodName="getCurrentTime" />`

11.3.3 优化 ASP.NET 配置文件

在前面学习过对 web.config 文件进行简单的配置，由于篇幅有限，本书不会深入讲解，希望读者利用网络资源自主学习。下面介绍一种简单的方法来设置 web.config 文件中的一些常用配置。首先，选择菜单栏“网站”→“ASP.NET 配置”选项，打开 ASP.NET Web 应用程序管理首页，如图 11-6 所示。

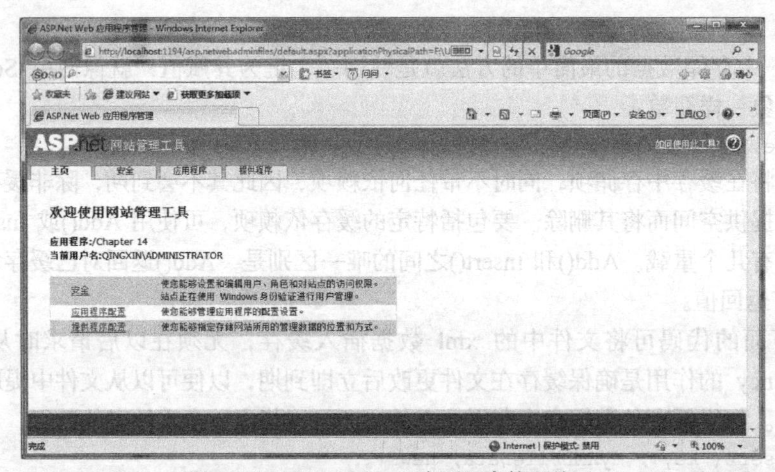

图 11-6　ASP.NET Web 应用程序管理首页

从图 11-6 中可以看出，该管理工具可以帮开发人员快速配置 3 个常用的方面：安全、应用程序和提供程序。其中，安全页面可以设置和编辑用户、角色和对站点的访问权限。应用程序配置可以管理 Web 应用程序的配置设置。提供程序配置可以指定存储网站所用的管理数据的位置和方式。如果不会使用这个工具，请单击该网页右上角的“如何使用此工具”链接，就能够获取详细的说明，如图 11-7 所示。

默认情况下，ASP.NET 配置被设置成启用最广泛的功能集并尽量适应最常见的情况。可更改某些默认配置设置以提高应用程序的性能，具体取决于使用的功能。下面的列表包含了应该考虑的配置设置。

- 仅对需要的应用程序启用身份验证。默认情况下，ASP.NET 应用程序的身份验证模式为 Windows 或集成的 NTLM。大多数情况下，最好仅对需要身份验证的应用程序在 Machine.config 文件中禁用身份验证，并在 Web.config 文件中启用身份验证。

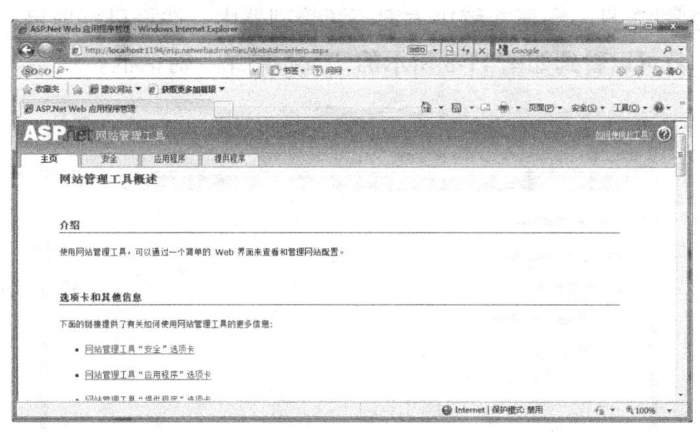

图 11-7　使用帮助

ASP.NET 的进程是通过 XML 配置文件 Machine.config 进行配置的，它将影响 Web 服务器上的所有 Web 应用。Machine.config 与 web.config 文件的作用基本相同，仅仅是更具全局性（保存配置参数，这些参数通用于 Web 服务器上的所有应用程序，而不是用于特定应用程序）。

- 根据适当的请求和响应编码设置来配置应用程序。ASP.NET 默认编码格式为 UTF-8。如果应用程序仅使用 ASCII 符，请配置为 ASCII 应用程序以获得稍许的性能提高。
- 考虑对应用程序禁用 AutoEventWireup。在 Machine.config 文件中将 AutoEventWireup 属性设置为 false，意味着页面不会将页事件绑定到基于名称匹配的方法（如 Page_Load）。如果禁用 AutoEventWireup，页面将通过将事件连接留给开发人员，而不是自动执行，将获得稍许的性能提升。
- 从请求处理管线中移除不用的模块。默认情况下，在服务器计算机的 Machine.config 文件中，HttpModules 节点的所有功能均保留为活动状态。根据应用程序所使用的功能，可以从请求管线中移除不用的模块以获得稍许的性能提升。检查每个模块及其功能，并按其需要自定义。例如，如果在应用程序中不使用会话状态和输出缓存，则可以从 HttpModules 列表中移除，以便请求在不执行其他有意义的处理时，不必调用这些模块。
- 禁用调试模式。在部署生产应用程序或进行任何性能测量之前，始终记住禁用调试模式。如果启用了调试模式，应用程序的性能可能受到非常大的影响。因此，最好在服务器计算机的 Machine.config 文件中禁用调试模式（因为更具有全局性）。如何禁用，如下所示：

```
<compilation debug="false" />
```

11.3.4　ASP.NET 网站预编译

如果开发大型 Web 应用程序，就应该考虑执行预批编译。ASP.NET 在将整个站点提供给用户之前，可以预编译该站点。这为用户提供了更快的响应时间，提供了在向用户显示站点之前标识编译时 bug 的方法，提供了避免部署源代码的方法，并提供了有效地将站点部署到成品服务器的方法。可以在网站的当前位置预编译网站，也可以预编译网站以将其部署到其他计算机。

发布网站实用工具对网站内容（包括.aspx 文件和代码）进行预编译，并将输出复制到指定的目录或服务器位置。可以在预编译过程中直接发布，或在本地预编译然后自己复制文件。发布网站实用工具编译网站并从文件中去除源代码，从而只保留页和已编译程序集的存根文件。在用户请求页时，ASP.NET 执行预编译的程序集发出的请求。

如何使用发布网站工具，需要在解决方案资源管理器中，选择目标项目，在右键菜单中选择“发布网站”选项，就可以看到如图 11-8 所示的“发布网站”对话框。

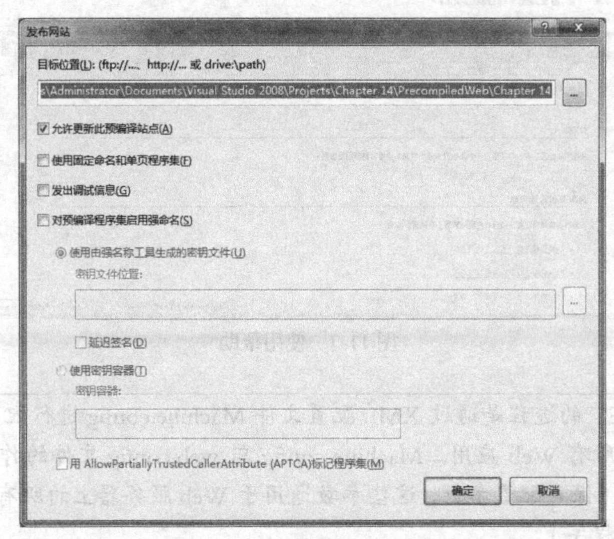

图 11-8 “发布网站”对话框

在如图 11-8 中，“允许更新此预编译站点”选项指定将所有程序代码编译为程序集，但.aspx 文件（包括单文件 ASP.NET 网页）按原样复制到目标文件夹。预编译过程对 ASP.NET Web 应用程序中各种类型的文件执行操作。文件的处理方式各不相同，这取决于应用程序预编译只是用于部署还是用于部署和更新。

现在，将该网站发布到本地 IIS（注意，只有在装了 IIS 之后，才能发布到本地 IIS），如图 11-9 所示。

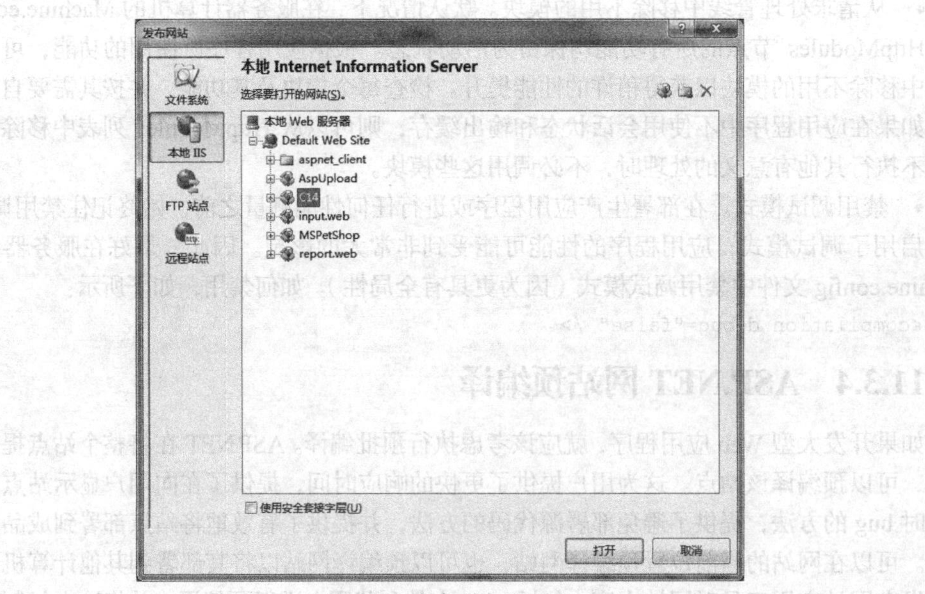

图 11-9 发布到本地 IIS

发布成功后，就可以预览了。现在打开本地 IIS，就可以看到刚才发布到网站，如图 11-10 所示。

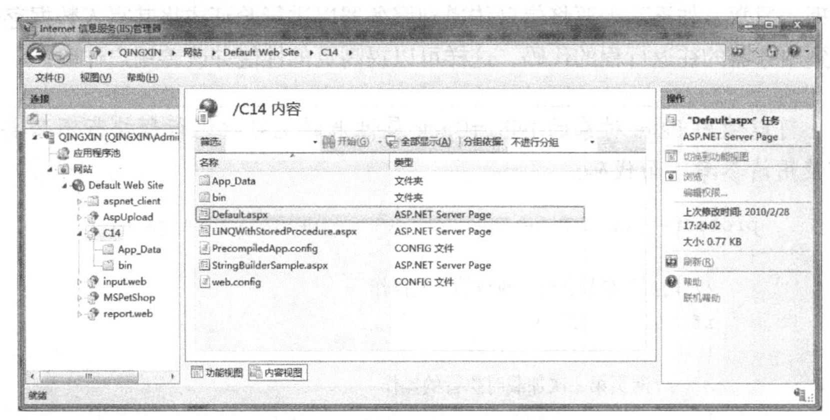

图 11-10　查看本地 IIS 的网站

现在，只需要在浏览器中输入“http://localhost/C14/Default.aspx”，就能够快速打开该网站的 Default.aspx 页面了。

预编译过程可帮助程序员发现编译时的错误，及 Web.config 文件和其他非代码文件中的潜在错误。预编译从网站中移除了源代码，包括.aspx 文件中的标记。这提供了保护知识产权的措施，并使其他人更难访问站点的源代码。由于站点中的网页已经编译过，因此在最初请求时无须对其进行动态编译。这可以减少网页的初始响应时间（在动态编译网页时，将为后续请求缓存输出）。

发布网站工具并不是完美无瑕的，其也存在缺点。根据所指定的发布选项的不同，在对站点进行更改后可能需要重新编译该站点。因此，在开发站点并频繁地更改网页的过程中，避免使用发布网站实用工具。尤其值得注意的是，发布网站实用工具会重写目标文件夹（包括子文件夹）中的文件。一定要发布到可以安全地删除现有内容的位置。

除了使用发布网站工具之外，开发人员还可以选择使用复制网站工具，在项目的右键菜单中，同样可以找到。该工具使用方便、简单，这里就不具体介绍了。

11.3.5　其他

- 使用 Transfer Server 对象或跨页发送的方法在同一个应用程序中的不同 ASP.NET 页之间重定向。通过调用 Transfer 方法，在服务器上以编程方式重定向到目标页。在此情况下，服务器只是将当前源页的上下文传输给目标页，然后目标页呈现在源页的位置。源页和目标页必须位于同一 Web 应用程序中。与跨页发送一样，Transfer 方法也具有使目标页能够从源页中读取控件值和公共属性值的优点。

由于源页和目标页之间的传输在服务器上进行，浏览器没有任何关于更改后的页的信息，其仍保留有关原始（源）URL 的信息。例如，Internet Explorer 中的地址框在执行传输后不会发生变化，而是继续显示最近请求的页（通常为源页）的 URL。也不会更新浏览器的历史记录以反映传输过程。如果用户在浏览器中刷新页面或单击浏览器的“后退”按钮，这可能导致意外行为。因此，对于以隐藏 URL 的方式向用户呈现页面的应用程序而言，调用 Transfer 方法是一种最佳的策略。

- 避免到服务器的不必要的往返行程。在某些情况下不必使用 ASP.NET 服务器控件和执行回发事件处理。通常，如果不需要将信息传递到服务器以进行验证或将其写入数据存储区，请避免使用导致到服务器的往返行程的代码，这样可以提高页的性能并改善用户体验。

注意

可以使用 Page 对象的 IsPostBack 属性来避免对往返行程执行不必要的处理。如何使用请参考下面代码：

```
protected void Page_Load(object sender, EventArgs e)
{
    // 网页每次加载时，执行的一些操作
    if (!IsPostBack)
    {
        //网页第一次加载时执行的操作
    }
    else
    {
        //回送时执行的操作
    }
    //网页每次加载时执行的操作
}
```

- 当不使用会话状态时禁用则禁用会话状态。并不是所有的应用程序或页都需要针对于具体用户的会话状态，因此，应该对任何不需要会话状态的应用程序或页禁用会话状态。

若要禁用页的会话状态，请将@ Page 指令中的 EnableSessionState 属性设置为 false。例如，<%@ Page EnableSessionState="false" %>。

如果页需要访问会话变量，但不打算创建或修改，则将@ Page 指令中的 EnableSessionState 属性设置为 ReadOnly。

11.4 使用 AJAX 技术

AJAX 是异步 JavaScript 和 XML(Asynchronous JavaScript and XML)的简称，是目前 Web 开发非常流行的技术。该技术利用客户端的技术，如 HTML、XHTML、CSS、DOM、XML、XSLT、JavaScript，以及客户端回调技术，如 XMLHttp 请求和隐藏域技术等实现更具交互式的和可响应性的用户体验。AJAX 技术的出现，使得过去开发人员较少关注的客户端技术（如 CSS、JavaScript）也开始变得日渐重要。

在本章前面介绍的 ASP.NET 技术中，每次页面回发时，都会导致一次全新的页面刷新过程，也就是说客户端向服务器端发送请求，服务器端根据客户端的请求生成一个全新的 Web 页面，再返回给客户端，很明显的就是会发现客户端浏览器的进度条进行了一次全新的加载过程。这种方式的效率极其低下，而且响应时间也不佳。AJAX 技术则非常明显地改进了用户的体验过程，它只将需要更新的部分异步的传送到 Web 服务器端，然后将处理后的内容通过客户端技术异步的更新页面的某一部分。这样使得整个 Web 页面的更新更具有互动性和可响应性。

如果对 AJAX 技术还不理解，不着急。请打开该页面：http://www.google.cn/ig/china?hl=zh-CN。可以发现，谷歌个性化首页可以放置很多 iGoogle 小工具，在使用这些小工具时，比如使用谷歌翻译小工具时，单击“翻译”按钮，并未引起整个页面的刷新，却显示出了翻译，如图 11-11 所示。

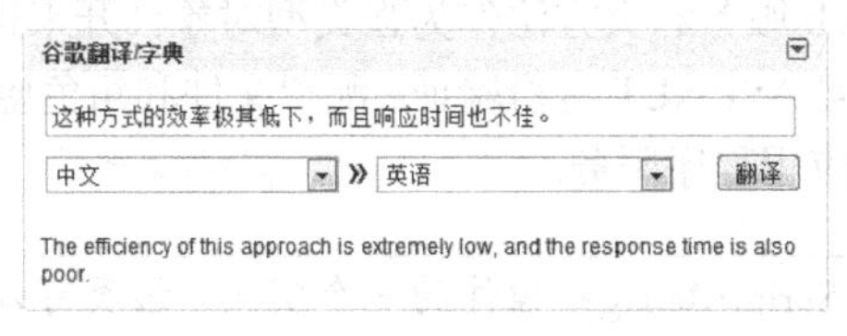

图 11-11　igoogle 翻译小工具

11.4.1　认识 AJAX

AJAX 技术之所以受到广泛的欢迎，有其必然性，如下所示。

- 由于 AJAX 可以用脚本实现和服务器的通信，那么就可以仅仅发送和接收少量的、必要的信息，然后由 JavaScript 等脚本处理返回结果，并显示出来，极大地缩小了对网络的占用。例如，用户系统的登录过程，登录后界面和登录前通常只有用户信息一块发生了变化。因此，只需使用 AJAX 更新用户信息就可以了。
- AJAX 因为不需要重新加载页面，可以满足数据的保持性。例如，对于一个很长的注册表单，如果需要检测用户填写的注册用户名是否已经被占用，使用 AJAX 技术的话，不需要弹出一个新的窗口或者将整个表单的数据都提交到服务器，能够获得更好的用户体验，和占用更少的网络资源。
- 通过 AJAX 方式载入数据，在载入期间页面始终是已加载的状态，可以给用户更好的体验。
- AJAX 技术减小了对服务器资源的占用，使得服务器的响应更加的快捷，提升了网络性能。

值得说明的是，微软公司已经在 VS2010 中完全整合了 ASP.NET AJAX 应用程序的开发，当新建一个 Web 网站后，就可以直接使用 VS2010 中 AJAX 工具栏中的各种 AJAX 控件，而不必像 VS2005 中那般麻烦了。

VS2010 中的 AJAX 的服务器端框架提供了多个 ASP.NET 的服务器控件，并且还可以使用由 ASP.NET AJAX Control Toolkit 控件工具包提供的多种服务器控件（需要下载，下载地址为 http://www.asp.net/ajax/downloads/）。使用服务器控件的方式简化了开发 AJAX 应用程序的复杂过程，开发人员可以如同使用 ASP.NET 的服务器控件一样开发 AJAX 应用程序，可以利用.NET 框架的语言特性来加快应用程序的开发，并且开发人员可以不必理解 JavaScript 语言，甚至完全不用写一行 JavaScript 程序代码。

11.4.2　使用 AJAX 服务器控件

ASP.NET 中提供了 5 个 AJAX 核心服务器控件，即 ScriptManager 控件、ScriptManagerProxy 控件、Timer 控件、UpdatePanel 控件和 UpdateProgress 控件，下面就一一进行讲解。

（1）ScriptManager 控件和 ScriptManagerProxy 控件。ScriptManager 控件管理支持 AJAX 的 ASP.NET 网页的客户端脚本。默认情况下，ScriptManager 控件会向页面注册 Microsoft AJAX Library 的脚本。这将使客户端脚本能够使用类型系统扩展并支持部分页呈现和 Web 服务调用这样的功能。值得注意的是，必须在页上使用 ScriptManager 控件，以启用下列 ASP.NET 的 AJAX 功能。

- Microsoft AJAX Library 的客户端脚本功能和要发送到浏览器的任何自定义脚本。
- 部分页呈现，允许单独刷新页面上的区域而无须回发。ASP.NET UpdatePanel、

UpdateProgress 和 Timer 控件需要 ScriptManager 控件才能支持部分页呈现。

- Web 服务的 JavaScript 代理类，允许使用客户端脚本来访问 Web 服务和 ASP.NET 页中特别标记的方法。其通过将 Web 服务和页方法作为强类型对象公开来达到此目的。
- JavaScript 类用于访问 ASP.NET 身份验证、配置文件和角色应用程序服务，访问 ASP.NET 身份验证、配置文件和角色应用程序服务。

注意

只能向页添加 ScriptManager 控件的一个实例。该页可以直接包含该控件，也可以将其间接包含在嵌套的组件中，如用户控件、母版页的内容页或嵌套的母版页。如果页已包含 ScriptManager 控件，但嵌套的组件或父组件需要 ScriptManager 控件的其他功能，则该组件可以包含 ScriptManagerProxy 控件。

（2）Timer 控件。该控件按定义的时间间隔执行回发。如果将 Timer 控件用于 UpdatePanel 控件，则可以按定义的时间间隔启用部分页更新。也可以使用 Timer 控件来发送整页。适用 Timer 控件的地方主要有以下几个。

- 定期更新一个或多个 UpdatePanel 控件的内容，而无须刷新整个网页。
- 每当 Timer 控件导致回发时运行服务器上的代码。
- 按定义的时间间隔将整个网页同步发布到 Web 服务器上。

注意

设置 Interval 属性可指定回发发生的频率，而设置 Enabled 属性可打开或关闭 Timer。Interval 属性是以毫秒为单位定义的，其默认值为 60 000ms（即 60s）。将 Timer 控件的 Interval 属性设置为一个较小值会产生发送到 Web 服务器的大量通信，因此，使用 Timer 控件应该仅按所需的频率刷新内容。

当 Timer 控件包含在 UpdatePanel 控件内部时，Timer 控件将自动用作 UpdatePanel 控件的触发器。可以通过将 UpdatePanel 控件的 ChildrenAsTriggers 属性设置为 false 来重写此行为。当 Timer 控件在 UpdatePanel 控件外部时，必须将 Timer 控件显式定义为要更新的 UpdatePanel 控件的触发器。

（3）UpdatePanel 控件。该控件能够刷新页的选定部分，而不是使用回发刷新整个页面。它包含一个 ScriptManager 控件和一个或多个 UpdatePanel 控件的 ASP.NET 网页可自动参与部分页更新，而不需要自定义客户端脚本。在使用 UpdatePanel 控件时，要注意以下事项。

- UpdatePanel 控件在网页中需要 ScriptManager 控件。默认情况下，将启用部分页更新，因为 ScriptManager 控件的 EnablePartialRendering 属性的默认值为 true。
- 可以通过声明方式向 UpdatePanel 控件添加内容，也可以在设计器中通过使用 ContentTemplate 属性来添加内容。在标记中，将此属性作为 ContentTemplate 元素公开。若要以编程方式添加内容，请使用 ContentTemplateContainer 属性。
- 当首次呈现包含一个或多个 UpdatePanel 控件的页时，将呈现 UpdatePanel 控件的所有内容并将这些内容发送到浏览器。在后续异步回发中，可能会更新各个 UpdatePanel 控件的内容。更新将与面板设置、导致回发的元素以及特定于每个面板的代码有关。
- 默认情况下，UpdatePanel 控件内的任何回发控件都将导致异步回发并刷新面板的内容。但是，也可以配置页上的其他控件来刷新 UpdatePanel 控件，即可以通过为 UpdatePanel 控件定义触发器来做到这一点。
- 触发器是一类绑定，用于指定使面板更新的回发控件和事件。当引发触发器控件的指定事件（例如，按钮的 Click 事件）时，将刷新更新面板。使用 UpdatePanel 控件的 Triggers 元素内的

asp:AsyncPostBackTrigger 元素可以定义触发器。

- 如果 UpdateMode 属性设置为 Always，则 UpdatePanel 控件的内容在每次从页上的任意位置执行回发时都会更新。这包括来自其他 UpdatePanel 控件内部的控件的异步回发，也包括来自 UpdatePanel 控件外部的控件的回发。
- 如果 UpdateMode 属性设置为 Conditional，则 UpdatePanel 控件的内容在出现以下情况下之一时更新：当回发由 UpdatePanel 控件的触发器引起时；当显式调用 UpdatePanel 控件的 Update 方法时；当 UpdatePanel 控件嵌套在另一个 UpdatePanel 控件内并更新父面板时；当 ChildrenAsTriggers 属性设置为 true 并且 UpdatePanel 控件的子控件导致回发时。
- 嵌套的 UpdatePanel 控件的子控件不会导致更新外部 UpdatePanel 控件，除非将其显式定义为父面板的触发器。

注意

如果 ChildrenAsTriggers 属性设置为 false 且 UpdateMode 属性设置为 Always，则将引发异常。此 ChildrenAsTriggers 属性仅在 UpdateMode 属性设置为 Conditional 时使用。

- 若要在母版页中使用 UpdatePanel 控件，必须决定如何包含 ScriptManager 控件。如果在母版页上包含 ScriptManager 控件，则可将其用作所有内容页的 ScriptManager 控件（如果要以声明方式在内容页中注册脚本或服务，可将 ScriptManagerProxy 控件添加到该内容页）。如果母版页不包含 ScriptManager 控件，则可以将 ScriptManager 控件单独放置在包含 UpdatePanel 控件的每个内容页上。
- 某些 ASP.NET 控件与部分页更新不兼容，如 TreeView 控件、Menu 控件、FileUpload 控件、Login 控件、PasswordRecovery 控件、ChangePassword 控件、CreateUserWizard 控件和 Substitution 控件等。因此，不应在 UpdatePanel 控件内使用。

（4）UpdateProgress 控件。该控件能够在 UpdatePanel 控件中提供有关部分页更新的状态信息。通过设置 UpdateProgress 控件的 AssociatedUpdatePanelID 属性，可将 UpdateProgress 控件与 UpdatePanel 控件关联。当回发事件源自 UpdatePanel 控件时，将显示任何关联的 UpdateProgress 控件。如果不将 UpdateProgress 控件与特定的 UpdatePanel 控件关联，则 UpdateProgress 控件将显示任何异步回发的进度。

11.4.3　AJAX 购票系统

上面学习了这么多的 AJAX 服务器控件，现在就一起做一个简单的 AJAX 购票系统。该购票系统要求如下：页面上显示当前时间，并即时刷新。要求输入一个日期作为购票的有效日期，这个日期必须大于今天。要求输入购票数目，该数目必须大于等于 1，小于等于 10。只有达到了上述要求，才能购买成功。页面设计如图 11-12 所示。

从图 11-12 中可以看出，该购票系统使用了 ScriptManager 控件、Timer 控件、Label 控件、TextBox 控件、Button 控件、UpdateProgress 控件、UpdatePanel 控件、Calendar 控件和数据验证控件。控件配置如下：

```
<asp:ScriptManager ID="ScriptManager1" runat="server" />
<asp:UpdatePanel ID="upnlTime" runat="server">
    <ContentTemplate>
        <asp:Timer ID="tmrNow" runat="server" Interval="1000"
        OnTick="tmrNow_Tick"></asp:Timer>
        <asp:Label ID="lblTime" runat="server"></asp:Label>
    </ContentTemplate>
</asp:UpdatePanel> <br />
```

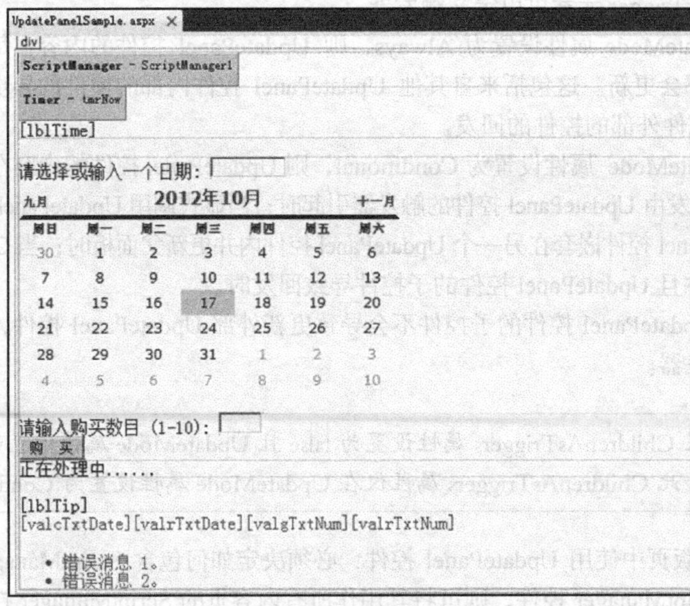

图 11-12　购票系统设计界面

```
<asp:UpdatePanel ID="upnlVal" runat="server" UpdateMode="Conditional">
      <ContentTemplate>请选择或输入一个日期:
            <asp:TextBox ID="txtDate" runat="server" Width="70px"></asp:TextBox><br />
            <asp:Calendar ID="Calendar1"
   runat="server" OnSelectionChanged="Calendar1_SelectionChanged"
                BackColor="White" BorderColor="White" BorderWidth="1px"
    Font-Names="Verdana" Font-Size="9pt" ForeColor="Black" Height="190px"
    NextPrevFormat="FullMonth" Width="350px">
                <SelectedDayStyle BackColor="#333399" ForeColor="White" />
                <TodayDayStyle BackColor="#CCCCCC" />
                <OtherMonthDayStyle ForeColor="#999999" />
                <NextPrevStyle Font-Bold="True" Font-Size="8pt" ForeColor="#333333"
VerticalAlign="Bottom" /> <DayHeaderStyle Font-Bold="True" Font-Size="8pt" />
                <TitleStyle BackColor="White" BorderColor="Black" BorderWidth="4px"
Font-Bold="True" Font-Size="12pt" ForeColor="#333399" />
                  </asp:Calendar><br />
                  请输入购买数目 (1-10):
                  <asp:TextBox ID="txtNum" runat="server" Width="40px"></asp:TextBox><br />
                  <asp:Button ID="btnCheck" runat="server" Text="购  买"
    OnClick="btnCheck_Click" /> <br />
                <asp:UpdateProgress ID="UpdateProgress1" runat="server"
                AssociatedUpdatePanelID="upnlVal">
                <ProgressTemplate>
                    正在处理中......
                </ProgressTemplate>
            </asp:UpdateProgress> <br />
            <asp:Label ID="lblTip" runat="server"></asp:Label><br />
            <asp:CompareValidator ID="valcTxtDate" runat="server"
    ControlToValidate="txtDate" ErrorMessage="请选择一个未来的日期!"
    Operator="GreaterThanEqual" Type="Date" Display="None">
            </asp:CompareValidator>
            <asp:RequiredFieldValidator ID="valrTxtDate" runat="server"
```

```
ControlToValidate="txtDate" ErrorMessage="请输入或者选择日期！" Display="None">
                </asp:RequiredFieldValidator>
                <asp:RangeValidator ID="valgTxtNum" runat="server"
ControlToValidate="txtNum" ErrorMessage="购买数目超出范围！"
                    MaximumValue="10" MinimumValue="1" Type="Integer" Display="None">
            </asp:RangeValidator>
            <asp:RequiredFieldValidator ID="valrTxtNum" runat="server"
ControlToValidate="txtNum" ErrorMessage="请输入购买数目！" Display="None">
            </asp:RequiredFieldValidator>
            <asp:ValidationSummary ID="valsShow" runat="server" />
        </ContentTemplate>
    </asp:UpdatePanel>
```

如上面代码所示，数据验证控件是放在 UpdatePanel 控件之中的，以验证日期和数目。现在，要编写一点点代码，以实现刷新时间和其他功能，具体如代码 11-4 所示。

代码 11-4　AJAX 购票系统：UpdatePanelSample.aspx.cs

```
01    protected void Page_Load(object sender, EventArgs e)
02    {
03        //设置 CompareValidator 的 ValueToCompare 属性的值为当前日期
04        valcTxtDate.ValueToCompare = DateTime.Now.ToShortDateString();
05    }
06    //当用户改变在日历控件的选择时激发该事件
07    protected void Calendar1_SelectionChanged(object sender, EventArgs e)
08    {
09        //获取选择的时间
10        txtDate.Text = Calendar1.SelectedDate.ToShortDateString();
11        //清空 Label 控件的文本
12        lblTip.Text = "";
13    }
14    //单击“购买”按钮时
15    protected void btnCheck_Click(object sender, EventArgs e)
16    {
17        System.Threading.Thread.Sleep(3000);
18        lblTip.Text = "购买成功！—— " + DateTime.Now.ToString() + "。<br />";
19    }
20    //更新时间
21    protected void tmrNow_Tick(object sender, EventArgs e)
22    {
23        this.lblTime.Text = DateTime.Now.ToLongTimeString();
24    }
```

解析：在代码的第 4 行，设置了 CompareValidator 的 ValueToCompare 属性的值为当前日期，以使用该控件来验证日期是否大于今天。在代码的第 7 行～第 13 行，在日历控件的日期选择事件中，获取了选择的日期。在代码的第 17 行，为了更好地演示使用 UpdateProgress 控件的效果，将当前线程挂起 3s，这里说明一下，在正常情况时，可不能这么做。在代码的第 21 行～第 24 行，在 Timer 控件的 Tick 事件中，获取了当前时间并显示在 lblTime 中。

运行之后，如图 11-13 所示，可以看到 Web 窗体左上角时间在走，可页面没有刷新，即使单击“购买”按钮时，也没有引起整页刷新。

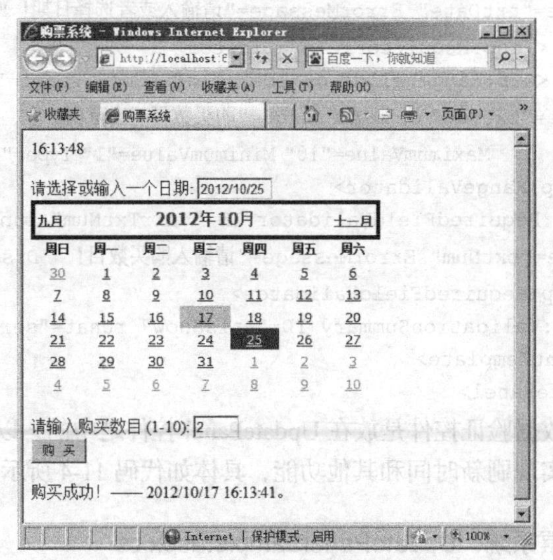

图 11-13 AJAX 购票系统运行效果

如果觉得使用以上核心控件还无法满足要求，可以下载 AJAX Control Tookkit 控件包。ASP.NET AJAX 控件工具包是微软公司免费提供的一套组件与模板，目前有 30 多个扩展控件，而且这个数量还在不断地增加。这些服务器控件可以自由使用在应用程序中，并且提供了源代码供开发者研究，可以在 http://www.asp.net/ajax/ajaxcontroltoolkit/samples/ 网站中查看 AJAX Control Toolkit 的说明文档以及示例演示。

小 结

如果要优化一个程序，则优化的方式有很多，本章介绍了常见的几种方法，包括数据库优化、代码优化、AJAX 技术优化、页面缓存等。作为一名成熟的开发人员，保障系统最快运行其实是最重要的，但前提是系统能运行。

习 题

1. 下面关于连接字符串中的连接池参数，说法正确的是________。（多选）
   A. Connection Lifetime 设置为零值将使池连接具有最大的连接超时
   B. Enlist 为 true 或 yes 时，池程序在创建线程的当前事务上下文中自动登记连接
   C. Max Pool Size 设置池中允许的最大连接数
   D. Pooling 为 true 或 yes 时，就从适当的池提取 OracleConnection 对象，或在必要时创建该对象并将其添加至适当的池
2. 在使用循环的时候，还要注意________。
   A. 尽量减少循环体中设置/初始化变量　　B. 避免在循环中修改被遍历对象的子元素
   C. 避免使用递归调用和嵌套循环　　D. 以上都是

3. 以下属于 ASP.NET 提供的 AJAX 服务器控件的是________。（多选）
   A. ScriptManager 控件　　B. ScriptManagerProxy 控件
   C. Timer 控件　　D. UpdatePanel 控件和 UpdateProgress 控件
4. 根据本书的讲述，结合自己的经验，想想如何开发出性能好的网站。
5. 谈谈如何使用缓存，并且具体到各种方式。
6. 谈谈 AJAX 技术。

上机指导

实验一：刷新页面更改当前时间

做一个页面，显示当前时间（在 Load 事件中指定），每次刷新页面就会更改当前时间。

实验二：缓存当前时间

在上一题的基础上，使用缓存，注意设置缓存时间。刷新页面，观看效果。

实验三：利用母版页缓存时间

创建一个母版页，母版页中显示当前时间，不缓存。然后添加一个内容页，内容页也显示当前时间，但使用缓存。刷新页面，观看效果。

实验四：使用 AJAX 动态显示时间

使用 AJAX 不刷新页面而动态显示当前时间。

实验五：使用 AJAX 刷新页面

使用 AJAX 做出如下效果。当选择“焦点”链接时，就显示焦点新闻，如图 11-14 所示；当选择“娱乐”链接时，则显示娱乐新闻，如图 11-15 所示。要求如下：

（1）切换过程不刷新整个页面；
（2）显示新闻信息，使用数据绑定 Web 服务器控件；
（3）设计数据表。

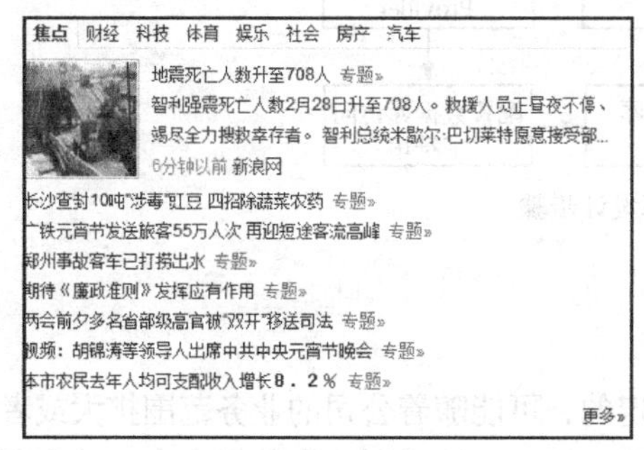

图 11-14　焦点

图 11-15　娱乐

第 12 章

综合实例——BBS 论坛

BBS 论坛是用户交流的主要场所，有利于用户发布信息和回复信息。本章通过一个完整的实例，介绍 BBS 信息保存在 XML 文件中的原理以及帖子的生成和显示原理。论坛模块讲解流程如图 12-1 所示。

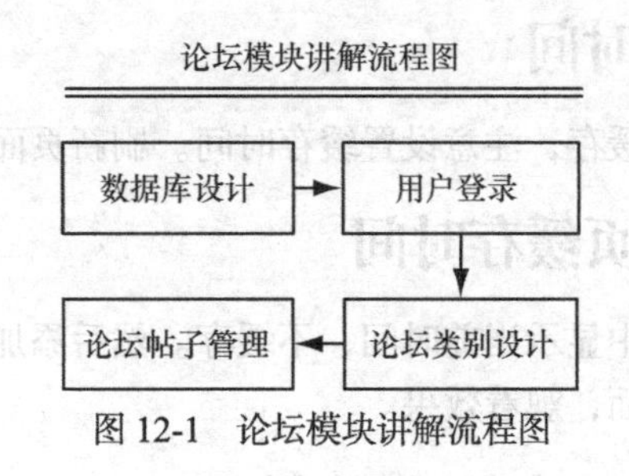

图 12-1　论坛模块讲解流程图

12.1　论坛数据库的介绍

由于用户发布的大量信息需要保存，所以本实例使用数据库和 XML 文件作为信息储存的载体。整个论坛数据库的设计步骤如图 12-2 所示。

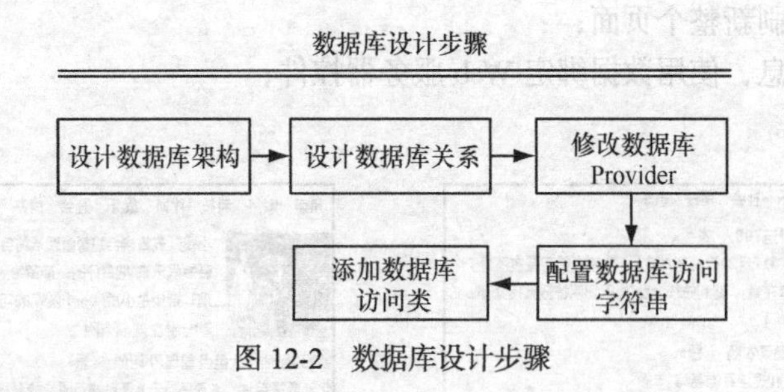

图 12-2　数据库设计步骤

12.1.1　设计数据库结构

论坛中可以分许多主题类别，但并不是永远固定的，可能随着公司的业务范围扩大或者其他原因而变动。为了保证类别在变动时不需要修改代码，可将论坛类别放在数据库中，并在程序中实现类别的增删功能，所以需要一个论坛主题类别表。

为了提高论坛回复内容的显示速度，本例将所有帖子内容保存在 XML 文件中，数据库中则只保存帖子的标题、发贴时间、回复次数等。通过以上的分析本例需要设计两个表：论坛主题类别表和帖子信息表。设计步骤如下。

（1）打开 SQL Server。

（2）新建数据库，命名为“BBS”。

（3）在数据库中新建一个表，名为“BBSCategory”，表示论坛主题的类别信息，其结构如表 12-1 所示。

表 12-1　BBSCategory 表结构

字段名称	字段类型	说　明
CategoryID	int	类别唯一标识，自增长字段（PK）
CategoryName	Nvarchar(50)	类别名称
CategoryDes	Nvarchar(100)	类别描述

（4）再新建一个表，名为“BBSInfo”，表示论坛帖子的详细信息，其结构如表 12-2 所示。

表 12-2　BBSInfo 表结构

字段名称	字段类型	说　明
InfoID	int	主题唯一标识，自增长类型（PK）
Title	Nvarchar(50)	帖子主题
FileName	Nvarchar(100)	帖子文件所在的位置
PostTime	datetime	发帖时间
ReplyCount	int	回复次数
LastReplytime	datetime	最后回复时间
PostUser	Nvarchar(50)	发帖人
CategoryID	int	主题所在的类别 ID（FK）

（5）关闭数据库，还需要创建一个保存帖子内容的 XML 模板。右击桌面空白处，新建一个文本文档，暂时使用默认名字。

（6）在文本文件内输入 XML 模板的内容如下：

```
<?xml version="1.0" encoding="gb2312" ?>
<file>
     <xmlrecord>
           <title>    </title>
           <content> </content>
           <posttime> </posttime>
           <postuser> </postuser>
     </xmlrecord>
</file>
```

（7）按 Ctrl+S 快捷键保存内容，关闭文件，并将文件命名为“Content.xml”。这个文件会被添加到将来的项目中。

本节完成了数据库的设计和 XML 模板的设计。

12.1.2　设置数据表关系

虽然数据库中只有两个表，但依然不能忽略表之间的关联。由于 SQL Server 中配置表关系的方法发生了很大的变化，本小节将详细描述设置关联的步骤。

要设计两个表的关系如图 12-3 所示，其中两个表通过“CategoryID”相关联。

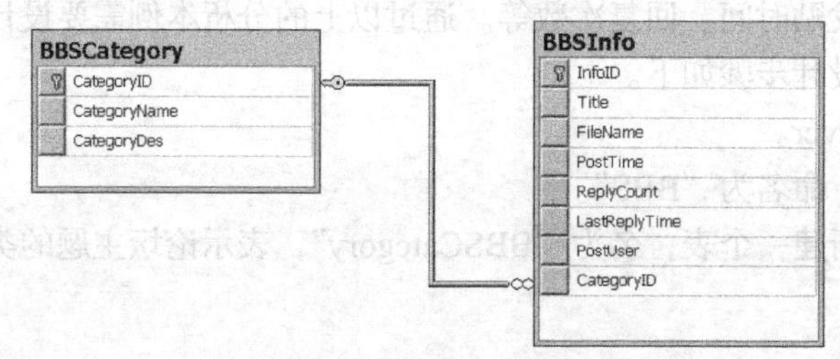

图 12-3 分类表和主题信息表的关系

实现关联的具体步骤如下。

（1）在 SQL Server 中，展开“BBSInfo”表的结点。

（2）右键单击“键”结点，在弹出的快捷菜单中选择“新建外键”菜单命令，打开“外键关系”对话框，如图 12-4 所示。

（3）单击“表和列规范”行，出现一个“■”按钮。

（4）单击“■”按钮，打开“表和列”对话框，如图 12-5 所示。要在此对话框内完成表之间的键关联。

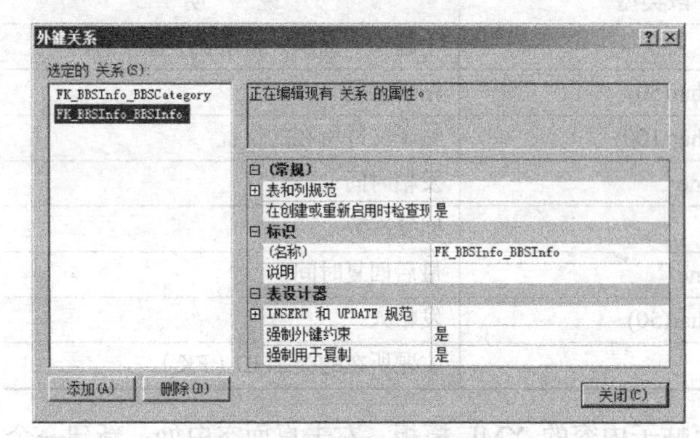

图 12-4 “外键关系”对话框

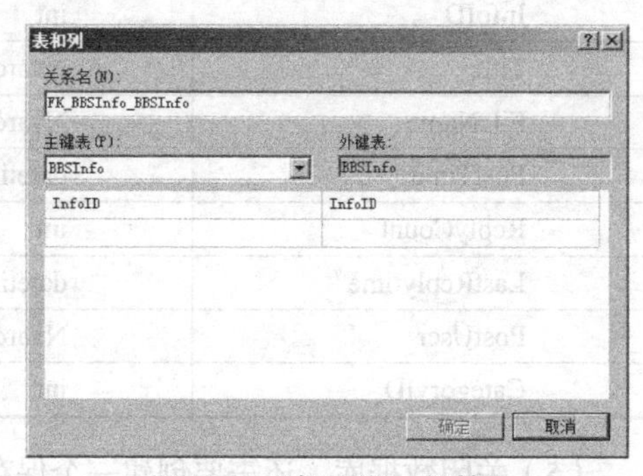

图 12-5 “表和列”对话框

（5）“关系名”文本框内是系统自动生成的关系名称。主键表要求写外键所在的表。外键表是在目录结点中选择的表，不允许更改。外键字段和主键字段都是“CategoryID”，当然这是因为在设计字段的时候起了相同的名字，有时候为了描述需要，可能主、外键的名字不同。

（6）设计完主、外键后，单击“确定”按钮，返回到“外键关系”对话框。

（7）如果不需要其他约束，直接单击“关闭”按钮，回到 SQL Server 工作界面。

经过上述步骤后，就完成了两个表的关联，如果一个表与多个表有关系，重复上述步骤即可。

12.1.3 配置数据库 Provider

只有登录用户才可以发帖，所以还必须设计数据库的用户表。因为 ASP.NET 提供了自动注册和登录验证的方法，所以本例没有设计用户表，而是使用系统自动生成的用户表。那么如何让系统自动生成的用户表能保存在自己设计的“BBS”数据库中呢？这就需要使用 ASP.NET 提供的 ASP.NET SQL Server 注册工具“aspnet_regsql.exe”。具体注册步骤如下。

（1）单击 Windows 系统的“开始”|“所有程序”|“VS2010”|“Visual Studio Tools”|“VS 命令提示”菜单命令。

（2）在打开的 DOS 窗口中输入“aspnet_regsql.exe”，用来注册自己的数据库。此时系统打开一个向导窗口。

（3）根据向导指定自己的数据库“BBS”为 Provider。

（4）完成向导后，打开 SQL Server。

（5）打开 BBS 数据库，可以发现好多以“aspnet_”开头的表，这些都是 ASP.NET 中可以利用类自动生成的。

系统自动生成的用户表保存在“aspnet_Users”表和“aspnet_Membership”表中。两个表的结构如表 12-3 和表 12-4 所示。

表 12-3　　用户表（aspnet_Users）结构

字 段 名	字段类型	说　明
ApplicationId	uniqueidentifier	当前程序唯一标识
UserId	uniqueidentifier	用户唯一标识
UserName	nvarchar(256)	用户名
LoweredUserName	nvarchar(256)	全小写用户名（对英文名而言）
MobileAlias	nvarchar(16)	移动应用
IsAnonymous	bit	匿名标识
LastActivityDate	datetime	最后激活时间

表 12-4　　用户详细信息表（aspnet_Membership）结构

字 段 名	字段类型	说　明
ApplicationId	uniqueidentifier	当前程序唯一标识
UserId	uniqueidentifier	用户唯一标识
Password	nvarchar(128)	密码
PasswordFormat	int	密码格式化
PasswordSalt	nvarchar(128)	密码加密格式
MobilePIN	nvarchar(16)	移动应用
Email	nvarchar(256)	用户的邮箱
LoweredEmail	nvarchar(256)	全小写字母的邮箱
PasswordQuestion	nvarchar(256)	密码提示问题
PasswordAnswer	nvarchar(128)	密码答案
IsApproved	bit	是否经过审核
IsLockedOut	bit	是否锁定
CreateDate	datetime	用户创建日期
LastLoginDate	datetime	用户最后登录日期
LastPasswordChangedDate	datetime	密码最后更改日期
LastLockoutDate	datetime	最后锁定日期
FailedPasswordAttemptCount	int	密码失败尝试次数
FailedPasswordAttemptWindowStart	datetime	登录失败的时间
FailedPasswordAnswerAttemptCount	int	密码提示问题失败尝试次数
FailedPasswordAnswerAttemptWindowStart	datetime	密码提示问题失败的时间
Comment	ntext	其他描述性内容

两个表的结构如图 12-6 所示。

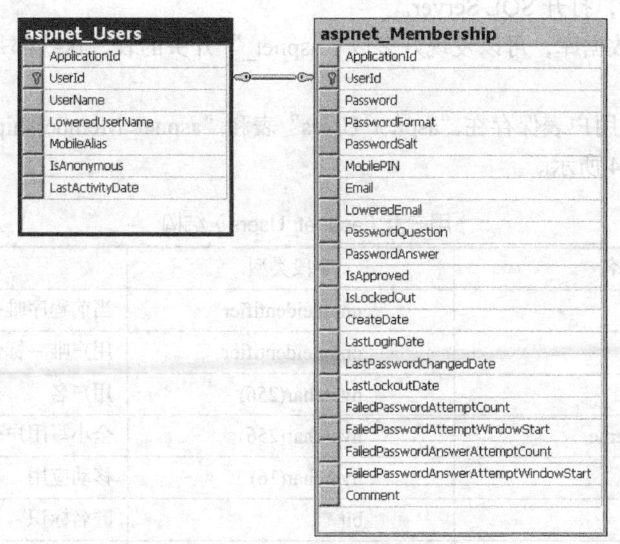

图 12-6　用户信息表和用户表的关系

12.1.4　配置 web.config 中的数据库连接

上一小节已经使用“aspnet_regsql”数据库注册工具将自己的数据库架构配置完成了，那么如何让 VS 知道本例要使用的数据库是“BBS”，而不是默认的“ASPNETDB”呢？实现这个问题的步骤如下。

（1）打开 VS 工具，新建一个网站，命名为“BBS”。

（2）按 F5 键运行程序，系统会提示自动生成 web.config 的信息，选择“是”。

（3）关闭运行的程序，此步骤主要为了自动生成“web.config”配置文件。

（4）打开“web.config”文件。

（5）在“connectionStrings”结点下添加数据库配置的如下信息：

```
<connectionStrings>
    <remove name="LocalSqlServer"/>
    <add name="LocalSqlServer"
     connectionString="Data Source=localhost;
     Initial Catalog=BBS;
     Integrated Security=True"
      providerName="System.Data.SqlClient"/>
</connectionStrings>
```

（6）按 Ctrl+S 快捷键保存配置文件的修改。

12.1.5　添加数据库访问类

数据访问类的目的是可以增强代码的重用性，其主要的功能是提供访问数据库的基本操作。添加数据访问类的步骤如下。

（1）在网站根目录下添加一个类。

（2）当生成类的时候，系统会提示是否将类保存在“App_Code”目录下，选择“是”，系统会自动生成一个名为“App_Code”的目录。

（3）删除“App_Code”目录下刚添加的类，上述步骤只是为了生成“App_Code”目录。

（4）在“App_Code”目录下添加数据库访问类“SqlHelper.cs”。

（5）打开 SqlHelper.cs，定义数据库连接串变量“ConnectionStringLocalTransaction”。此变量用于在数据访问时获取数据库的连接字符串。代码如下：

```
//定义数据库连接串
public static readonly string ConnectionStringLocalTransaction =
    ConfigurationManager.ConnectionStrings["LocalSqlServer "].ConnectionString;
```

（6）在 SqlHelper 类中创建一个有关缓存的方法 GetCachedParameters，代码如下：

```
// 存储 Cache 缓存的 Hashtable 集合
private static Hashtable parmCache = Hashtable.Synchronized(new Hashtable());

/// <summary>
/// 提取缓存的参数数组
/// </summary>
/// <param name="cacheKey">查找缓存的 key</param>
/// <returns>返回被缓存的参数数组</returns>
public static SqlParameter[] GetCachedParameters(string cacheKey)
{
    SqlParameter[] cachedParms = (SqlParameter[])parmCache[cacheKey];

    if (cachedParms == null)
        return null;

    SqlParameter[] clonedParms = new SqlParameter[cachedParms.Length];

    for (int i = 0, j = cachedParms.Length; i < j; i++)
        clonedParms[i] = (SqlParameter)((ICloneable)cachedParms[i]).Clone();

    return clonedParms;
}
```

（7）按 Ctrl+S 快捷键保存项目的修改。

12.2 新用户入口

用户只有登录后才可以发贴和回复，匿名用户只可以浏览帖子，所以本例提供用户的注册和登录功能。本节主要介绍如何用 ASP.NET 中的新控件实现用户的注册和登录。

12.2.1 用户注册

每个论坛都拥有一定数量的注册用户，使用注册功能不但可以避免网络机器人的攻击，还可以保存论坛的用户信息。本例实现用户注册功能的步骤如下。

（1）在网站根目录下添加一个 Web 窗体，命名为“Register”。

（2）切换到窗体的设计视图。

（3）在视图中添加一个登录控件组中的“CreateUser Wizard”控件。

（4）选中控件，按 F4 键打开其属性窗口。

（5）修改“ContinueButtonText”属性为“完成”，因为本注册步骤只有两步。第一步填写用户信息，第二步就是完成提示。

（6）保存界面的设计。

注册界面的效果如图 12-7 所示。

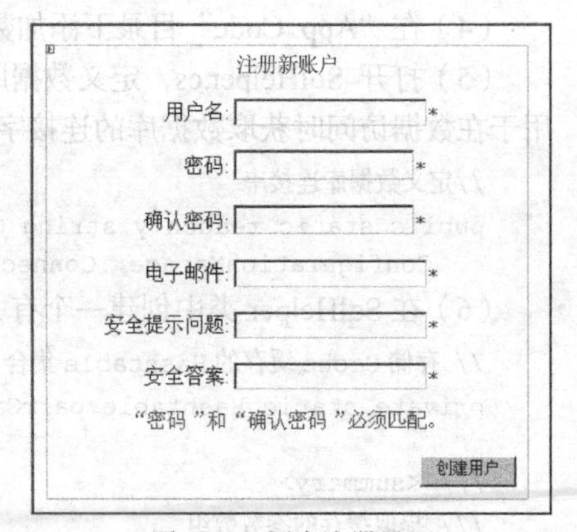

图 12-7　用户注册界面

12.2.2　用户登录

登录模块和注册模块的设计相同，也是使用 ASP.NET 提供的登录控件组，并且 ASP.NET 还自动完成了登录用户的身份验证。用户登录功能的实现步骤如下。

（1）在网站根目录下添加一个 Web 窗体“Login”。

（2）切换到窗体的设计视图。

（3）在视图中添加一个登录控件组的“Login”控件。

（4）用户登录时，首先看到的就是登录页，如果用户是第一次使用，还应该进行注册。为了方便用户的操作，还可以在此登录控件上添加一个导航到注册页的链接。按 F4 快捷键打开控件的属性窗口。

（5）修改控件的两个属性“CreateUserText”和“CreateUserUrl”，内容分别为“注册”和“~/Register.aspx”。

（6）打开“Register.aspx”页面，切换到设计视图。

（7）修改控件的属性“ContinueDestinationPageUrl”为“~/Login.aspx”，表示用户注册后应该转到登录页面以进行登录操作。

（8）按 Ctrl+S 快捷键保存界面的设计。

用户登录的界面效果如图 12-8 所示。

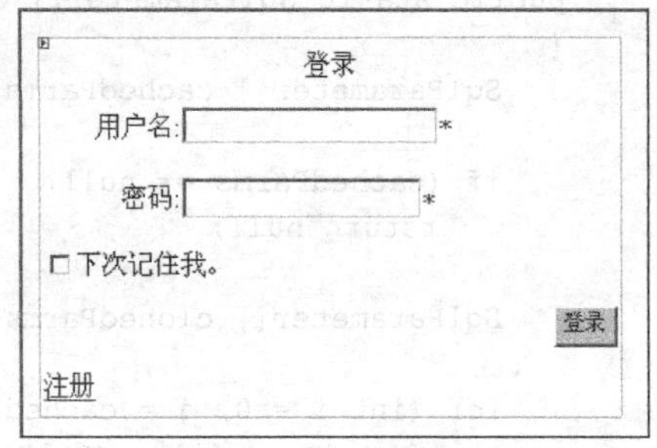

图 12-8　用户登录界面

12.3　论坛主题的类别

为了提高论坛类别的灵活性，本实例添加了对论坛类别的操作功能，包括类别的增加、删除和修改。

12.3.1　添加论坛的类别

由于论坛的类别功能属于后台管理范围，所以要将论坛类别的所有管理页放在单独的文件夹下。本小节实现类别的添加功能，具体步骤如下。

（1）在网站根目录下新建一个文件夹，命名为“Manager”。

（2）在文件夹下添加一个 Web 窗体，命名为“AddCategory”。

（3）通过对类别数据库的设计可以知道，类别主要包括两个属性：类别名称和类别的描述信息，根据这些属性设计添加界面，如图 12-9 所示。

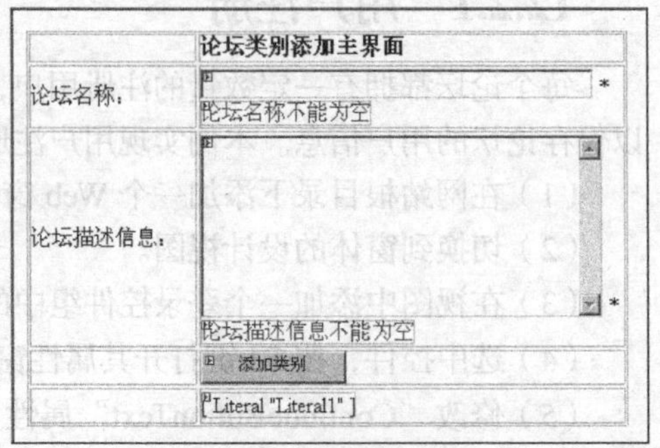

图 12-9　添加类别界面

（4）为了维护方便，在设计代码时将有关数据的操作方法都放在一个单独的类中。在“App_Code”

目录下添加一个类，命名为“BBSManager”。

（5）在类中书写添加类别的方法如下：

```
using System;
using System.Data;
using System.Data.SqlClient;
using System.Text;

/// <summary>
/// 论坛类别的操作类
/// </summary>
public class BBSManager
{
    public BBSManager()
    {
    }
    /// <summary>
    /// 添加论坛的类别
    /// </summary>
    /// <param name="name">类别名称</param>
    /// <param name="des">类别描述信息</param>
    /// <returns>添加是否成功</returns>
    public bool AddBBSCategory(string name,string des )
    {
        //使用 StringBuild 连接字符串比使用“+”效率高很多
        StringBuilder strSQL = new StringBuilder();
        //创建论坛添加方法的参数
        SqlParameter[] newsParms = new SqlParameter[]{
            new SqlParameter("@name", SqlDbType.NVarChar,20),
            new SqlParameter("@des", SqlDbType.NVarChar,100)};

        //创建执行语句的 SQL 命令
        SqlCommand cmd = new SqlCommand();
        // 依次给参数赋值
        newsParms[0].Value = name;
        newsParms[1].Value = des;

        //遍历所有参数，并将参数添加到 SqlCommand 命令中
        foreach (SqlParameter parm in newsParms)
            cmd.Parameters.Add(parm);
        //获取数据库的连接字符串
        using (SqlConnection conn =
new SqlConnection(SqlHelper.ConnectionStringLocalTransaction))
        {
            //加载“添加类别”执行语句
            strSQL.Append("Insert into BBSCategory values(@name,@des)");
            //打开数据库连接，执行命令
            conn.Open();
           //设置 Sqlcommand 命令的属性
            cmd.Connection = conn;
            cmd.CommandType = CommandType.Text;
            cmd.CommandText = strSQL.ToString();
            //执行添加的 SqlCommand 命令
```

```
            int val = cmd.ExecuteNonQuery();
            //清空 SqlCommand 命令中的参数
            cmd.Parameters.Clear();
            //判断是否添加成功，注意返回的是添加是否成功，不是影响的行数
            if (val > 0)
                return true;
            else
                return false;
        }
    }
}
```

（6）按 Ctrl+S 快捷键保存类的更改。

（7）打开“AddCategory.aspx”窗体文件，切换到设计视图。

（8）双击“添加”按钮，切换到窗体的代码视图。

（9）在按钮的 Click 事件中书写添加类别的代码如下：

```
protected void Button1_Click(object sender, EventArgs e)
{
    //初始化论坛操作类
    BBSManager mybbs = new BBSManager();
     //调用类别添加方法
    bool result=mybbs.AddBBSCategory(TextBox1.Text, TextBox2.Text);
    //如果添加成功
    if (result)
        Literal1.Text = "论坛类别添加成功！请刷新";
}
```

（10）按 Ctrl+S 快捷键保存视图的修改。

（11）将此页设置为起始页，按 F5 键运行程序，测试论坛类别的添加功能。

12.3.2 编辑论坛的类别

ASP.NET 提供了 GridView 控件，可以无代码实现编辑和删除的功能，本小节将利用这项新功能实现类别的编辑和删除。具体实现步骤如下。

（1）在“Manager”文件夹下添加一个 Web 窗体，命名为“EditCategory”。

（2）切换到窗体的设计视图。

（3）在视图中添加一个数据控件“GridView”。

（4）通过控件的任务菜单配置其数据源，数据源类型选择数据库，数据连接字符串选择 web.config 中的“LocalSqlServer”。在配置 Select 语句时，选择“BBSCategory”表的所有字段。

（5）因为本例要实现控件的修改和删除功能，所以必须重新配置数据源。在配置向导进行到“配置 Select”步骤时，单击“高级”按钮，打开“高级 SQL 生成选项”对话框，如图 12-10 所示。

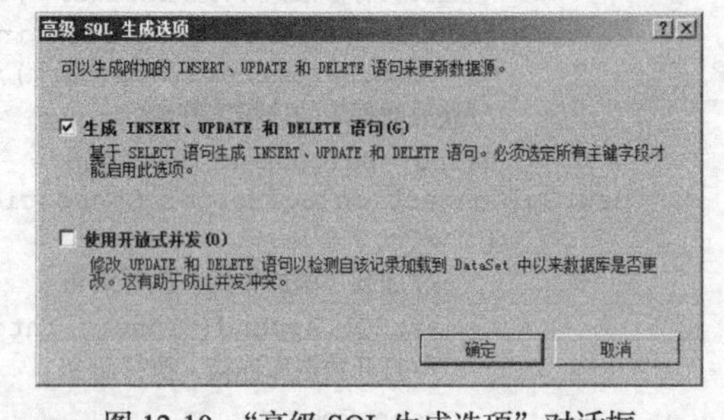

图 12-10 “高级 SQL 生成选项”对话框

（6）选中第一项，单击“确定”按钮，继续完成配置。

（7）回到窗体视图后，再单击 GridView 的任务菜单，可以发现多了几个复选框，其中包括“启用编辑”和“启用删除”。选中这两个复选框。

（8）单击任务菜单的“编辑列”命令，修改控件中的列标题，最终结果如图 12-11 所示。

	论坛类别名称	类别描述
编辑 删除	abc	abc
编辑 删除	abc	abc
编辑 删除	abc	abc
编辑 删除	abc	abc
编辑 删除	abc	abc

SqlDataSource - SqlDataSource1

图 12-11　编辑和删除功能界面

（9）按 Ctrl+S 快捷键保存对视图的设计。

（10）将此页设置为起始页，按 F5 键运行程序，测试类别的修改和删除功能。

12.3.3　显示论坛的类别

用户打开论坛后，首先看到的是本论坛内所有的类别。根据大部分论坛的设计样式，本例实现的论坛显示列表如图 12-12 所示。

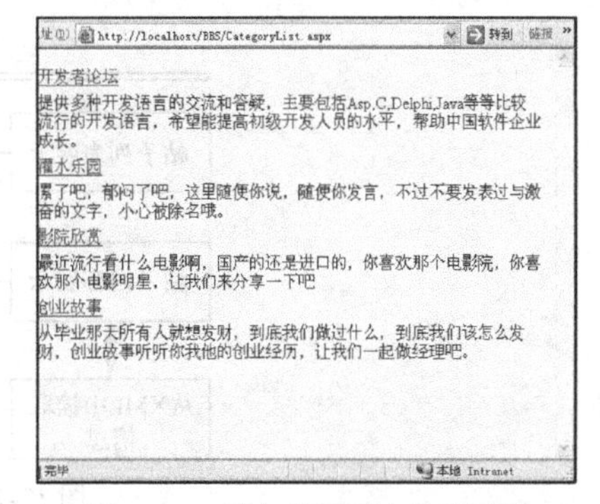

图 12-12　论坛类别列表显示界面

本例使用 Repeater 控件实现以上设计，具体步骤如下。

（1）在网站根目录下添加一个 Web 窗体，命名为“CategoryList”。

（2）拖放一个数据控件“Repeater”到设计视图。

（3）为“Repeater”绑定报表数据。单击“Repeater”控件的任务菜单，在弹出的快捷菜单中单击“选择数据源”下拉框。

（4）选中下拉框中的“新建数据源”项，打开数据源配置向导。

（5）数据源类型选择“数据库”，单击“确定”按钮，打开“数据连接”对话框。

（6）因为已经在 web.config 文件中配置了数据库连接，所以此处直接选择名为“LocalSql-Server”的连接即可。

（7）当向导创建到“配置 Select 语句”时，数据库表选择的是“BBSCategory”。在“列”列表框中选中“*”，要求数据源中包含所有的字段。

（8）单击“下一步”按钮，打开“测试查询”对话框，单击“测试查询”按钮，测试数据是否正常浏览。

（9）如果数据可以正常浏览，单击“完成”按钮，返回到窗体的设计视图。

（10）“Repeater”控件是不会自动显示数据内容的，必须对其进行模板设计。按 Shift+F7 快捷键切换到 HTML 源代码视图。

（11）设计“Repeater”控件的模板如下。注意此时论坛类别的链接目标是空值，因为还没有设计论坛主题列表窗体。

```
<asp:Repeater ID="Repeater1" runat="server" DataSourceID="SqlDataSource1">
     <headertemplate>
       <table border="0" cellpadding="3" cellspacing="0" width="100%">
     </headertemplate>
       <itemtemplate>
            <tr><td><a href=""><%#Eval("categoryname") %></a></td></tr>
```

```
            <tr><td><%#Eval("categorydes") %></td></tr>
    </separatortemplate>
   </itemtemplate>
  <footertemplate>
    </table>
  </footertemplate>
</asp:Repeater>
```

（12）按 Ctrl+S 快捷键保存模板的设计。

（13）将此页设置为起始页，按 F5 键运行程序，测试论坛分类列表的显示功能。

12.4　论坛的帖子详细信息

论坛的帖子信息才是论坛的主要功能，本节主要介绍如何在 ASP.NET 中实现论坛的主要功能。实现功能的主要流程如图 12-13 所示。

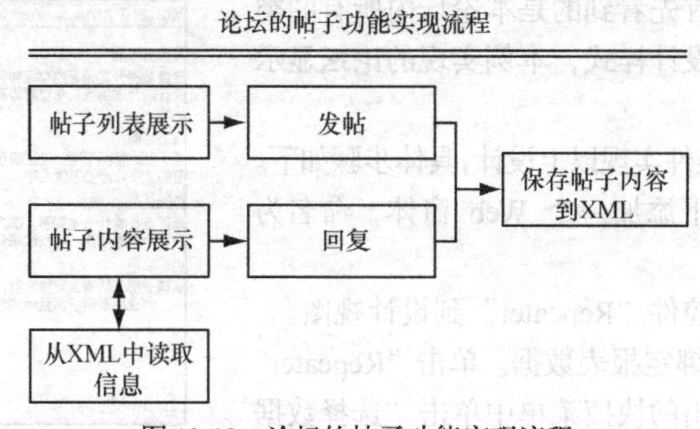

图 12-13　论坛的帖子功能实现流程

12.4.1　帖子列表的显示

用户选择了论坛的类别后，首先看到的是此类别内所有的帖子列表。因为帖子的主题信息都保存在数据库中，所以此例中数据源的类型依然是数据库。实现这个列表的步骤如下。

（1）在网站根目录下添加一个 Web 窗体，命名为“MsgList”。

（2）切换到窗体的设计视图。本例将使用 GridView 控件实现列表的展示效果。

（3）在视图中拖放一个 GridView 控件。

（4）配置 GridView 控件的数据源。在 GridView 控件的任务列表中新建数据源，类型选择“数据库”，表选择“BBSInfo”，字段选择“*”。

（5）根据数据源的内容编辑 GridView 的列属性。各绑定字段的属性如表 12-5 所示。

表 12-5　绑定字段的属性

字 段 名	HeaderText
Title	帖子主题
PostUser	发帖人
PostTime	发帖时间
ReplyCount	回复数
LastReplyTime	最后回复时间

（6）单击“确定”按钮回到设计视图。网格显示效果如图 12-14 所示。

帖子主题	发帖人	发帖时间	回复数	最后回复时间
abc	abc	2006-10-10 0:00:00	0	2006-10-10 0:00:00
abc	abc	2006-10-10 0:00:00	1	2006-10-10 0:00:00
abc	abc	2006-10-10 0:00:00	2	2006-10-10 0:00:00
abc	abc	2006-10-10 0:00:00	3	2006-10-10 0:00:00
abc	abc	2006-10-10 0:00:00	4	2006-10-10 0:00:00

SqlDataSource - SqlDataSource1

图 12-14　帖子浏览界面设计图

（7）按 Ctrl+S 快捷键保存代码的修改。

（8）打开“CategoryList”页，当用户选择类别时，需要向帖子列表传递 CategoryID 的参数，让帖子列表页知道用户选择了哪个类别。修改类别的链接属性如下：

```
<a href="MsgList.aspx?categoryid=<%# Eval("categoryid")%>"><%#Eval("categoryname")
%></a>
```

（9）再回到 MsgList.aspx 窗体，重新配置 GridView 的数据源，主要是添加选择数据源的条件。

（10）通过任务菜单打开数据源的配置向导。

（11）当配置到“配置 Select 语句”对话框时，单击“WHERE”按钮，打开“添加 WHERE 子句”对话框，如图 12-15 所示。

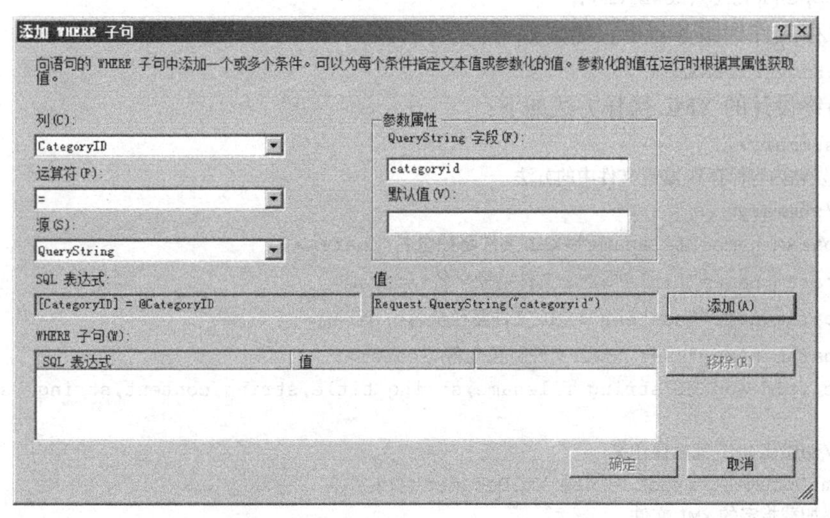

图 12-15　“添加 WHERE 子句”对话框

（12）在“列”下拉框中选择“CategoryID”，在“源”下拉框选择“QueryString”，在“QueryString 字段”文本框内输入“categoryid”。

（13）单击“添加”按钮，在“WHERE 子句”列表中会出现参数信息。

（14）单击“确定”按钮，返回到配置向导，选择默认操作直至完成向导。

（15）将“CategoryList”页设计为起始页，按 F5 键运行程序，单击某个类别的链接测试导航情况。

由于本例目前还没有发帖，所以暂时看不到此时的运行效果。

12.4.2 帖子的发布

帖子的发布功能只允许登录用户使用，所以在此功能中可通过“HttpContext.Current.User.Identity.IsAuthenticated”来判断用户是否登录，如果没有登录则转到登录界面，登录后再回到此页实现发贴的功能。本例的操作流程如图 12-16 所示。

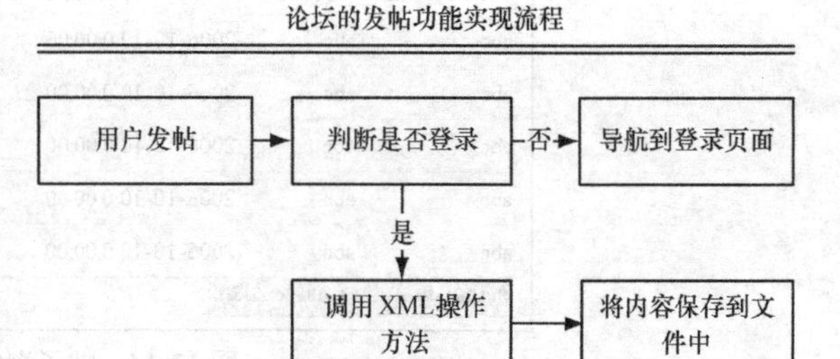

图 12-16 论坛的发帖功能实现流程

1. 保存发帖内容到 XML 文件中的方法

在 ASP.NET 中编辑 XML 文件，使用的是“XmlDocument”类。根据此类的方法实现编辑 XML 文件的功能，实现步骤如下。

（1）使用 XmlDocument 时，需要加载 XML 模板，加载语法如下：

```
XmlDocument mydoc = new XmlDocument();
mydoc.Load(filename);
```

（2）创建 XML 文件中的元素并设置元素的内容，语法如下：

```
XmlElement ele = mydoc.CreateElement("name");
XmlText text = mydoc.CreateTextNode("论坛主题");
```

（3）将元素添加到根目录下，语法如下：

```
XmlElement root = mydoc.DocumentElement;
root.AppendChild(newElem);
```

（4）保存文件到服务器下，语法如下：

```
mydoc.Save(FileName);
```

（5）最终设计的 XML 操作方法如下：

```
/// <summary>
/// 将发帖内容保存到 XML 文件中的方法
/// </summary>
/// <param name="filename">XML 文件路径全名</param>
/// <param name="title">XML 文件路径全名</param>
/// <param name="content">XML 文件路径全名</param>
/// <param name="user">XML 文件路径全名</param>
public void AddXML(string filename,string title,string content,string user)
{
    //初始化 XML 文档操作类
    XmlDocument mydoc = new XmlDocument();
    //加载指定的 XML 文件
    mydoc.Load(filename);

    //添加元素-帖子主题
    XmlElement ele = mydoc.CreateElement("title");
    XmlText text = mydoc.CreateTextNode(title);
    //添加元素-发帖时间
    XmlElement ele1 = mydoc.CreateElement("posttime");
    XmlText text1 = mydoc.CreateTextNode(DateTime.Now.ToString());
    //添加元素-内容
    XmlElement ele2 = mydoc.CreateElement("content");
    XmlText text2 = mydoc.CreateTextNode(content);
```

```
    //添加元素-发帖人
    XmlElement ele3 = mydoc.CreateElement("postuser");
    XmlText text3 = mydoc.CreateTextNode(user);

    //添加文件的结点-msgrecord
    XmlNode newElem = mydoc.CreateNode("element", "xmlrecord", "");
    //在结点中添加元素
    newElem.AppendChild(ele);
    newElem.LastChild.AppendChild(text);
    newElem.AppendChild(ele1);
    newElem.LastChild.AppendChild(text1);
    newElem.AppendChild(ele2);
    newElem.LastChild.AppendChild(text2);
    newElem.AppendChild(ele3);
    newElem.LastChild.AppendChild(text3);
    //将结点添加到文档中
    XmlElement root = mydoc.DocumentElement;
    root.AppendChild(newElem);

    //获取文件路径
    int index = filename.LastIndexOf(@"\");
    string path = filename.Substring(0, index);
    //新文件名
    path = path + @"\" + xmlfilename + "file.xml";
    //文件创建后必须关闭，否则其他程序无法调用
    FileStream mystream =File.Create(path);
    mystream.Close();

    //保存所有修改-到指定文件中:注意编码语言的选择
    XmlTextWriter mytw = new XmlTextWriter(path,Encoding.Default);
    mydoc.Save(mytw);
    mytw.Close();
}
```

（6）打开“BBSManager.cs”文件，将以上方法添加到类中。注意加载 XML 文件操作类所在的命名空间，主要命名空间如下：

```
using System.Xml;
```

（7）按 Ctrl+S 快捷键保存类的修改。

2. 实现论坛发帖功能

用户发帖时，一要生成发帖的内容到 XML 文件中，二要将帖子的相关信息添加到数据库中，如发帖人、帖子主题等。最终实现发帖功能的步骤如下。

（1）在网站根目录下添加一个 Web 窗体，命名为“SendMsg”。

（2）根据发帖信息的模板内容，设计界面如图 12-17 所示。其中帖子的发帖人和发帖时间均在后台编程过程中赋值，不需要用户手动填写。

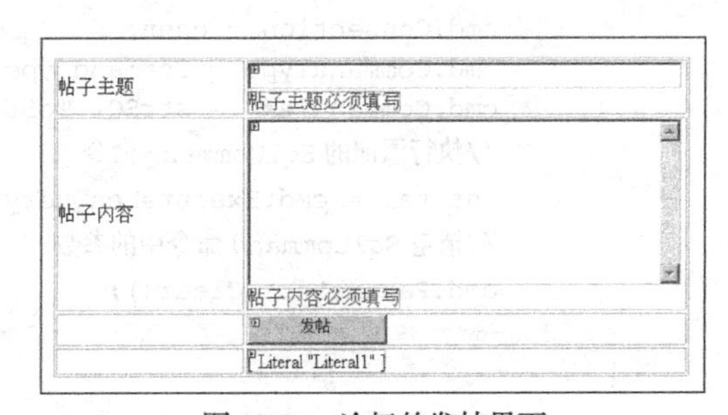

图 12-17　论坛的发帖界面

（3）打开“BBSManager.cs”文件，书写添加帖子信息到数据库的方法，如下所示。其中使用了缓存参数的方法。

```
/// <summary>
/// 添加记录
/// </summary>
/// <param name="title"></param>
/// <param name="filename"></param>
/// <param name="replycount"></param>
/// <param name="categoryid"></param>
public void AddMsg(string title,string user,int categoryid)
{
    //使用 StringBuild 连接字符串比使用“+”效率高很多
    StringBuilder strSQL = new StringBuilder();
    //获取缓存参数，如果没有，此方法会自动创建缓存列表
    SqlParameter[] newsParms = GetParameters();
    //创建执行语句的 SQL 命令
    SqlCommand cmd = new SqlCommand();
    // 依次给参数赋值
    newsParms[0].Value = title;
    //一个获取文件名的私有方法
    newsParms[1].Value = getFilename().ToString();
    xmlfilename = getFilename().ToString();
    //注意发布的日期取当日
    newsParms[2].Value = DateTime.Now;
    //默认添加的回复数是 0
    newsParms[3].Value = 0;
    newsParms[4].Value = DateTime.Now;
    newsParms[5].Value = user;
    newsParms[6].Value = categoryid;

    //遍历所有参数，并将参数添加到 SqlCommand 命令中
    foreach (SqlParameter parm in newsParms)
        cmd.Parameters.Add(parm);
    //获取数据库的连接字符串
    using (SqlConnection conn =
    new SqlConnection(SqlHelper.ConnectionStringLocalTransaction))
    {
        strSQL.Append(SQL_INSERT_BBSINFO);
        //打开数据库连接，执行命令
        conn.Open();
        //设置 Sqlcommand 命令的属性
        cmd.Connection = conn;
        cmd.CommandType = CommandType.Text;
        cmd.CommandText = strSQL.ToString();
        //执行添加的 SqlCommand 命令
        int val = cmd.ExecuteNonQuery();
        //清空 SqlCommand 命令中的参数
        cmd.Parameters.Clear();
    }
}

/// <summary>
/// 创建或获取缓存参数的私有方法
/// </summary>
/// <returns>返回参数列表</returns>
```

```
private static SqlParameter[] GetParameters()
{
    //将 SQL_INSERT_NEWSINFO 作为哈希表缓存的键值
    SqlParameter[] parms = SqlHelper.GetCachedParameters(SQL_INSERT_BBSINFO);

    //首先判断缓存是否已经存在
    if (parms == null)
    {
        //缓存不存在的情况下，新建参数列表
        parms = new SqlParameter[] {
                new SqlParameter(PARM_BBS_TITLE, SqlDbType.NVarChar,50),
                new SqlParameter(PARM_BBS_FILENAME, SqlDbType.NVarChar,100),
                new SqlParameter(PARM_BBS_POSTTIME, SqlDbType.DateTime),
                new SqlParameter(PARM_BBS_REPLYCOUNT, SqlDbType.Int),
                new SqlParameter(PARM_BBS_LASTREPLYTIME, SqlDbType.DateTime),
                new SqlParameter(PARM_BBS_POSTUSER, SqlDbType.NVarChar, 50),
                new SqlParameter(PARM_BBS_CATEGORYID, SqlDbType.Int) };

        //将新建的参数列表添加到哈希表中缓存起来
        SqlHelper.CacheParameters(SQL_INSERT_BBSINFO, parms);
    }

    //返回参数数组
    return parms;
}
```

（4）上述代码中使用了一个私有方法“getFilename()”，主要用来创建文件名。本例文本起名的规律是帖子的 ID 加“file”，如“1file”表示是帖子 ID 为 1 的详细内容。方法的详细代码如下：

```
/// <summary>
/// 给新建的 xml 文件起名
/// </summary>
/// <returns>返回的是最大号的 ID+1</returns>
private int getFilename()
{
    int cardrule = 0;

    //设置 SQL 语句，取最大的 ID 值
    string strsql = "select top 1 infoid from bbsinfo order by infoid desc ";
    //调用 SqlHelper 访问组件的方法返回第一行第一列的值
    try
    {
        cardrule = (int)SqlHelper.ExecuteScalar(
        SqlHelper.ConnectionStringLocalTransaction, CommandType.Text, strsql, null);
    }
    catch
    {
        //此时数据库中无数据
        cardrule = 0;
    }

    //返回最大值+1
    return cardrule +1;
}
```

（5）按 Ctrl+S 快捷键保存类的修改。

（6）打开“SendMsg.aspx”窗体并切换到设计视图。

（7）双击“发帖”按钮，切换到窗体的代码视图。

（8）在按钮的 Click 事件中书写发帖事件的代码如下：

```
protected void Button1_Click(object sender, EventArgs e)
{
    BBSManager mybbs = new BBSManager();
    //获取当前用户名
    string username = HttpContext.Current.User.Identity.Name;
    //添加信息到数据库中
    mybbs.AddMsg(TextBox1.Text,username ,int.Parse(Request.QueryString ["categoryid"]));
    //添加详细信息到 XML 中
    mybbs.AddXML(Server.MapPath(".") +@"\content.xml",TextBox1.Text,TextBox2. Text,
username);
    Literal1.Text = "帖子发布成功";
}
```

（9）按 Ctrl+S 快捷键保存代码，按 F5 键测试论坛的发帖功能。

本例默认生成的论坛文件保存在网站根目录下，实际应用中必须设置单独的文件夹来存放文件。

12.4.3 显示帖子的详细信息

为了灵活地设置显示帖子内容的样式，本例使用 DataList 实现列表功能。此功能需要从父级页面中传递一个参数“filename”用以让帖子知道选择哪个作为数据源。其实现原理如图 12-18 所示。

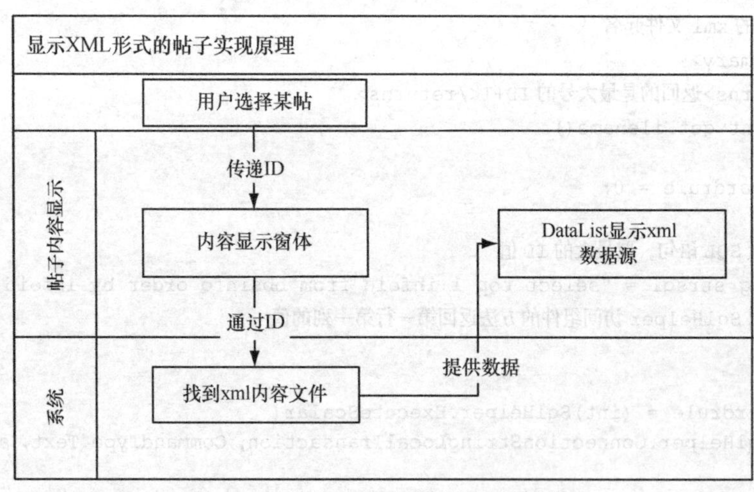

图 12-18 显示 XML 形式的帖子实现原理

具体实现步骤如下。

（1）在网站根目录下添加一个 Web 窗体，命名为“ContentList”。

（2）拖放一个数据控件“DataList”到设计视图。

（3）为“DataList”绑定报表数据。单击“DataList”控件的任务菜单，在弹出的快捷菜单中单击“选择数据源”下拉框。

（4）选中下拉框中的“新建数据源”项，打开数据源配置向导。

（5）数据源类型选择“XML 文件”，单击“确定”按钮，打开“配置数据源”对话框，如图 12-19 所示。

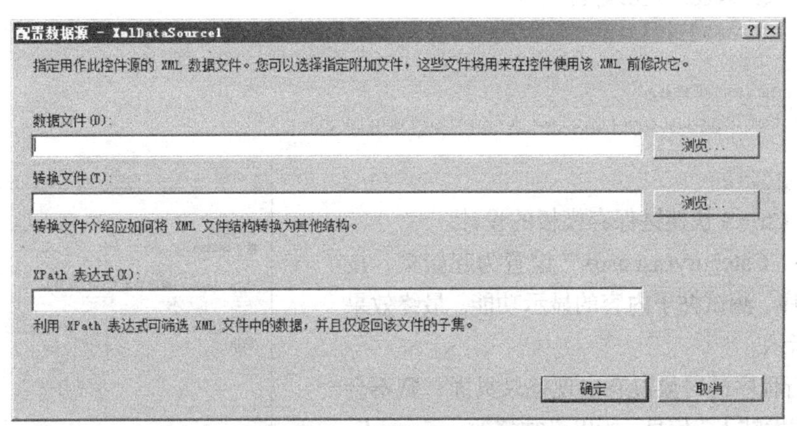

图 12-19　“配置数据源”对话框

（6）因为本例的数据文件是不固定的，所以此处不做任何修改，单击“确定”按钮。

（7）打开“MsgList.aspx”文件，切换到设计视图。

（8）单击“GridView”控件的任务列表，选中“启用选定内容”复选框。

（9）为 GridView 添加事件，事件代码如下所示，它的主要目的是传递内容页需要的参数。

```
protected void GridView1_SelectedIndexChanged(object sender, EventArgs e)
{
    //获取当前选择的行
    GridViewRow row = GridView1.SelectedRow;
    //导航到发送信息的页面
    Response.Redirect("contentlist.aspx?filename=" + row.Cells[6].Text);

}
```

（10）如果 GridView 没有选中“filename”字段，请通过“编辑列”对话框添加这个字段。

（11）再切换回“ContentList.aspx”窗体。按 F7 键打开其代码视图，在窗体一加载时就获取页面传递的参数，代码如下：

```
protected void Page_Load(object sender, EventArgs e)
{
    //配置 DataList 的数据源文件
    XmlDataSource1.DataFile = Request.QueryString["filename"]+"file.xml";
}
```

（12）“DataList”控件是不会自动显示数据内容的，必须对其进行模板设计。按 Shift+F7 快捷键切换到 HTML 源代码视图。

（13）设计“DataList”控件的模板，代码如下：

```
<asp:DataList ID="DataList1" runat="server"
    DataSourceID="XmlDataSource1"  Width="465px">

    <HeaderTemplate><b>帖子详细内容</b><table ></HeaderTemplate>
    <ItemTemplate>
        <tr>
            <td >主题：<b><%#XPath("title")%></b></td>
            <td>发帖人：<%#XPath("postuser")%></td>
```

```
        </tr>
        <tr><td colspan="2">发帖时间：<%#XPath("posttime")%></td></tr>
        <tr><td></td></tr>
        <tr><td colspan="2"><%#XPath("content")%></td></tr>
        <br />
    </ItemTemplate>
    <FooterTemplate></table> </FooterTemplate>

</asp:DataList>
```

（14）按 Ctrl+S 快捷键保存模板的设计。

（15）将“CategoryList.aspx”设置为起始页，按 F5 键运行程序，测试帖子内容的显示功能。最终效果如图 12-20 所示。

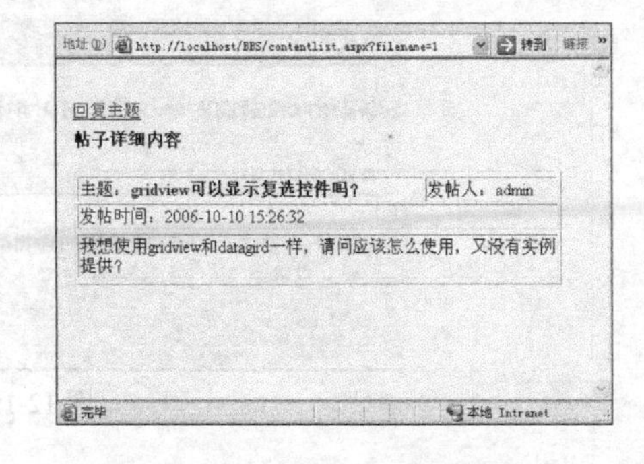

图 12-20　帖子详细内容显示列表

如果运行程序的时候没有出现登录页面，则不会保存帖子的“发帖人”信息，所以必须修改 web.config 文件的配置。详细内容如下：

```
<system.web>
        <compilation debug="true"/>
        <authentication mode="Forms">
            <forms  loginUrl="login.aspx" protection="All" path="/"/>
        </authentication>
        <authorization>
            <deny  users="?"/>
        </authorization>
</system.web>
```

12.4.4　帖子的回复

用户回复时，一要将发贴的内容更新到 XML 文件中，二要将回复次数和回复时间更新到数据库中，回复原理如图 12-21 所示。

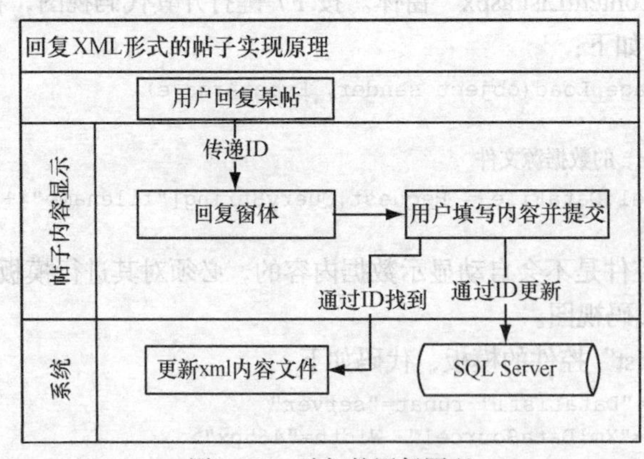

图 12-21　论坛的回复原理

最终实现发帖功能的步骤如下。

（1）在网站根目录下添加一个 Web 窗体，命名为“BackMsg”。

（2）根据回复的信息，设计界面如图 12-22 所示。

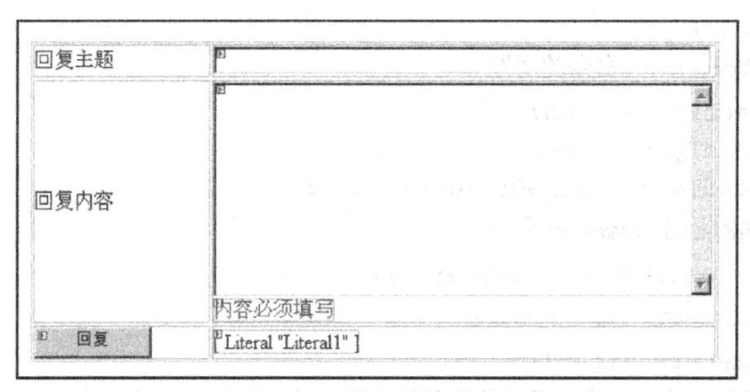

图 12-22　论坛的回复界面

（3）打开“BBSManager.cs”文件，书写更新回复信息到数据库的方法，代码如下：

```
/// <summary>
/// 更新数据库中的回复时间
/// </summary>
/// <param name="infoid">帖子的 ID</param>
/// <returns>是否更新成功</returns>
public bool UpdateMsg(int infoid)
{
    //使用 StringBuild 连接字符串比使用“+”效率高很多
    StringBuilder strSQL = new StringBuilder();
    //创建论坛添加方法的参数
    SqlParameter[] newsParms = new SqlParameter[]
        {
            new SqlParameter("@lastposttime", SqlDbType.DateTime),
            new SqlParameter("@infoid", SqlDbType.Int)
        };

    //创建执行语句的 SQL 命令
    SqlCommand cmd = new SqlCommand();
    //依次给参数赋值
    newsParms[0].Value = DateTime.Now;
    newsParms[1].Value = infoid;

    //遍历所有参数，并将参数添加到 SqlCommand 命令中
    foreach (SqlParameter parm in newsParms)
    {
        cmd.Parameters.Add(parm);
    }

    //获取数据库的连接字符串
    using (SqlConnection conn =
    new SqlConnection(SqlHelper.ConnectionStringLocalTransaction))
    {
        //加载“添加类别”执行语句
        strSQL.Append(
            @"UPDATE bbsinfo SET replycount=replycount+1,
            lastreplytime=@lastposttime WHERE infoid=@infoid"
            );

        //打开数据库连接，执行命令
```

```
            conn.Open();
            //设置 Sqlcommand 命令的属性
            cmd.Connection = conn;
            cmd.CommandType = CommandType.Text;
            cmd.CommandText = strSQL.ToString();
            //执行添加的 SqlCommand 命令
            int val = cmd.ExecuteNonQuery();
            //清空 SqlCommand 命令中的参数
            cmd.Parameters.Clear();
            //判断是否添加成功，注意返回的是添加是否成功，不是影响的行数
            if (val > 0)
            {
                return true;
            }
            else
            {
                return false;
            }
        }
    }
```

（4）因为论坛的详细信息是保存在 XML 文件中的，所以还要更新 XML 文件，方法的具体代码如下：

```
/// <summary>
/// 更新回复内容
/// </summary>
/// <param name="filename">文件名</param>
/// <param name="title">回复主题</param>
/// <param name="content">回复内容</param>
/// <param name="user">回复人</param>
public void UpdateXml(string filename,string title,string content,string user)
{
    //初始化 XML 文档操作类
    XmlDocument mydoc = new XmlDocument();
    //加载指定的 XML 文件
    mydoc.Load(filename);

    //添加元素-帖子主题
    XmlElement ele = mydoc.CreateElement("title");
    XmlText text = mydoc.CreateTextNode(title);
    //添加元素-发帖时间
    XmlElement ele1 = mydoc.CreateElement("posttime");
    XmlText text1 = mydoc.CreateTextNode(DateTime.Now.ToString());
    //添加元素-内容
    XmlElement ele2 = mydoc.CreateElement("content");
    XmlText text2 = mydoc.CreateTextNode(content);
    //添加元素-发帖人
    XmlElement ele3 = mydoc.CreateElement("postuser");
    XmlText text3 = mydoc.CreateTextNode(user);

    //添加文件的结点-msgrecord
    XmlNode newElem = mydoc.CreateNode("element", "xmlrecord", "");
```

```
        //在节点中添加元素
        newElem.AppendChild(ele);
        newElem.LastChild.AppendChild(text);
        newElem.AppendChild(ele1);
        newElem.LastChild.AppendChild(text1);
        newElem.AppendChild(ele2);
        newElem.LastChild.AppendChild(text2);
        newElem.AppendChild(ele3);
        newElem.LastChild.AppendChild(text3);
        //将结点添加到文档中
        XmlElement root = mydoc.DocumentElement;
        root.AppendChild(newElem);
        //保存所有的修改
        mydoc.Save(filename);
    }
```

（5）按 Ctrl+S 快捷键保存类的修改。

（6）打开“BackMsg.aspx”窗体并切换到设计视图。

（7）双击“回复”按钮，切换到窗体的代码视图。

（8）在按钮的 Click 事件中书写发帖事件的代码如下：

```
protected void Button1_Click(object sender, EventArgs e)
{
        //初始化论坛操作类
        BBSManager mybbs = new BBSManager();
        //调用保存内容到 xml 中的方法
        string filename=Server.MapPath(".") + @"\" +Request.QueryString["infoid"] + "file.xml";
        mybbs.UpdateXml(filename, TextBox1.Text,
           TextBox2.Text, HttpContext.Current.User.Identity.Name);
        //更新数据库内的时间和次数信息
        mybbs.UpdateMsg(int.Parse(Request.QueryString["infoid"]));
        Literal1.Text="更新成功";
        //导航到显示页
        Response.Redirect("contentlist.aspx?filename=" + Request.QueryString ["infoid"]);
}
```

（9）按 Ctrl+S 快捷键保存代码，按 F5 键测试论坛的回复功能。

运行的内容列表最终显示效果如图 12-23 所示。

图 12-23　论坛的内容展示效果

本例没有使用网格模板，如果觉得帖子信息太混乱需要通过网格处理，可修改“ContentList.aspx”窗体内的“DataList”模板如下所示：

```
<asp:DataList ID="DataList1" runat="server"
    DataSourceID="XmlDataSource1"  Width="465px">

    <HeaderTemplate><b>帖子详细内容</b><table border=1 ></HeaderTemplate>
    <ItemTemplate>
        <tr>
            <td >主题: <b><%#XPath("title")%></b></td>
            <td>发帖人: <%#XPath("postuser")%></td>
        </tr>
         <tr><td colspan="2">发帖时间: <%#XPath("posttime")%></td></tr>
          <tr><td></td></tr>
          <tr><td colspan="2"><%#XPath("content")%></td></tr>
           <br />
    </ItemTemplate>
    <FooterTemplate></table></FooterTemplate>

</asp:DataList>
```

此模板的运行效果如图 12-24 所示。

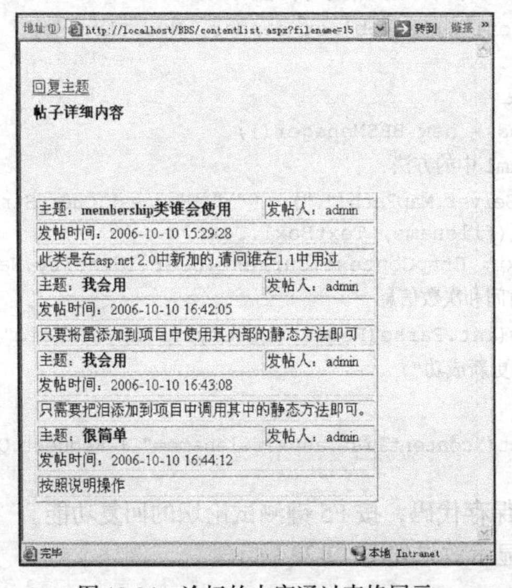

图 12-24　论坛的内容通过表格展示

小　结

本章通过一个完整的 BBS 模块，详细介绍了如何使用 XML 文件实现快速读取论坛数据。其中介绍了 ASP.NET 提供的 XML 操作类“XmlDocument”。

本章还多次使用了不同的数据控件展示论坛数据，包括 GridView、DataList 和 Repeater 3 个 ASP.NET 提供的主要数据控件。BBS 论坛是一些技术型网站必备的交流园地，掌握好这项技术对研究网络应用有很大的帮助。